Vivien Gröning • Kirsten Sass

WEGE NACH DEM ABI
WOMAN@WORK

Wie FRAU heute Karriere macht

W0407319

22 INTERVIEWS
MIT ERFOLGREICHEN FRAUEN

expert verlag

IMPRESSUM

Bibliografische Information Der Deutschen Bibliothek
Die Deutsche Bibliothek verzeichnet diese Publikation in der Deutschen Nationalbibliografie; detaillierte bibliografische Daten sind im Internet über http://www.dnb.de abrufbar.

Bibliographic Information published by Die Deutsche Bibliothek
Die Deutsche Bibliothek lists this publication in the Deutsche Nationalbibliografie; detailed bibliographic data are available on the internet at http://www.dnb.de

ISBN 978-3-8169-3237-6

1. Auflage 2014

© 2014 by expert verlag
Fachverlag für Wirtschaft und Technik
Wankelstr. 13, D-71272 Renningen
Tel.: +49 (0)71 59-92 65-0, Fax: +49 (0)71 59-92 65-20
E-Mail: expert@expertverlag.de, Internet: www.expertverlag.de
Alle Rechte vorbehalten
Printed in Germany

Gestaltung Cover und Layout:	Jennifer Gröning, Misaya Graphix
Covermodel:	Janette Kühl
Foto Covermodel:	Anna Sofia Thorbjörnsson, www.astfotograf.com
Lektorat:	Claudia Ulrike Anna Bleier
Webseite:	www.wege-nach-dem-abi.info
Realisation Webseite:	mira! neue kommunikation GmbH, Einsiedeln/Schweiz
Foto Kirsten Sass:	Melanie Zwiehoff
Foto Vivien Gröning:	BEAUTYSHOTS Hamburg OHG

Bei der Erstellung des Buches wurde mit großer Sorgfalt vorgegangen, trotzdem lassen sich Fehler nie vollständig ausschließen. Verlag und Autorinnen können für fehlerhafte Angaben und deren Folgen weder eine juristische Verantwortung noch irgendeine Haftung übernehmen.
Für Verbesserungsvorschläge und Hinweise auf Fehler sind Verlag und Autorinnen dankbar.

Das Werk einschließlich aller seiner Teile ist urheberrechtlich geschützt. Jede Verwertung außerhalb der engen Grenzen des Urheberrechtsgesetzes ist ohne Zustimmung des Verlags unzulässig und strafbar. Dies gilt insbesondere für Vervielfältigungen, Übersetzungen, Mikroverfilmungen und die Einspeicherung und Verarbeitung in elektronischen Systemen.

GRUSSWORT

von Frau Prof. Dr. Johanna Wanka,
Bundesministerin für Bildung und Forschung

Auf dem Weg zu mehr Chancengerechtigkeit von Mädchen und Frauen in Bildung, Wissenschaft und Wirtschaft haben wir in den vergangenen Jahrzehnten gute Fortschritte gemacht: Heute legen in Deutschland mehr Mädchen als Jungen das Abitur erfolgreich ab. Etwa ebenso viele junge Frauen wie Männer beginnen ein Studium – und häufig sind Studentinnen dabei erfolgreicher als ihre männlichen Kommilitonen. Mit dieser positiven Entwicklung stehen jungen Frauen vielfältige Berufs- und Karrierewege offen.
Die Beteiligung von Frauen am Arbeitsmarkt hat erfreulich zugenommen, allerdings konzentrieren sich Frauen bei ihrer Wahl bisher auf eine relativ kleine Gruppe von Berufen. Von den insgesamt rund 350 Ausbildungsberufen in Deutschland fokussieren sich mehr als ein Drittel der weiblichen Auszubildenden auf gerade einmal fünf Berufe. Ähnliche geschlechtsspezifische Rollenbilder lassen sich auch im akademischen Bereich beobachten. Bei der Wahl eines Studienfaches entscheiden sich Frauen überdurchschnittlich oft für die Sprach- und Kulturwissenschaften sowie für Humanmedizin und Gesundheitswissenschaften. Im MINT-Bereich (Mathematik, Informatik, Naturwissenschaften, Technik) sind Frauen deutlich unterrepräsentiert: Der Anteil der Studentinnen in den Naturwissenschaften einschließlich Mathematik liegt bei ca. 37 Prozent, bei den Ingenieurwissenschaften sogar nur bei rund 21 Prozent. Dabei werden gerade im MINT-Bereich bereits heute hochqualifizierte Fachkräfte gesucht und für die Zukunft wird ein steigender Bedarf prognostiziert. Wissenwert ist jedoch, dass die jungen Frauen in MINT-Fächern nach den ersten Semestern das Studium meist komplett durchhalten und zügig zu Ende bringen, während unter den Abbrechern eher Männer sind.
Junge Menschen erwarten heute mehr von ihrem Beruf als lediglich ein gesichertes Einkommen. Wesentlich für die konkrete Berufswahlentscheidung sind persönliche Interessen und individuelle Vorstellungen vom eigenen beruflichen und privaten Lebensweg. Daher sollten junge Frauen von den Erfahrungen anderer profitieren können, die bei ihrer eigenen Berufswahl bewusst gegen den Strom geschwommen sind, indem sie sich nicht für einen typischen Frauenberuf entschieden haben.

Das vorliegende Buch umfasst eine Reihe von Portraits von engagierten berufstätigen Frauen, die jenseits von Geschlechterklischees mit Erfolg ihren eigenen Weg gegangen sind. Es soll damit jungen Frauen als Information, Orientierung und Ermutigung dienen.

Prof. Dr. Johanna Wanka
Bundesministerin für Bildung und Forschung

GRUSSWORT

von Elisabeth Schöppner,
Projektleiterin der Bundesweiten Koordinierungsstelle Girls'Day – Mädchen-Zukunftstag

Mädchen und Frauen stehen beruflich in Deutschland alle Möglichkeiten offen. So heißt es....
Die Praxis jedoch sieht anders aus. Junge Frauen münden nach der Schule in den meisten Fällen in nur wenige Berufsbilder und Studiengänge ein. Über 50 Prozent wählen im Rahmen der Dualen Ausbildung nur zehn von insgesamt etwa 350 möglichen Berufen. Bei der Wahl des Studienfachs sind Studentinnen in den sogenannten MINT-Fächern (Mathematik, Informatik, Naturwissenschaft, Technik) eindeutig in der Minderheit. Auch dort, wo in Führungspositionen strategische Entscheidungen getroffen werden, finden sich nur wenige Frauen. So liegt der Frauenanteil in den Vorstandspositionen der DAX-Unternehmen trotz Quotenregelungen immer noch unter zehn Prozent. Berufe dagegen, die nur wenig Aufstiegsmöglichkeiten bieten und eher niedrig entlohnt werden, haben einen hohen Frauenanteil.
Doch woran liegt das? Definitiv nicht an den Fähigkeiten der jungen Frauen, die die Schule mit höheren Abschlüssen und besseren Noten als die jungen Männer verlassen. Wer sich mit der Thematik beschäftigt, wird feststellen, dass die Gründe vielfältig und alles andere als leicht zu fassen sind. Dazu gehören u.a. traditionelle Einflüsse im Elternhaus, angefangen bei der Auswahl des Spielzeugs im Vorschulalter bis hin zu Ängsten der Eltern bei ungewohnten Berufswünschen ihrer Töchter. Die Meinung der Peer-Group spielt eine wichtige Rolle. BerufsberaterInnen und die schulische Berufswahlorientierung empfehlen häufig klassische Berufsbilder. Zudem fehlen in vielen Berufsbereichen weibliche Rollenvorbilder. Weitere Gründe sind die Einstellungspraxis der Unternehmen und Skepsis in den Betrieben, wenn es dort noch keine oder nur wenig Erfahrung in der Zusammenarbeit mit Frauen gibt. Und es gibt viele weitere Gründe.
Doch immer mehr junge Frauen lassen sich von ungünstigen Rahmenbedingungen nicht mehr hindern. Das vorliegende Buch ist ein hervorragender Beleg dafür, wie engagierte Frauen es geschafft haben, trotz teilweise widriger Umstände an sich selbst und ihre eigenen Fähigkeiten und Begabungen zu glauben und so letztendlich ihren beruflichen Traum zu verwirklichen.
Ich rate allen Mädchen und jungen Frauen, jede sich bietende Möglichkeit zu nutzen. Lernt Neues kennen und probiert aus! Setzt euch durch! Macht das, was euch Spaß macht! Nicht nur am jährlichen Girls'Day, sondern auch darüber hinaus gibt es jede Menge Gelegenheiten, unterschiedlichste Berufe und Studiengänge kennen zu lernen. Informiert euch und seid mutig genug, auch ungewohnte Wege zu gehen.

Elisabeth Schöppner,
Projektleiterin der Bundesweiten Koordinierungsstelle Girls'Day

EINLEITUNG

Was möchte ich werden? Welcher Beruf passt zu mir?
Politik, Wirtschaft, Technik, Forschung oder Kunst – was ist für mich das Richtige? Welche Eigenschaften sollte ich für meinen Traumberuf mitbringen? Welche Wege führen mich zum Ziel? Und wie grundlegend sind die Weichen, die ich mit der Ausbildung stelle? Wer hat sich diese Fragen nicht schon kurz vor dem Abi oder spätestens nach einer anschließenden Auszeit gestellt?!

Die Möglichkeiten scheinen schier unendlich zu sein, doch das Wissen um den tatsächlichen Arbeitsalltag eines Berufs ist eher diffus. Wie sieht denn eigentlich mein Tagesablauf als Ärztin oder Pilotin aus? Wie wird man Kampaignerin bei Greenpeace oder wie macht man als Producerin beim Film Karriere?
Neben Fakten zu den verschiedenen Berufen bieten diese 22 Praxisberichte vor allem Orientierung durch einen biografischen Rückblick, denn auch die Interviewten standen vor der schwierigen Frage: Was möchte ich werden – und wie komme ich dahin?
Während für einige der Interviewten das Berufsziel schon immer klar war – weil sie Vorbilder im persönlichen Umfeld oder schon frühe Träume hatten – mussten sich andere mit ihren Berufswünschen in der Familie durchsetzen oder haben diese erst allmählich entwickelt.
In den Gesprächen wird stets auch die Frage gestellt, inwieweit die Tatsache, eine Frau zu sein, Einfluss auf das Berufsleben hat. Manche Berufe sind nicht geschlechtsspezifisch dominiert, aber in anderen Feldern sind Frauen immer noch klar in der Minderheit, wie beispielsweise eine Ingenieurin berichtet.
Am Ende eines jeden Interviews geben die Frauen Ratschläge oder erzählen von Erfahrungen, die in ihrem Leben sehr wichtig waren. Bei so verschiedenen und starken Persönlichkeiten sind viele interessante Perspektiven zu finden – und genau das wird Dir helfen, Deinen eigenen Weg zu entwickeln.

Viel Spaß beim Lesen!

Vivien Gröning

Kirsten Sass

DANKSAGUNG

Vivien Gröning:
Herzlichen Dank für die vielfältige Unterstützung an meine Eltern Norbert und Susanne, meine Geschwister Yasmin und Lennart; Johann Rumpl, Nadine Graage, Andrea Glemnitz, Christina Zeidler und Sarina Poggensee sowie Sebastian Tribess, Janette Kühl, Erwin Gröning, Dr. Alexandra Thuerkow, Julia Hayungs, Claudia Schuler, Friederike Bien, Sarah Elisabeth Goll, Julia Pohn, Jutta Caduff, Monika Hamann, Bastian Kampmeier und Charmaine Anandaraj sowie Frau Prof. Dr. Sonja Bischoff.

Kirsten Sass:
Mein herzlichster Dank gilt meiner Tochter Zora, meinen Eltern sowie meiner Schwester Kathrin Sass und Dr. Swanhild Wenzel für ihre liebevolle Unterstützung. Frank Bechthold, Uta König, Kerstin Schreier, Marlin Koch, Jan Helbig, Dr. Katharina Weitkamp, Anna Holzum, Jens Thomas, Melanie Zwiehoff und Matthias Kulcke danke ich für ihre fachliche und kreative Beratung.

Wir danken insbesondere allen Interviewten für ihre Zeit, ihre Offenheit, die Inspiration und die wunderbaren Gespräche; Claudia Ulrike Anna Bleier für ihr reaktionsschnelles und tolles Lektorat und Jennifer Gröning für ihre Flexibilität und Kreativität im Layout sowie Heike Absch und Narjes Gharsallaoui für ihre geduldige Beharrlichkeit. Erwähnen möchten wir die Unterstützung von Petra Reetz. Ebenso bedanken wir uns bei den jugendlichen ProbeleserInnen für ihr Engagement.

Wir möchten an dieser Stelle die tolle Zusammenarbeit mit Familie Wippler vom Expert Verlag besonders hervorheben, die uns in allen Fragen auf dem Weg vom Manuskript zur Druckfahne jederzeit zur Seite stand.

HINWEISE

Binnen-I
Aus Gründen der besseren Lesbarkeit wurde auf eine explizite weibliche und männliche Schreibform verzichtet, indem ein Binnen-I verwendet wird und daraus folgend auch nur ein Artikel.

Deutschsprachiger Raum
Es wurden Frauen aus dem deutschsprachigen Raum interviewt. Bei unterschiedlichen Begrifflichkeiten wurde aus Gründen der besseren Lesbarkeit ein einheitlicher Sprachgebrauch verwendet. Das Abitur als höchster deutscher Schulabschluss wird in Österreich, Liechtenstein und der Deutschschweiz als Matura bezeichnet.

INHALTSVERZEICHNIS

INHALTSVERZEICHNIS

„Das Leben ist ein Geschenk und ich kann alles daraus machen. Daran glaube ich schon seit meiner Kindheit und so fing ich an, mein Leben zu träumen und meine Träume zu leben…“

DIPLOM-KULTURWIRTIN

Jana Kern-Ritonga

Geburtsjahr	1978
Abitur	1997
Studium	Sprachen, Wirtschafts- und Kulturraumstudien, Universität Passau; Bohemicum, Universitäten Regensburg und Passau
Privates	Verheiratet, ein Kind, Reisen, Yoga, Tennis, Joggen, Wandern, Musik, Lesen, Malen

BESCHREIBUNG DES BERUFS

Mein Arbeitgeber ist die Deutsche Gesellschaft für Internationale Zusammenarbeit, kurz **GIZ**. Die GIZ ist in mehr als 130 Ländern der Welt aktiv. In Deutschland hat das Unternehmen Standorte in nahezu allen Bundesländern. Zusammen mit lokalen und internationalen Partnern wie Ministerien, Behörden, Nichtregierungsorganisationen, Verbänden und Unternehmen führt die GIZ Projekte in den unterschiedlichsten Themenfeldern durch. Thematisch reichen die Projekte von Gesundheitsförderung über Umwelt- und Klimaschutz bis zur Bildungsförderung und vielem mehr – letztlich alles Themen, die für die Entwicklung eines Landes wichtig sind. Ziel ist es, die Lebensbedingungen der Menschen zu verbessern und zur Erreichung der **Milleniumsentwicklungsziele** der **Vereinten Nationen** beizutragen. Die Aufgabe der GIZ-BeraterInnen ist die Begleitung von Reformvorhaben in den Ländern und die Erarbeitung von Lösungsoptionen, die das Land voranbringen und zu besseren Lebensbedingungen für die Menschen führen. Dabei arbeiten sie stets auf verschiedenen Ebenen: Auf der übergeordneten Ebene werden beispielsweise Ministerien bei der Ausarbeitung von Gesetzesvorlagen unterstützt, auf der mittleren Ebene wird mit Verbänden und Vereinigungen gearbeitet. Auf der Mikroebene arbeiten wir direkt mit der Zielgruppe und trainieren beispielsweise BäuerInnen so, dass sie wettbewerbsfähige Produkte für den internationalen Markt produzieren können. Wir stehen den Beteiligten in diesen Prozessen stets beratend zur Seite. Vertrauen, Respekt und Kompetenz sind daher Voraussetzung für den Erfolg unserer Arbeit.

Ich bin Senior-Projektmanagerin in der Entwicklungszusammenarbeit und habe die fachliche Leitung eines Teams im Bereich **Entwicklungspartnerschaften mit der Wirtschaft** (**EPW**) in Asien und Lateinamerika inne. Mit unseren EPW versuchen wir langfristige Partnerschaften zwischen der lokalen und der internationalen Wirtschaft zu schaffen, die für beide Seiten vorteilhaft sind: Die lokalen Unternehmen profitieren vom Technologietransfer, steigern ihre Wettbewerbsfähigkeit und werden damit im Idealfall auf dem internationalen Markt anschlussfähig. Die internationalen Unternehmen bauen stabile Zulieferbeziehungen auf, erhöhen ihre Bekanntheit und Reputation und etablieren für sich neue Absatzmärkte. Durch die Kooperation mit dritten Partnern wie Ministerien oder Behörden arbeiten wir in den Partnerschaften immer auch an der Verbesserung grundlegender Rahmenbedingungen, von der die gesamte Branche profitiert (beispielsweise Erhöhung des Ausbildungsniveaus in einer speziellen Berufssparte). Voraussetzung für Entwicklungspartnerschaften mit der Wirtschaft ist immer, dass die Projekte sowohl die Interessen und Ziele des Partnerunternehmens als auch entwicklungspolitische Zielsetzungen beinhalten.

i Das Bundesunternehmen ***Deutsche Gesellschaft für Internationale Zusammenarbeit (GIZ)*** *GmbH bietet seinen Auftraggebern nachhaltige Lösungen für politische, wirtschaftliche und soziale Veränderungsprozesse. Einen großen Teil dieser Aufträge führt die GIZ für das Bundesministerium für wirtschaftliche Zusammenarbeit und Entwicklung durch. Die Bandbreite der Aufgaben reicht von Wirtschafts- und Beschäftigungsförderung über den Aufbau von Staat und Demokratie, die Förderung von Frieden, Sicherheit, Wiederaufbau sowie ziviler Konfliktbearbeitung, die Sicherung von Ernährung, Gesundheit und Grundbildung bis hin zu Umwelt-, Ressourcen- und Klimaschutz. Als anerkannter Träger des Entwicklungsdienstes entsendet die GIZ EntwicklungshelferInnen ins Ausland. Insgesamt hat die GIZ mehr als 16.000 MitarbeiterInnen – knapp 70 Prozent von ihnen sind als nationales Personal im Ausland beschäftigt. Das Geschäftsvolumen lag zum 31.12.2012 bei mehr als 2,1 Milliarden Euro.*

i Das übergeordnete Ziel der ***Milleniumsentwicklungsziele*** *aus dem Jahre 2000 ist die Erfüllung von acht Entwicklungszielen bis 2015. Diese Ziele sind zusammengefasst: Bekämpfung von extremer Armut und Hunger, Primärschulbildung für alle Kinder, Gleichstellung der Geschlechter, Senkung der Kindersterblichkeit, Verbesserung der Gesundheitsversorgung der Mütter, Bekämpfung von schweren Krankheiten, ökologische Nachhaltigkeit, Aufbau einer globalen Partnerschaft für Entwicklung.*

Tagesablauf

Ein typischer Tagesablauf bedeutet zunächst einmal klassische Bürotätigkeit: E-Mails lesen und schreiben, mit KollegInnen und Unternehmen telefonieren und über den Stand der Projekte sprechen, Meetings im Team oder Arbeit an **Projektkonzepten**. Das klingt vielleicht langweilig, ist es für mich aber ganz und gar nicht, denn ich befasse mich die meiste Zeit des Tages mit Themen, die mich tatsächlich interessieren, ja sogar begeistern. Noch abwechslungsreicher wird es auf meinen Dienstreisen. Dort treffe ich mich mit Unternehmen und anderen Partnern, die Interesse daran haben, eine Entwicklungspartnerschaft mit uns einzugehen. Die Bandbreite der Unternehmen reicht vom kleineren mittelständischen Unternehmen bis hin zum großen DAX-Konzern. Die Verschiedenartigkeit an Themen, Länderkontexten und Unternehmenskulturen macht meine Arbeit für mich so reizvoll und interessant.

Wichtiger Bestandteil meiner Tätigkeit sind Workshops zur Vorbereitung von neuen bzw. Steuerung von laufenden EPW. Sie finden in Deutschland, dem europäischen Ausland und oft natürlich in dem Land statt, in dem wir das Projekt durchführen. In den Workshops habe ich meist eine moderierende Rolle und versuche herauszufinden, welche Ziele die jeweils Beteiligten haben. Jede Partei vertritt unterschiedliche Interessen und die Herausforderung besteht darin, sie in der Weise auf einen Nenner zu bringen, dass für die Partnerländer und alle Beteiligten etwas Sinnvolles herauskommt. Das ist eine sehr spannende Aufgabe.

Praxisbeispiel: Das Tee-Projekt

Wenn ich auf Reisen zu den Projekten vor Ort bin, macht mir meine Arbeit besonders viel Spaß. Dann treffe ich direkt die Zielgruppe, zum Beispiel BäuerInnen, und sehe, was unsere Projekte für sie wirklich bedeuten. In Nepal haben wir beispielsweise ein Projekt zur Förderung des ökologischen Teeanbaus durchgeführt. Partner waren die deutsche Teefirma TeeGschwendner und nepalesische TeeproduzentInnen. Es ist nicht einfach, von der traditionell gewohnten Anbauweise auf die ökologische umzustellen, da bei der Umstellung auf organischen Anbau zunächst die Erntemenge sinkt. Da ist es wichtig, mit den BäuerInnen im Dialog zu bleiben, sich die Probleme anzuhören, Mut zu machen und Informationen zu geben, wie sie den Ertrag steigern können. Hier ist das Engagement der deutschen Partnerfirma sehr wichtig. Sie hat immer zu den BäuerInnen gehalten und ihnen die organisch produzierten Teeblätter zu einem fairen Preis abgekauft. Durch das Projekt sind sie zu vertrauten und erfolgreichen Partnern geworden: Die mittlerweile zertifizierten Tees verkaufen sich sehr gut.

*Die wichtigsten Ziele der **Vereinten Nationen**, als zwischenstaatlicher Zusammenschluss des Großteils der Länder dieser Erde, sind gemäß ihrer Charta die Sicherung des Weltfriedens, die Einhaltung des Völkerrechts, der Schutz der Menschenrechte sowie die Förderung der internationalen Zusammenarbeit.*

***Entwicklungspartnerschaften mit der Wirtschaft (EPW)** sind öffentlich-private Partnerschaften, in denen Institutionen wie die GIZ im Auftrag des Bundesministeriums für wirtschaftliche Zusammenarbeit und Entwicklung (BMZ) mit europäischen Wirtschaftsunternehmen kooperieren. In EPW bündeln die GIZ und die privaten Partner ihre Kompetenzen mit dem Ziel, zu einer positiven Entwicklung im Partnerland (wie beispielsweise Indonesien oder Nepal) beizutragen. Gemeinsam mit lokalen Partnern (zum Beispiel Unternehmen, Verbänden, Nichtregierungsorganisationen oder Universitäten) werden die Rahmenbedingungen in dem Land verbessert, die ersten Schritte der Unternehmen mit beeinflusst und in eine gute Richtung gelenkt. „Gut" heißt hier nachhaltig in sozialer, ökologischer und wirtschaftlicher Hinsicht.*

*Bevor ein Projekt durchgeführt werden kann, muss es geplant werden. Dafür erarbeitet man zusammen mit den zukünftigen Partnern ein **Projektkonzept**, in dem die Zielsetzung, die Aufgabenverteilung, die Dauer, der finanzielle Aufwand sowie mögliche Schwierigkeiten und Risiken dargelegt werden.*

An den Projekten arbeite ich immer mit einem Team, das sich aus MitarbeiterInnen der Partnerunternehmen, GIZ-KollegInnen und lokalen Partnerorganisationen zusammensetzt. Da ich recht viele Projekte betreue, kann ich sie natürlich nicht ganz so oft besuchen. Ich versuche jedoch immer mal dort zu sein und schicke auch meine Teammitglieder regelmäßig in die Länder. Dabei wollen wir sehen, wie die Projekte voran gehen und allen Beteiligten zeigen, wie wichtig uns das jeweilige Projekt ist.

RÜCKSCHAU

Elternhaus

Als ich klein war, hatten Kindergärten nur bis zur Mittagszeit geöffnet. Daher arbeitete meine Mutter nur halbtags. Ein Jahr, bevor ich in die Schule kam, zog meine beste Freundin aus dem Kindergarten um und wechselte in die Grundschule. Deshalb wollte auch ich nicht mehr in den Kindergarten gehen. Meine Mutter wusste zunächst nicht, was sie in dieser Situation machen sollte – sie musste ja arbeiten. Schließlich hat sie mich mit ins Büro genommen. Und dort bin ich sehr gern hingegangen. Sie hatte sehr nette ChefInnen – eine Frau und einen Mann – und auch die KollegInnen waren sehr freundlich. Das Büro war in einem tollen alten Haus mit großem Garten untergebracht. Es gab eine alte Schreibmaschine, an der ich „arbeiten“ konnte und auch sonst konnte ich dort schön spielen. Ich war begeistert! Es war sehr nett von den ChefInnen, dass sie das zugelassen haben. Für meine Mutter war es prima: Sie musste mich einfach nur an den Schreibtisch setzen und ich war glücklich.

Mein Vater kommt aus der ehemaligen Tschechoslowakei und ist 1968 nach dem **Prager Frühling** – als die Russen einmarschierten – in den Westen geflohen. Er hatte sich damals dazu entschlossen, aus seiner Heimat wegzugehen, obwohl er wusste, dass er nicht zurückkehren durfte. Als Republikflüchtling wäre er sonst ins Gefängnis gekommen. Nach dem Sport- und Sprachenstudium in Prag hat er in Deutschland erst als Lehrer gearbeitet und dann eine Karriere beim Deutschen Sportbund begonnen. Die Geschichte meines Vaters hat mich schon früh sehr beeindruckt und sie prägt mich bis heute: Zum einen habe ich Tschechisch studiert und einige Zeit in Tschechien verbracht. Zum anderen ist mir früh bewusst geworden, was Freiheit für ein Wert ist und was viele Menschen dafür tun müssen, um sie zu erlangen.

*Als **Prager Frühling** wird die Reformbewegung in der damaligen Tschechoslowakei im Frühjahr 1968 bezeichnet, die das Ziel hatte, ein Liberalisierungs- und Demokratisierungsprogramm durchzusetzen und damit einen Sozialismus „mit menschlichem Antlitz“ zu schaffen. Diese Bewegung wurde im August desselben Jahres gewaltsam von den Truppen der Warschauer-Pakt-Staaten Sowjetunion, Polen, Ungarn und Bulgarien niedergeschlagen.*

Dadurch dass meine Eltern aus unterschiedlichen Ländern kommen, habe ich gelernt, dass es nicht nur das eigene Land mit seinen Normen und Werten gibt, sondern auch andere Umfelder, Lebens- und Sichtweisen. Meine Eltern sind immer gern gereist und haben meinen Bruder und mich schon früh mitgenommen. Auf die Geschäftsreisen meines Vaters durften wir manchmal mitkommen oder er hat uns Geschenke aus den Ländern mitgebracht. So konnten wir schon als

Kinder recht viel von der Welt sehen und zum Beispiel tolle Sportveranstaltungen miterleben wie die Olympischen Spiele. Es war aber nicht immer alles nur harmonisch in meinem Elternhaus. Meine Eltern haben sich getrennt. Das war sehr traurig und schwierig für mich. Das Träumen von einer schönen Zukunft, das Hinwirken auf die Erfüllung der Träume und nicht zuletzt mein Glaube haben mir in dieser Zeit sehr geholfen. Auch Sport war für mich sehr hilfreich und macht mir bis heute sehr viel Spaß. Das Training und die Erfolgserlebnisse bei Turnieren haben mir viel Kraft und Mut gegeben. Als Kind an Wettkämpfen – insbesondere Tennis – teilzunehmen, fand ich immer spannend. Dadurch habe ich sehr viel, vor allem über mich selbst gelernt: gewissenhafte Vorbereitung, gesunde Selbsteinschätzung, Umgang mit Sieg und Niederlage, die Bedeutung von Fairplay. Alles Sachen, die ich im Job gut gebrauchen kann.
Meine Eltern waren selbst immer offen gegenüber Neuem, haben sich kontinuierlich weitergebildet und uns Kindern somit eine sehr positive Einstellung zum Lernen und Arbeiten vermittelt. Sie haben uns dabei unterstützt herauszufinden, wo unsere Interessen und Stärken liegen und wie wir sie für unser Leben und unseren Beruf gut einsetzen können. Dabei war für mich früh klar, dass es im Beruf nicht unbedingt nur um Geld geht, sondern auch darum, eine interessante und erfüllende Arbeit auszuüben und zu guten Dingen beizutragen. Auf diesem Weg haben meine Eltern mich in jeder Hinsicht – auch finanziell – unterstützt. Wenn man der Trennung meiner Eltern etwas Positives abgewinnen möchte, dann sicherlich die Tatsache, dass ich schon damals erkannte, dass ich es zu einem großen Teil selbst in der Hand habe, welche Richtung mein Leben nimmt. Ich entschied mich dafür, meine Träume zu verwirklichen, die Welt zu entdecken und ein glückliches und freies Leben zu führen.

Schule

Ich gebe zu, was jetzt folgt, klingt etwas streberhaft. Aber es war so: Auf die Schule habe ich mich schon als kleines Kind sehr gefreut, sie hat mir Spaß gemacht und auch in den Jahren danach hatte ich eigentlich immer eine positive Einstellung zum Lernen. Es gab keine Fächer, die ich gar nicht mochte, auch wenn mir einige naturwissenschaftliche Fächer etwas weniger Freude bereiteten. Die Fächer, die ich am meisten mochte, sind mir auch am leichtesten gefallen: Sprachen, Musik, Sport, Religion, Gesellschaftskunde. Diese Vorlieben waren schnell klar und haben sich dann durch mein Leben gezogen. Schon in der Grundschule – mein Bruder war bereits im Gymnasium – leistete ich ihm beim Vokabellernen Gesellschaft und lernte so spielerisch die Grundlagen in Englisch und Französisch. Als ich später selbst auf dem Gymnasium war, festigten sich die Kenntnisse mehr und mehr, Schüleraustausche folgten und mit Latein legte ich die Grundlagen für weitere romanische Sprachen, die ich in meinem Leben noch lernen sollte. Durch mein Studium und meine Arbeit kamen noch ein paar exotischere Sprachen wie Tschechisch und Indonesisch dazu. So spreche ich mittlerweile bereits neun Sprachen und freue mich schon darauf, bald die nächste in Angriff zu nehmen. Wichtig scheint mir: Egal, ob man alle Fächer mag oder vielleicht nur eins, die meisten Menschen müssten ein Fach, ein Thema für sich entdecken können, für das sie sich richtig begeistern können. Bei mir sind es vor allem Sprachen. Die vielen Sprachen sind für mich privat und beruflich eine sehr große Bereicherung, eröffnen sie mir doch den Zugang zu so vielen Ländern und Menschen.

Berufswunsch

Als Kind hatte ich wie viele andere Kinder auch die verschiedensten Berufswünsche: Tennisspielerin, Sängerin, Schauspielerin, Ärztin, Reiseleiterin. Mich haben immer viele Themen interessiert. Während der Schulzeit habe ich erste Berührungen mit der Berufswelt als Aushilfe in einem tollen Bekleidungsgeschäft und nach dem **Abitur** als Praktikantin im Kulturamt meiner Stadt gesammelt. Schon damals habe ich gemerkt, dass mir der Kontakt mit Menschen und die internationale Ausrichtung meiner Arbeit wichtig sind.
Früh fand ich zudem Persönlichkeiten toll, die sich für Freiheit, Gerechtigkeit und Frieden einsetzten. Irgendwann habe ich angefangen, davon zu träumen, selbst in einer Position zu sein, in der ich mich dafür einsetzen kann.

*Als **Abitur** wird in Deutschland die allgemeine Hochschulreife bezeichnet, in Österreich und Liechtenstein spricht man von Matura und in der Deutschschweiz zusätzlich von Maturitätsprüfungen.*

Erster Auslandsaufenthalt als Au-pair

Als ich 14 Jahre alt war, waren wir mit meiner Familie bei den Olympischen Spielen in Barcelona. Barcelona gefiel mir so gut, dass ich wusste: „Hier will ich einmal leben, wenn ich groß bin! So eine tolle Stadt!" Ich wusste noch nicht, was ich dort machen würde, aber da würde sich schon etwas finden. Recht bald erfuhr ich von der Möglichkeit, als Au-pair-Mädchen ins Ausland zu gehen und so entschied ich mich, nach dem Abitur für ein Jahr in Barcelona zu leben. Als es so weit war, stellte ich fest, dass es doch nicht so einfach war, so weit weg von zu Hause zu sein, nichts zu verstehen – ich konnte ja noch kein Spanisch – und niemanden zu kennen. Zudem war meine erste Au-pair-Familie schwierig und betrachtete mich als Ersatz für die kürzlich verschwundene Haushaltshilfe und nicht als Au-pair. Diese Auseinandersetzung allein durchzufechten und mir eine andere Familie zu suchen, war eine wichtige Erfahrung. Da ich in der Zwischenzeit bereits gut Spanisch gelernt hatte und auch sonst schon recht viele Sprachen konnte, bekam ich durch Zufall von einem Unternehmer das Angebot, Vollzeit in seinem Büro für internationale Logistikprojekte zu arbeiten. Das freute mich sehr. Da ich jedoch weiterhin in den Sprachunterricht gehen und ein freieres Leben genießen wollte, sagte ich ab und begann bei einer neuen, sehr netten Familie als Au-pair.

Es war aber toll zu erleben, dass sich in dieser schwierigen Situation doch mehrere Optionen auftaten. Es gibt immer einen Weg! Ab diesem Zeitpunkt hatte ich eine wunderbare Zeit in Barcelona, lernte weiter Spanisch, das Land und sehr viele interessante Menschen kennen. Trotz aller Schwierigkeiten wusste ich immer, dass ich dieses Jahr in Barcelona bleiben und nicht aufgeben wollte; und es hat sich sehr gelohnt. Die Erfahrungen haben mein Leben geprägt, die schönen Erinnerungen bringen mich noch immer zum Lachen und die Freundschaften von damals halten bis heute.
Der Auslandsaufenthalt war sehr wichtig für meine Entwicklung. Weit weg von zu Hause musste ich Situationen, in denen mir sonst mein großer Bruder oder meine Eltern geholfen hatten, auf einmal allein meistern. Und es ging! Ich lernte mich selbst viel besser kennen, losgelöst von den Rollen, die sich zu Hause im Laufe des Lebens eingeschliffen hatten.

Studium und Praktika

Zurück aus Barcelona machte ich mich auf die Suche nach dem richtigen Studiengang. Ich wusste, dass ich neben Sprachen und kulturwissenschaftlichen Themen auch etwas mit Wirtschaft studieren wollte. Wirtschaftswissenschaftliche Kenntnisse helfen, die Zusammenhänge in der Welt besser zu verstehen. Zudem spielen sie in der Arbeitswelt natürlich eine große Rolle und erhöhen die Chancen auf eine gute Arbeitsstelle. Beim Arbeitsamt gab es ein sehr gutes Informationsangebot mit einem Überblick über alle Studiengänge, die in Deutschland angeboten werden. Als ich von dem Studiengang „Sprachen, Wirtschafts- und Kulturraumstudien" an der Universität Passau las, wusste ich: „Das ist genau das, was ich machen will." Bei jeder Zeile habe ich das gespürt. Der Studiengang deckte die drei von mir gewünschten Bereiche ab: Zum einen die Sprachen, zum zweiten so interessante Fächer wie Landeskunde, Politik- und Kulturwissenschaften und schließlich die Grundlagen in Wirtschaftswissenschaften. Somit war der Studiengang für mich die ideale Mischung. Jetzt hatte ich zwar meinen idealen Studiengang gefunden, aber es war schwer, einen Studienplatz zu bekommen. Es gab einen **Numerus Clausus (NC)** von 1,0, den ich nicht erfüllte. Auf Anraten von Bekannten, die bereits im Studiengang waren, schrieb ich mich für einen ähnlichen Magisterstudiengang mit niedrigerem NC ein und mit den entsprechend guten Noten konnte ich schon nach dem ersten Semester in den Diplomstudiengang wechseln. Parallel zu meinem Kulturwirtschaftsstudium belegte ich zwei Jahre ein Zusatzstudium der tschechischen Sprache, Geschichte und Kultur (Bohemicum). Das war eine tolle Möglichkeit für mich, meine Wurzeln väterlicherseits und die Geschichte und Entwicklung Tschechiens noch besser kennenzulernen.
Zu diesem Zeitpunkt konkretisierten sich meine Berufswünsche mehr und mehr. Neben der Entwicklungszusammenarbeit konnte ich mir auch vorstellen, im Diplomatischen Dienst

i ***Numerus Clausus*** *bezeichnet die Zulassungseinschränkungen an Hochschulen und Universitäten. Übersteigt die Nachfrage nach Studienplätzen die Kapazität, spielen Notendurchschnitt, Wartesemester, Berufserfahrung und weitere Kriterien eine Rolle.*

oder in der Touristikbranche zu arbeiten. Während meines Studiums habe ich unter anderem Praktika bei der **GTZ** in Deutschland und in Bolivien, bei der deutschen Botschaft und der **UNESCO** in Santiago de Chile gemacht. Alle Praktika waren sehr hilfreich, um herauszufinden, was ich machen wollte. In Verbindung mit diversen Reisen durch Lateinamerika waren es unvergessliche und wichtige Erfahrungen. Bei der GTZ hat es mir am besten gefallen – vor allem wegen der interessanten Menschen, von denen ich viel für mein Leben und den Beruf lernen konnte – und so hielt ich über die Jahre hinweg Kontakt und arbeitete in den Semesterferien immer mal wieder dort.

*Eine der drei Vorgängerinstitutionen der GIZ hieß zuvor **GTZ** - Deutsche Gesellschaft für Technische Zusammenarbeit (GTZ) GmbH.*

*Die **UNESCO** (United Nations Educational, Scientific and Cultural Organisation) ist eine Organisation der Vereinten Nationen für Erziehung, Wissenschaft und Kultur.*

Berufseinstieg und Auslandserfahrung

Der erste richtige Job war wie ein kleiner Traum, der in Erfüllung ging. Bei einem meiner Besuche bei der GTZ gegen Ende meines Studiums fragte mich der damalige Bereichsleiter für Asien und Lateinamerika, ob ich mir vorstellen könnte, mit ihm zusammenzuarbeiten. Während des Studiums hatte ich bereits mehrfach in seinem Bereich – damals noch ausschließlich Lateinamerika – gearbeitet. Nun waren die Bereiche Asien und Lateinamerika zusammengelegt worden und er leitete diesen großen, neuen Bereich. Er hatte also deutlich mehr Arbeit und überlegte, wie er das bewältigen könnte. Die Position einer persönlichen ReferentIn, die ihm vorschwebte, war jedoch noch nicht eingerichtet. Wir verblieben mit einem zwinkernden Auge so, dass er sich um die Einrichtung der Stelle bemühen und ich dafür zügig mein Studium abschließen würde, in der Hoffnung, dass das zeitlich zusammenpasste. Dann kam alles schneller als erwartet. Er bekam zügig das Okay für diese neue Stelle und teilte mir mit, dass das Bewerbungsverfahren jetzt beginne und die Stelle bereits in eineinhalb Monaten anzutreten sei. Das war grundsätzlich toll! Das Problem war aber, dass ich mein Studium noch nicht abgeschlossen hatte. Und so setzte ich alle Hebel in Bewegung, damit es klappte: Meine Diplomarbeit stellte ich mit vielen Nachtschichten in kürzester Zeit fertig, bereitete mich parallel auf das Bewerbungsverfahren und den Umzug vor. Weihnachten feierten wir in Passau und packten unter dem Weihnachtsbaum die Umzugskisten. Und so ging alles auf. Das war großartig! Es war eine stressige Zeit, aber es hat sich gelohnt und ich muss immer lachen, wenn ich daran denke. Manche KommilitonInnen erklärten mich damals für verrückt – insbesondere deshalb, weil ich den Mietvertrag für die neue Wohnung unterschrieb, ohne den Arbeitsvertrag vorliegen zu haben. Aber manchmal muss man ein Risiko eingehen, um etwas Gutes zu bekommen. Und es zahlte sich aus: Der Job hat mir unglaublich viel Spaß gemacht. Ich konnte an sehr interessanten Themen arbeiten und unheimlich viel dazu lernen, was Inhalte und vor allem Führungsstil und strategische Fragen anging.

Im Anschluss habe ich gut zwei Jahre in Indonesien für die GTZ im Bereich Nachhaltige Wirtschaftsentwicklung gearbeitet. Das war eine sehr arbeitsreiche und anstrengende Zeit für mich. Beruflich hat sie mich ein großes Stück vorangebracht und ich konnte sehr viel über das Land, das Thema und über verschiedene Arbeitsstile lernen. Das Arbeitspensum war jedoch so hoch, dass ich an meine Belastungsgrenzen kam. Seither achte ich mehr darauf, ein ausgewogenes Verhältnis zwischen Arbeit und Erholung zu haben. Privat waren die Jahre in Indonesien sehr wichtig für mich: in Jakarta habe ich meinen Mann kennengelernt. Er ist zwar nur 20 km von mir entfernt geboren und aufgewachsen aber manchmal muss man eben etwas weiter reisen, um das Naheliegende zu finden.
Als ich nach Deutschland zurückkam, habe ich mir zunächst eine Auszeit genommen, um mich in Ruhe zu besinnen und meinen nächsten beruflichen Schritt bewusst zu wählen. Das war eine sehr gute Entscheidung. So bin ich in eine neue Phase meines Lebens gegangen, ohne zu wissen, was mich genau erwartet. In Deutschland ist das Sicherheitsdenken sehr ausgeprägt. In gewissem Maße ist das bestimmt wichtig, aber es darf nicht zu einer alles hemmenden Zukunftsangst führen. Ich hatte keine Angst, ohne Arbeit zu sein, weil ich darauf vertraut habe, dass ich etwas Gutes finden würde. Für mich war es wichtig, auch mal ein Angebot abzulehnen, das mir nicht gefiel und das mich nicht in die gewünschte Richtung gebracht hätte.

EINSTELLUNG ZUM BERUF

Meine jetzige Anstellung als Senior-Projektmanagerin macht mir sehr viel Spaß. Ich mag besonders, dass die Arbeit vielseitig ist und ich mit Menschen aus den unterschiedlichsten Ländern zusammenarbeiten kann. Ich bin in einem tollen Team und es herrscht eine freundschaftliche und motivierende Arbeitsatmosphäre. Durch meine Arbeit lerne ich verschiedene Kulturen, Lebensweisen und immer wieder neue Themenstellungen kennen. Das ist für mich eine große Bereicherung. Wichtig für den beruflichen Erfolg ist aus meiner Sicht, dass man sich sehr engagiert und sein Bestes gibt. Genauso wichtig ist es aber auch, Grenzen zu erkennen und zu setzen. Das ist keine Schwäche, sondern vielmehr eine Stärke. Ein Hochleistungssportler muss seine Energie auch klug einsetzen, damit er auf den Punkt Höchstleistungen bringen kann.
Es ist nicht so, dass ich sage, ich habe „das Eine“ gefunden und möchte in diesem Bereich für immer bleiben. Ich habe auch noch andere Träume und Interessen: Ehrenamtlich engagiere ich mich gerade in einem Projekt zum Coaching von Jugendlichen, die Schwierigkeiten haben, in den Beruf zu finden.

ERFAHRUNG ALS FRAU IM BERUFSALLTAG

Bisher hat es für mich im Beruf keine größere Rolle gespielt, ob ich nun eine Frau oder ein Mann bin. Ich denke, ich wäre auch in dieser Position, wenn ich ein Mann wäre. Das heißt aber nicht, dass ich keinen Bedarf für Gleichstellungspolitik sehe. Es ist leider immer noch so, dass deutlich weniger Frauen Führungspositionen innehaben und Frauen schlechter bezahlt werden als Männer. Das muss sich ändern. Ich hoffe, dass mir auch in Zukunft als Frau keine Nachteile entstehen. Sollten Hindernisse aufkommen, bin ich entschlossen, sie aus dem Weg zu räumen. Entscheidender als mein Geschlecht habe ich mitunter mein Alter erlebt. So musste ich früher ab und zu hören, dass ich noch zu jung für eine Position sei. Alle diese Formen der Diskriminierung – sei es aufgrund des Geschlechtes, des Alters, der Herkunft – haben aus meiner Sicht keinen Platz in der Arbeitswelt. Das Ringen um die am besten qualifizierten Kräfte wird dazu führen, dass Unternehmen es sich nicht mehr leisten können, Fachkräfte aufgrund dieser Faktoren auszuschließen.

Auch unser Unternehmen spricht sich für die Förderung von Frauen aus und es soll zukünftig mehr Frauen in Führungspositionen geben. Das ist eine gute Entwicklung. Noch ist das Verhältnis zwischen Männern und Frauen in Führungspositionen nicht ausgewogen.

Auf meinem Weg habe ich gelernt, dass viel von den Vorgesetzten abhängt und so habe ich mich entschieden, dass ich mir meine ChefInnen ganz bewusst aussuche und mich nur solchen anschließe, deren Kompetenz und Führungsstil meinen Vorstellungen entsprechen. Das klappt meistens sehr gut. Bis auf einzelne Erfahrungen hatte ich großes Glück mit den Vorgesetzten.

Recht früh habe ich gelernt, dass ich mich **nicht unter Wert verkaufen** darf. Mein erster Chef hat darauf geachtet, dass ich die richtige Gehaltseinstufung bekomme und Weiterbildungen mache – das ist nicht selbstverständlich. Später habe ich gemerkt, dass ich mich selbst darum kümmern muss, „nicht unter den Tisch zu fallen.“ Dabei ist es sehr hilfreich, Allianzen zu schmieden, sich mit KollegInnen zusammen zu tun und sich füreinander stark zu machen. Das kann allen sehr helfen. Wenn man als Frau Forderungen stellt, sind die Reaktionen – sowohl von Männern als auch von Frauen – teilweise anders, als wenn Männer Forderungen stellen. Es passt oftmals immer noch nicht ins Bild, dass sich auch Frauen für ihr Fortkommen einsetzen und entsprechende Forderungen stellen. Das sollte nicht so sein. Führungsarbeit ist aus meiner Sicht auch immer Arbeit an der eigenen Persönlichkeit. Nur wenn man mit sich und seiner eigenen Geschichte im Reinen ist, kann man letztlich eine gute und ausgeglichene Führungskraft sein und gleichberechtigt führen.

i *Als BerufsanfängerIn ist es nicht so einfach, den **Wert der eigenen Arbeitskraft** - also das Einstiegsgehalt - zu kennen. Es wird durch viele verschiedene Einflussfaktoren bestimmt: relevante Praxis- und Branchenerfahrung (Praktika, Nebenjobs, Werkstudententätigkeit), die Branche (sozialer Bereich vs. Finanzwirtschaft), den eigenen Studiengang, den Studienabschluss (Bachelor oder Master, Abschlussnote), Zusatzqualifikationen, evtl. Reisebereitschaft/ Flexibilität und auch davon, wie viele MitbewerberInnen es gibt, (Verhältnis Angebot und Nachfrage) oder auch von Tarifverträgen. Die Größe des Unternehmens und der Einsatzstandort sind ebenfalls von Bedeutung. Hilfe bieten Gehaltsvergleiche im Internet, Foren der jeweiligen Branche und im besten Fall persönliche Bekannte in vergleichbaren Positionen. Denn eine realistische Einschätzung wird von ArbeitnehmerInnen verlangt. Eine Unterschätzung des eigenen Wertes könnte genauso negativ bewertet werden wie eine Überschätzung.*

Jana Kern-Ritonga an einem Grenzübergang zwischen Indien und Nepal in der Nähe der Teeregion Darjeeling

„Mein Wunsch ist es, eine Führungsperson zu sein, die Freude an der Arbeit vermittelt, Inspiration schenkt, zu Höchstleistungen motiviert und dafür steht, dass Erfolg gepaart mit Fairness möglich ist."

ZIELE

Ich möchte weiter einen Beitrag zu guten Entwicklungsprozessen leisten. Es ist schön, dass ich mittlerweile in einer etwas höheren Position bin und mehr bewirken kann. Mein Wunsch ist es, eine Führungsperson zu sein, die Freude an der Arbeit vermittelt, Inspiration schenkt, zu Höchstleistungen motiviert und dafür steht, dass Erfolg gepaart mit Fairness möglich ist. Für mich sind meine beruflichen und privaten Pläne kein Widerspruch. Es ist mir wichtig, in beiden Bereichen glücklich zu sein. Nur mit einem erfüllten und gefestigten Privatleben kann ich im Beruf gut sein und viel geben.

VORBILDER

Ich habe keine direkten Vorbilder. Vielmehr habe ich im Laufe meines Lebens einige Menschen kennengelernt, die mich sehr inspiriert haben. Von ihnen allen habe ich etwas gelernt, es mit meinen eigenen Charakterzügen verbunden und so für mich ein Mosaik aus erstrebenswerten Eigenschaften zusammengesetzt, an dem ich mich orientiere. Manche Menschen auf meinem Weg haben mir auch gezeigt, wie ich nicht sein will – auch das gehört mit in das Mosaik.

EMPFEHLUNGEN

Folge deinem Herzen und höre auf deine innere Stimme!

Frage dich: „Was kann ich? Was sind meine Neigungen, Leidenschaften und Träume? Was macht mir Spaß, was mag ich am liebsten?“ Vielleicht fällt dir erst einmal nichts ein, was nach deinem Empfinden zur Berufsorientierung passen könnte. Aber lass ruhig alles zu. Auch wenn du einfach gern isst oder Computer spielst. Damit kannst du in den entsprechenden Berufen viel erreichen, weil du mit Leidenschaft dabei bist. Im Einklang mit den eigenen Stärken und Neigungen macht das Arbeiten Spaß und keine Mühe. Informiere dich über Ausbildungs- und Studienangebote und entscheide dich für das, was am besten zu deinen Interessen und Talenten passt und dir am meisten Spaß macht.

Hol das Beste aus dir heraus!

Eine gute Ausbildung ist der Grundstein für beruflichen Erfolg. Dein Wissen und deine Fertigkeiten sind dein Kapital – du kannst es überall einsetzen. Das macht dich stark und frei. Damit du das Beste aus dir herausholen kannst, brauchst du auch ein unterstützendes Umfeld. Horch in dich hinein, ob dir dein Umfeld gut tut. Ist das nicht der Fall, dann versuche zügig, es zu ändern.

Greif dir das Glück!

Manche Leute denken, dass zufriedene und erfolgreiche Menschen einfach mehr Glück im Leben hatten als andere. Aber Achtung: Das ist nur ein Teil der Wahrheit. Damit das Glück Wirklichkeit wird, muss man immer auch selbst etwas tun. Mein Vater hat mir etwas an die Hand gegeben, was ich sehr hilfreich finde: Das Glück fliegt immer mal wieder an einem vorbei wie die Wolken am Himmel. Das ist der Teil, den das Glück einbringt. Man selbst muss aber auch etwas tun: Man muss das Glück erkennen und die Hand ausstrecken, um es zu greifen. Nur so kommt man zum Glück, in einer aktiven Rolle: Augen offen halten, Chancen erkennen und sich dafür einsetzen, dass aus ihnen etwas wird. Es liegt in deiner Hand! Nach meiner Erfahrung begegnet man dem Glück am häufigsten dann, wenn man auf dem Weg ist, den einem das eigene Herz zeigt.

Glaube an dich und an deine Träume!

Glaube und Vertrauen geben einem auf dem Weg durch das Leben sehr viel Halt. Glaube an dich und vertraue darauf, dass deine Bemühungen fruchten werden. Manchmal dauert es vielleicht etwas länger oder ist mühsamer als gedacht. Aber lass dich nicht von deinem Weg und deinen Träumen abbringen. Bleib dran, glaube daran und wenn du möchtest, bete dafür. Irgendwann werden deine Träume wahr.

@ Wie komme ich in die Entwicklungszusammenarbeit?

Weitere Informationen findest du auf:

http://berufenet.arbeitsagentur.de
In der Suchmaske *„Entwicklungszusammenarbeit"* eingeben.

Links:

http://www.giz.de
http://www.bmz.de

First Officer bei der Lufthansa

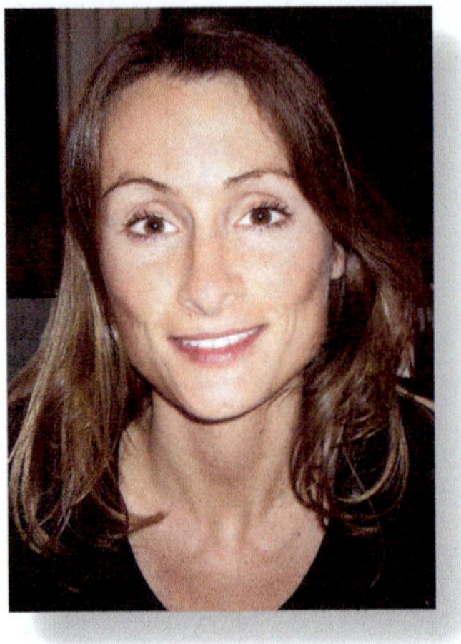

„Ich liebe das Fliegen – es ist das, was ich immer machen wollte."

FIRST OFFICER
LUFTHANSA-PILOTIN

Claudia Egert

Geburtsjahr	1978
Abitur	1996
Studium	Ausbildung zur Verkehrspilotin
Privates	Mein Kind und meine Familie, Partnerschaft, FreundInnen, mein Hund, Reisen, Kochen, Sport, Kultur

BESCHREIBUNG DES BERUFS

Ich bin First Officer einer Boeing 747-400 bei Lufthansa. Ich fliege ausschließlich Langstrecken. Für Flüge von mindestens zehn Stunden – zum Beispiel von Frankfurt am Main nach Buenos Aires, Peking, Los Angeles oder San Francisco – werden aus Sicherheitsgründen drei PilotInnen im Cockpit eingesetzt: der **Flugkapitän**, der **Senior First Officer** und der **First Officer**.

Mein Beruf als Pilotin ist sehr abwechslungsreich, weil ich ständig andere Flugziele ansteuere und viel unterwegs bin. Ich arbeite mit verschiedenen und immer wieder anderen Menschen zusammen, nur der Flugablauf wiederholt sich.

Die Einsatzzeiten und Flugziele ändern sich ständig, was mir sehr gut gefällt. Ein Planer macht den Einsatzplan der PilotInnen. Ich kann Einfluss nehmen und Wünsche äußern. Am Ende müssen Einsatz- und freie Tage gerecht verteilt sein. Der monatliche Dienstplan wird jeweils am Ende des Vormonats veröffentlicht.

Die Layover-Zeit – die freie Zeit am Zielort – wird durch die tarifvertragliche **Ruhezeit** bestimmt, welche mindestens so lang sein muss wie die vorhergehende Dienstzeit. Es ist möglich, bei einem Flug nach Shanghai einen zusätzlichen freien Tag zugeteilt zu bekommen, bevor es wieder zurück nach Frankfurt geht.

Ein typischer Tagesablauf auf der Langstrecke

Auf der Lufthansa-Basis am Flughafen Frankfurt treffen sich die PilotInnen eine Stunde und vierzig Minuten vor Abflug zum Cockpit Briefing.

Zu dritt sprechen wir über den Flugverlauf, über eventuelle Besonderheiten der Flugroute, die Wetterbedingungen, **Ausweichflughäfen** und überprüfen und korrigieren gegebenenfalls die berechnete Treibstoffmenge.

Währenddessen gibt die Purserette/der Purser (KabinenchefIn) die wichtigsten Informationen zu Kabinensicherheit und -service an die Kabinencrew, beispielsweise die Zahl der Fluggäste oder Besonderheiten im Service.

Der Flugkapitän teilt der Kabinencrew alle wichtigen Informationen wie Flugzeit und -route sowie das zu erwartende Wetter mit. Nach der Sicherheits- und Passkontrolle, die für die Crew getrennt von den Fluggästen stattfindet, fahren alle Crewmitglieder per Bus mit ihrem persönlichen Gepäck direkt zum Flugzeug.

Gemeinsam geht die Cockpit-Crew eine **Checkliste** für die Kontrolle der Instrumente durch. Der Flugkapitän unternimmt noch einen Kontrollgang rund um die Boeing 747 – den Outside-Check, bei dem die Trieb- und Fahrwerke und der ordnungsmäßige Zustand des Flugzeuges geprüft wird. Bei eventuellen Auffälligkeiten oder Beanstandungen ruft er die Lufthansa Technik. Im Cockpit werden in der nächsten halben Stunde die Bordcomputer programmiert (Flugstrecke, Wind,

i *Auf Langstrecken mit größerer Entfernung als 4.100 nautischen Meilen werden bei Lufthansa drei PilotInnen eingesetzt: der* ***Flugkapitän,*** *der* ***Senior First Officer*** *und der* ***First Officer,*** *wobei der Flugkapitän die Gesamtverantwortung trägt. Zwischenzeitlich fliegt die Lufthansa Boeing 747-400 andere Ziele an.*

i ***Ruhezeiten*** *und die maximale Einsatzlänge werden durch tarifvertragliche/gesetzliche Bestimmungen geregelt und zusätzlich mit Lufthansa und der Personalvertretung abgestimmt.*

i *Eine gute Planung und Vorbereitung ist wichtig, denn es kann beispielsweise sein, dass aufgrund der Wetterlage ein* ***Ausweichflughafen*** *angesteuert werden muss. Kurzfristige Entscheidungen können umso besser getroffen werden, je mehr Informationen im Vorfeld gesammelt werden.*

i ***Checklisten*** *werden in der Luftfahrt verwendet, um die Flugsicherheit zu gewährleisten. Geübte Piloten kennen ihre Checklisten auswendig, dennoch wird die Checkliste immer abgelesen und die Ausführung jedes Punktes kontrolliert, um zu verhindern, dass durch Routine, Stress oder Unachtsamkeit wichtige Punkte vergessen werden.*

aktuelle Kerosinmenge etc.). Die Kabinenbesatzung erledigt in der Zwischenzeit einen eigenen Sicherheitscheck. Auch die Beladung mit Speisen wird überprüft.

Vor dem **Boarding** kontrolliert die Cockpit-Crew noch einmal, ob das Flugzeug richtig betankt ist und ob das Gewicht stimmt. Nach den letzten Sicherheitschecks unterschreibt der Flugkapitän, dass keine Sicherheitsbedenken gegen einen Start sprechen. Wir sind startbereit, wenn alle Systeme kontrolliert und funktionstüchtig, das Gepäck und die Ladung verstaut, die Vorräte an Passagierverpflegung aufgefüllt und alle eingecheckten Fluggäste an Bord sind. Sobald wir vom **Tower** die Freigabe bekommen, steuern wir das Flugzeug auf die Startbahn.

Nach dem Lösen der Parkbremse erfolgt der **Pushback**, für den wir im Kontakt mit dem Bodenpersonal stehen. Während des **Takeoffs** und in der Zeit danach sind alle drei PilotInnen nonstop im Cockpit. Jeweils ein Drittel des Reisefluges verbringt jeder als Erholungszeit in einer Schlafkabine, sodass immer mindestens zwei PilotInnen im Cockpit anwesend sind. Die Instrumente im Cockpit müssen immer im Auge behalten werden, denn es wird grundsätzlich nach Instrumenten geflogen. Während des Fluges werden laufend die Kontrollanzeigen, die Wetterdaten und die Kerosinmenge kontrolliert. Auch müssen wir Kontakt aufnehmen mit der Flugsicherung des Gebiets, über das wir gerade fliegen.

Etwa eine Stunde vor der Landung sind alle drei Crewmitglieder wieder mit vollster Konzentration im Cockpit. Es herrscht dann Ruhe, die privaten Gespräche hören auf, denn für den Landeanflug benötigen sie die volle Aufmerksamkeit.

Nach der Landung werden die Triebwerke ausgeschaltet. Die Fluggäste verlassen das Flugzeug. Nachdem das Flugzeug stromlos gemacht wurde, die Unterlagen an das technische Personal übergeben worden sind und wir die Einreise und den **Zoll** passiert haben, fährt die gesamte Crew ins Hotel.

RÜCKSCHAU

Den Wunsch, Pilotin zu werden, hatte ich bereits mit vier Jahren. Ich dachte später auch daran, den Beruf der Ärztin oder Journalistin zu ergreifen. Ich suchte nach etwas, bei dem ich Kontakt zu verschiedenen Menschen habe. Ich suchte nach Unregelmäßigkeit und Abwechslung. Mein Wunsch war eine selbstständige Arbeit, bei der man Verantwortung übernimmt und organisatorische Aufgaben erledigt.

Schule und Elternhaus

In der Schule war ich oberer Durchschnitt. Das Lernen fiel mir nicht sonderlich schwer. Meine Leistungskurse Deutsch und Geschichte waren gleichzeitig meine Lieblingsfächer. Meine Eltern haben sich meine und die Betreuung meines Bruders geteilt und zeitlich aufeinander abgestimmt. Meine Mutter hat Vollzeit bei einer großen Versicherung gearbeitet, davor war

i *Im Flugverkehr sind die meisten Begriffe auf Englisch. Als **Boarding** wird der Zeitraum zwischen dem Aufruf der Fluggäste zum Einsteigen ins Flugzeug bis zu der Verriegelung der Flugzeugtüren bezeichnet.*

i *Im **Tower** (Kontrollturm des Flugplatzes) sitzt die Flugsicherung, die im dichten Flugverkehr die Flugkurse und -höhe regelt, damit sich die Flugzeuge weder auf dem Boden noch in der Luft in die Quere kommen. Die Verständigung zwischen dem Cockpit und dem Tower findet meist auf Englisch statt.*

i *Beim **Pushback** wird das Flugzeug von einem Flugzeugschlepper auf den Rollweg geschoben, um dann aus eigener Kraft den Weg auf die Startbahn zu fahren. Während des Pushbacks werden die Triebwerke angelassen.*

i ***Takeoff**: Start*

i *Jedes Land hat seine eigenen Gesetze und Bestimmungen darüber, welche Güter zur Ein-, Aus- oder Durchfuhr erlaubt sind. Die **Zollverwaltung** kontrolliert unter anderem die Einhaltung dieser Gesetze.*

sie Inhaberin von mehreren Reisebüros. Sie hat viel gearbeitet und war oft unterwegs, Beratungstermine mit KundInnen konnte sie jedoch zum größten Teil am Abend durchführen. Mein Vater war Finanzdirektor in einer großen Firma und hat tagsüber gearbeitet. Ich fand das als Kind sehr gut, so bekam ich immer die volle Aufmerksamkeit.

Meine Eltern haben viel gearbeitet, sich aber viel Zeit für uns genommen. Sie erzogen uns – wie mein Vater sagte – mit „Liebe und Vorbild". Das möchte ich meinen Kindern auch vermitteln: ihnen Wege aufzeigen, ohne sie einzuengen. Für meine Eltern war es wichtig, dass wir gefördert wurden, viel Liebe bekamen und uns selbstständig entwickeln konnten.

Flugausbildung

Nach dem Abitur habe ich meine Ausbildung bei der German Flight Academy in Mönchengladbach begonnen. Nach 18 Monaten war ich Verkehrspilotin. Im Anschluss habe ich mich bei verschiedenen Airlines beworben. Bei meiner ersten Wahl, der Lufthansa, wurde ich genommen und konnte pünktlich zu meinem 21. Geburtstag beginnen.

Rückblickend bin ich froh, dass ich meine Ausbildung und Schule so schnell geschafft und frühzeitig einen Job gefunden habe. Eine **Flugausbildung** ist sehr teuer, und da ich die Ausbildung privat bei einer Flugschule gemacht habe, bürgten meine Eltern. Es hätte auch schief gehen können. Mit der externen Ausbildung und der damit verbundenen finanziellen Belastung bin ich ein Risiko eingegangen. Denn auch als Pilotin ist es nicht sicher, dass man nach der Ausbildung eine gute Stelle findet. Ich war sehr glücklich, dass bei mir alles so problemlos funktioniert hat und ich sofort einen traumhaften Arbeitsplatz gefunden habe. Es hat immer mit der Persönlichkeit zu tun, aber es ist auch Glück dabei.

*i Wenn man die **Ausbildung** direkt bei der Lufthansa absolviert, muss man diese nicht vorfinanzieren und trägt somit nicht das Risiko, da man erst bei Anstellung den Eigenanteil an der Rückzahlung in verhältnismäßig kleinen Raten im Vergleich zum Gehalt zurückzahlt. Aktuelle Angaben und Bewerbungsmöglichkeiten finden sich auf der Lufthansahomepage.*

Berufserfahrung

Nach meiner theoretischen Ausbildung und dem bestandenen Auswahltest bin ich für drei Jahre bei Lufthansa CityLine geflogen, einer Tochtergesellschaft von Lufthansa, die Flüge innerhalb Europas anbietet. Dort bin ich Flugzeuge des Typs **Canadair Regional Jet (CRJ)** geflogen. Die nächsten fünfeinhalb Jahre war ich Pilotin für Flugzeuge des Typs **Airbus A300-600** bei Lufthansa. Seitdem bin ich First Officer auf der Langstrecke und fliege die **Boeing 747-400**.

*i **Canadair Regional Jet (CRJ)** fasst bis zu 75 Fluggäste. Der **Airbus A300-600** hat etwa 270 Sitze.
Die **Boeing 747-400** verfügt über etwa 344 Sitzplätze.*

Wissensdurst

Nach drei Jahren Berufserfahrung als Pilotin habe ich angefangen, Psychologie zu studieren. Ich habe Vollzeit gearbeitet und nebenbei studiert. Das habe ich gemacht, weil ich bestimmte Fragestellungen der Arbeits- und Organisationspsychologie spannend fand. Warum sind manche Menschen für

gewisse Positionen geeignet? Meine Motivation war Neugierde, Pilotin wollte ich weiterhin bleiben.
Das Grundstudium habe ich abgeschlossen. Es war eine schöne Erfahrung. Der Wissensdurst, den ich hatte, war gestillt.

Vorbilder

Meine Vorbilder sind meine Eltern, die eine Kombination aus Liebe und Erfolg für mich verkörpern. Mein Ziel, ein guter Mensch zu sein, ethisch und moralisch korrekt zu handeln, ist sicher durch das Vorbild meiner Eltern entstanden. Ansonsten finde ich manche Eigenschaften toll und andere nicht – unabhängig von der Person.

EINSTELLUNG ZUM BERUF

Ich liebe das Fliegen an sich, es ist einfach das, was ich immer machen wollte. Wenn alles gut geklappt hat, wir also **pünktlich** und nach Plan gelandet sind und die Leute ein Lächeln auf dem Gesicht haben, bin ich glücklich.
Ich mag den Kontakt mit all den vielen verschiedenen Menschen und die Unregelmäßigkeit, die der Job mit sich bringt.
Ich bin sehr häufig in anderen Ländern und Kulturen. Dadurch wird die Welt klein und rückt zusammen. Es ist witzig, wenn in Singapur der Kaffeeverkäufer denkt, dass ich dort wohne, weil ich so häufig bei ihm einkehre.
Ich wollte keinen „9 to 5-Job". Das war mir wichtig. Ich mag, dass man als Pilotin eigenverantwortlich arbeitet und Dinge organisieren muss. Ich genieße es, Verantwortung zu übernehmen. Meine Oma hat mich gefragt, ob ich nicht Angst habe, so ein großes Flugzeug zu fliegen. Aber diese Angst kenne ich nicht. Darüber denke ich gar nicht nach.
Meine Mutter hatte immer Fernweh. Sie hat mich oft auf Reisen mitgenommen, sodass ich in meiner Kindheit und Jugend viel im Flieger war. Daran habe ich sehr schöne Erinnerungen, sie haben mich sicherlich in meinem Berufswunsch bestärkt. Allein der Blick aus dem Fenster, wenn es geregnet hat und über den Wolken die Sonne aufgeht – das hat bei mir regelrecht Bauchkribbeln verursacht. Diese „romantische" Komponente hat mich immer gereizt.
Wenn du Pilotin werden willst, ist es gut, wenn du kontaktfreudig bist und dich rasch auf eine neue Umgebung einstellen kannst. Sonst vereinsamst du schnell. Viele PilotInnen sind freiheitsliebend und gleichzeitig sicherheitsorientiert. Wenn du ein sehr starkes Bedürfnis hast, dein soziales Umfeld immer um dich herum zu haben, ist der Beruf der Pilotin – gerade auf der Langstrecke – mit viel Heimweh verbunden.
Die gesundheitlichen Anforderungen sind hoch, du musst **Medical 1** erfüllen – also körperlich sehr fit sein. Wichtig ist, dass du dich schnell auf neue Situationen einstellen, analytisch und strukturiert denken und arbeiten kannst.

i Verspätungen sind mit Kosten verbunden. Wird versucht die Verspätung wieder aufzuholen, verbraucht man mehr Kerosin. Es kann auch sein, dass eine kleine Verspätung weitere nach sich zieht, weil die Startbahn dann nicht mehr frei ist.

*i In einem medizinischen Tauglichkeitszeugnis wird die Flugfähigkeit getestet. Die höchsten physischen und psychischen Belastbarkeitsanforderungen werden an PilotInnen von Passagiermaschinen mit dem **Medical 1** gestellt. Bei Nichtbestehen bedeutet dies oft die (vorübergehende) Flugunfähigkeit.*

„Ich mag den Kontakt mit vielen verschiedenen Menschen und die Unregelmäßigkeit, die der Job mit sich bringt."

ERFAHRUNG ALS FRAU IM BERUFSALLTAG

Es gibt immer noch weniger **Pilotinnen** als Piloten, auch wenn es für die Fluggäste mittlerweile normal ist, mit einer Frau zu fliegen. Es gibt immer mehr Pilotinnen, sie „wachsen nach", aber es dauert natürlich, bis der Nachwuchs First Officer auf Langstreckenflügen wird. Bei Lufthansa wird jeder Bewerber gleich behandelt. Es bewerben sich jedoch weniger Frauen. Eine Benachteiligung gibt es nicht. Auch das Gehalt von Männern und Frauen ist gleich.

Familie und fliegen lässt sich gut vereinbaren, da Lufthansa verschiedene Teilzeitmodelle anbietet. Seit sieben Monaten bin ich Mutter eines kleinen Jungen. Ich habe Elternzeit genommen und werde danach eines dieser Modelle nutzen. Sie werden übrigens auch von Männern gerne in Anspruch genommen: um sich Träume zu erfüllen (ein Studium, eine Reise um die Welt) oder eben, um mehr Zeit für die Familie zu haben.

*Der **Pilotinnenanteil** beträgt bei Lufthansa etwa sechs Prozent. Das ist eine klare Minderheit, aber mehr als jemals zuvor in der Geschichte der Luftfahrt. Warum relativ wenige Frauen sich bewerben, könnte damit zu tun haben, dass es sich um einen klassischen Männerberuf handelt und weniger Frauen sich vorstellen können, ihn auszuüben. Was schade ist, da gerade Fluglinien explizit mehr Frauen wünschen.*

ZIELE

Mit 2.500 Flugstunden kann man Flugkapitän werden. Diese bin ich bereits geflogen, doch müssen auch entsprechende Stellen frei werden. Es herrscht bei Lufthansa das **Senioritätsprinzip**, das heißt, dass man im Moment nach 12 bis 15 Jahren Flugkapitän wird. Bei anderen Fluggesellschaften wird man bereits mit den Minimal-Flugstunden, also nach etwa drei Jahren, Flugkapitän.

Für mich ist Lufthansa der beste Arbeitgeber, da mir das komplette Angebot sehr gut gefällt: der Arbeitsablauf, die KollegInnen, soziale Leistungen, Wechsel- und Fördermöglichkeiten und die Freiheiten.

Als Flugkapitän hat man die finale Verantwortung und koordiniert den Flugablauf. Man ist diejenige, die entscheidet. Natürlich verdient man dann auch entsprechend mehr.

*Es gibt ein sehr strenges Auswahlverfahren, um PilotIn zu werden. Daher sind die Zugelassenen alle gut und geeignet. Um Flugkapitän zu werden, braucht man Flugerfahrung. Durch das **Senioritätsprinzip** entscheidet allein die Betriebszugehörigkeit und danach das Alter über die Besetzung der freien Flugkapitänsposition. Es ist ein klar geregeltes Prinzip, bei dem keine „Ellenbogen" notwendig sind, um weiter zu kommen.*

RATSCHLÄGE

Informiert euch!

Nutzt die Zeit bis zum Abitur, um euch zu informieren. Macht Praktika, schnuppert mal rein, lest Hintergrundinformationen, kauft euch ein Buch über den Beruf.
Gerade die Pilotenausbildung ist teuer, daher ist es wichtig, gut informiert zu sein. Sucht euch Leute, die den Beruf ausüben, und befragt sie. Eine gute Möglichkeit, das finanzielle Risiko abzufedern, ist es, die Ausbildung direkt über die Luftfahrtgesellschaft zu machen. Denn es gibt auch schlecht bezahlte Pilotenjobs, und bei diesen wird es schwierig, die Ausbildungskosten zurückzuzahlen. Wenn man die Ausbildung über ein Arbeitgeberdarlehen einer Luftfahrtgesellschaft macht, bürgt diese für einen und man hat danach einen gut bezahlten Job.
Werdet euch darüber klar, dass es spannende Kulturen gibt, die ihr durch den Beruf kennen lernen könnt und es ein toller Beruf ist, der aber natürlich auch Schattenseiten hat: Jetlag, Nachtflüge und Schlafmangel.
Ich würde mich aber immer wieder dafür entscheiden! Es ist ein toller Beruf und das Gesamtpaket stimmt. Für mich ist es genau der richtige.

@ Wie werde ich Pilotin?

Weitere Informationen findest du auf:

http://berufenet.arbeitsagentur.de
In der Suchmaske *„Pilotin“ oder „Verkehrsflugzeugführerin“* eingeben.

Links:

www.lufthansa-pilot.de
http://konzern.lufthansa.com/themen/piloten-bei-lufthansa/traumberuf-pilot.html
http://www.pilotenboard.de

„Auch wenn ich alles Materielle verlieren würde – ich weiß, dass ich mir sagen würde: Irgendwie geht's weiter!"

REPORTERIN UND DOKUMENTARFILMERIN

Uta König

Geburtsjahr	1947
Abitur	1966
Studium	Politische Wissenschaften und Jura, Journalistenschule Paris
Privates	Lesen, Perlenketten machen, Menschen treffen, ehrenamtliches Engagement im Kinderprojekt „Arche" und im Elternverein „Leben mit Behinderung" Geschieden, 2 erwachsene Kinder und wunderbare FreundInnen, mit denen ich unter einem Dach wohne

BESCHREIBUNG DES BERUFS

Ich habe viele Jahre als Redakteurin beim Wochenmagazin stern gearbeitet, bevor ich, im Alter von 48 Jahren, meine zweite Karriere als Dokumentarfilmerin begann. Zunächst erzähle ich mal ein wenig von der Zeit beim stern: Am Anfang des Arbeitsprozesses, bevor ich auch nur eine Zeile schrieb, stand die telefonische Recherche. Dann bin ich losgezogen und habe mir die Leute angeschaut, vor Ort. Für eine Geschichte war ich im Schnitt 14 Tage unterwegs. Wenn ich Geschichten über Menschen schreibe, müssen die Interviewten sich mir öffnen und Vertrauen haben und das geht nur über den persönlichen Kontakt. Ich muss die Menschen sehen und in ihrer Stube sitzen. So bekomme ich ein Gefühl für ihr Leben. Ich habe zum Beispiel eine Familie mit einem schwer kranken Kind über einen langen Zeitraum begleitet. Da muss man sehr vorsichtig sein und sensibel mit den Menschen umgehen. In solchen Geschichten geht es ja nicht darum, investigativ einen Skandal aufzudecken, es geht darum, mehr über das Leben zu verstehen. Gerade beim Film habe ich die Erfahrung gemacht, dass ich mir Zeit lassen und meinen **Protagonisten** Zeit geben muss, um gegenseitiges Vertrauen zu entwickeln. Ich glaube einfach, dass dieses Zusammenspiel die Basis für einen guten Film ist. Bei einem Text-**Feature** kann ich als Autorin viel mehr steuern als bei einem Film. Bei investigativen, also aufdeckenden Geschichten ist die ganz harte **Recherche** wichtig, die Präzision, ganz genau bestimmen zu können, wo der andere beispielsweise gelogen oder betrogen hat. Am besten ist es natürlich, wenn die Recherche ohne so genannte „verdeckte Ermittlungen“ auskommt. Leider geht das oft nicht, weil die Betroffenen mauern und nichts preisgeben. Ein Beispiel: Um einen Frauenarzt, der Schwangerschaftsabbrüche nach dem dritten Schwangerschaftsmonat oder aufgrund einer vorliegenden Behinderung des Kindes vornimmt, offiziell aber ein Gegner davon ist, überführen zu können, darfst du dich nicht zu erkennen geben. Und das wiederum ist nur gerechtfertigt, wenn du ganz sicher weißt, dass das, was der andere gemacht hat, wirklich eine kriminelle Handlung ist oder eine Täuschung, deren Aufdeckung von öffentlichen Interesse ist. Grundsätzlich hat jeder einen Anspruch darauf, zu wissen, wer ihm begegnet. Diese Regel darf nur außer Kraft gesetzt werden, wenn die Aufdeckung auf anderem Weg nicht möglich ist. Es ist ganz wichtig, es sich nie zu leicht zu machen.

i ***Protagonist**: Hauptdarsteller, Held*

i ***Feature**: aktueller, besonders aufgemachter Bericht, der Elemente aus Reportagen, Dokumentationen und Archivmaterial enthalten kann und sie in eine zusammenhängende Form bringt.*

i ***Recherche**: Nachforschung, Ermittlung*

RÜCKSCHAU

Elternhaus

Als Kind war ich in einer Sondersituation, denn ich bin die ersten Lebensjahre bei meinem Großvater aufgewachsen, gemeinsam mit meinem Bruder. Ich bin ziemlich wild aufgewachsen, am Bodensee. Ich hab‘ mich schon als Kind ziemlich gut durchgewurschtelt. Ich kam mit knapp fünf Jahren in die französische Grundschule, dort war ich zwei Jahre, danach auf der deutschen Grundschule, bis ich mit acht Jahren zu meinen Eltern nach Frankfurt gekommen bin. Mein Vater war Arzt und machte in dieser Zeit seinen Facharzt. Das ging nicht am Bodensee, sondern nur in Frankfurt. Meine Mutter ist mitgegangen und so blieben mein Bruder und ich bei meinem Großvater.

Vorbilder

Die Männer in meiner Familie waren sehr emanzipiert und großzügig im Herzen. Mein Vater war Frauenarzt und hat sich immer sehr für die Rechte der Frauen eingesetzt. Ich komme zwar aus einem ausgesprochen fortschrittlichen, aufgeklärten Elternhaus, war aber selbst ein ziemlich renitentes Kind und kletterte hoch in die Bäume. Mein Großvater ließ mich gewähren, sagte nur: „Ruf mich, wenn du runter gefallen bist.“ Er hat mir immer wieder gesagt: „Kind, später musst du raus in die Welt.“ Das hat mich tief geprägt. Journalistische Vorbilder hab‘ ich überhaupt nicht. Toll fand ich immer **Gräfin Marion von Dönhoff**, aber auch meine damalige stern-Kollegin Eva Windmüller. Selbständigkeit ist mir ganz wichtig. Zudem habe ich einen unerschütterlichen Optimismus, ein Vertrauen in mich selbst. „Irgendwie geht das alles, geht's immer.“ Dieses wahnsinnige Gottvertrauen habe ich von meinem Großvater. Das ist ein Glück, dass das bei mir so ist, denn es gab in meinem Leben große Erschütterungen, die ich deshalb überstehen konnte, ohne zu zerbrechen. Auch wenn ich alles Materielle verlieren würde – weiß ich, dass ich mir sagen würde: Irgendwie geht's weiter. Hauptsache gesund! Du schaffst das. Diese Haltung habe ich durch meine ersten Lebensjahre und meinen Großvater mit auf den Lebensweg bekommen.

i ***Marion Hedda Ilse Gräfin Dönhoff*** *war Chefredakteurin und Mitherausgeberin von „Die Zeit“. Sie gilt als eine der bedeutendsten Publizistinnen der deutschen Nachkriegszeit.*

Schulzeit und Studium

Lernen war zu Schulzeiten nie etwas Belastendes, das kam erst im Studium. Dort habe ich „lernen gelernt.“ Während der Schulzeit durfte ich bereits auf französische Kinder aufpassen und meine Schulferien bei Tanten in Paris verbringen. Deshalb bin ich im Französischen zu Hause. Nach dem Abitur war für mich klar, dass ich sofort nach Frankreich gehen möchte. Ich wollte immer komplett unabhängig sein, mir mein Studium, Jura und politische Wissenschaft, selber finanzieren. So habe ich das auch gemacht. In Frankreich bin ich sehr politisch geworden. Ich habe dort zunächst in einer großbürgerlichen Familie auf deren kleine Tochter aufgepasst. Die Verhältnisse dort erinnerten mich an das 19. Jahrhundert und deren Art, mit dem Mädchen umzugehen, hielt ich nicht aus. Über meine Tante, eine Professorin für Russisch an der Universität Sorbonne, kam ich zu einer jungen Frau, geschieden und Medizinstudentin, die suchte jemanden, der auf ihre kleine Tochter aufpasst. Zusammen haben wir eigentlich die Kleine aufgezogen. Im Mai 1968, mit 21 Jahren, lernte ich einen der wichtigsten Kommentatoren von der renommierten französischen Tageszeitung Le Monde kennen. Er sah meine Flugblätter und meinte, ich sei schreibbegabt, daraus solle ich beruflich was machen. So beendete ich mein Studium und besuchte die Journalistenschule in Paris. Ich habe ein Praktikum bei Agence France Press gemacht und neben der Journalistenschule dort gearbeitet. Deswegen bin ich im September 1971 zu Deutschlands größter Nachrichtenagentur dpa nach München gekommen. Die Zeit in Paris ist für mich deshalb so wichtig, weil ich gelernt habe zu lernen und selbständig zu sein. Dazu gehörte auch die Erfahrung, dass ich – wenn nötig – mit wenig Geld ganz gut klarkomme.

Ehe, Kinder und erste Berufsjahre

In München habe ich 1972 mit 25 Jahren einen Kollegen geheiratet. Fünf Jahre danach sind wir nach Hamburg gegangen. Kurz zuvor kam meine erste Tochter Anna zur Welt, ein Rötelkind, und demzufolge mehrfach behindert. Erstmal war das ganz schwierig und ich hatte Zweifel, ob und wie wir das schaffen sollten, ständige Klinikaufenthalte, schlaflose Nächte, im Nachhinein ist es für mich unvorstellbar, wie wir das alles geschafft haben. Ich blieb ein halbes Jahr zuhause, machte täglich Therapien mit Anna. Diese Zeit brauchte ich für meine Trauerarbeit. Ich musste Abschied nehmen von den Bildern, die ich mir vor der Geburt von meinem Kind gemacht hatte. Bilder, die ein gesundes Kind zeigten. Ich musste lernen, Anna zu sehen – mit ihren Behinderungen und ihren kleinen Fortschritten, die in Wahrheit riesengroß waren. Das ist ein langer, heilsamer, aber auch schmerzhafter Prozess. Damals halfen mir die Worte einer Krankengymnastin, die Anna betreute. Was sie mir sagte, stimmte: „Das Eis, auf dem du gehst in deinem Leben, ist jetzt dünn und du wirst auch noch ein paar Mal einbrechen. Aber du wirst sehen, du kommst wieder hoch und das Eis wird dicker mit der Zeit.“ Nach einem halben Jahr bin ich zum stern gegangen, ins Medizin-**Ressort**. Mein Mann und ich entschieden damals gemeinsam, dass nur einer von uns ganztags und festangestellt arbeiten kann – und das war ich. Er blieb zu Hause und begann als gelernter Journalist ein Studium der Sonderpädagogik – Anna hatte dafür sein Interesse geweckt. Wir organisierten uns einen Zivildienstleistenden und wohnten mit FreundInnen in einem Haus in Hamburg Uhlenhorst. Wir haben es uns immer schön gemacht und gesagt, dass wir mit unserer behinderten Tochter, so schwer es auch ist, versuchen, möglichst normal zu leben. Da waren wir schon ziemlich privilegiert, dass wir Unterstützung von guten FreundInnen hatten und keine finanziellen Sorgen. Dass wir abends oft noch mit FreundInnen zusammen gekocht haben, war toll, aber auch anstrengend. Wir hatten aber nie das Gefühl, dass das Kind uns etwas raubt oder dass wir uns für das Kind geopfert haben. In diesen Jahren habe ich zwei Leben gelebt: Auf der einen Seite die Reporterin des stern, die ganz viel verreist und die mit Leidenschaft arbeitet, und gleichzeitig

i ***Ressort:*** *Aufgabengebiet*

das Leben mit einem behinderten Kind. Nach vier Jahren beim stern als Redakteurin im Medizinressort kam ich in die feine Riege der AutorInnen, die die großen Geschichten machen und deshalb auch sehr privilegiert waren. Ich war viel unterwegs, und das ging alles dank der Unterstützung meines Mannes. Wir waren in diesen Jahren ein gutes Team. Dennoch, das kennt ja jede Mutter, die berufstätig ist: Man kommt nach Hause und kann sich nicht erholen, nicht mal eine kleine Pause machen. Und so war es auch bei uns, ich habe meinen Mantel an der Garderobe aufgehängt und bin sofort in mein zweites Leben gewechselt. Mit einem behinderten Kind ist alles viel schwieriger. Aber von keinem Menschen auf der Welt habe ich soviel gelernt wie von meiner behinderten Tochter. Geduldig sein und vor allem Stimmungen wahrnehmen zu können, auch ohne Worte. Die journalistische Arbeit, diese andere Welt, war für mich entlastend, auch wenn sie oft sehr fordernd war. Mein Mann wurde Sonderpädagoge für Gehörlose, Geistigbehinderte und Blinde.
Im April 1981 brach meine Welt zum zweiten Mal zusammen. Ein Autounfall, unverschuldet und dramatisch! Ich war im siebten Monat schwanger und hatte mich so sehr auf das Kind gefreut. Es überlebte die Wucht des Aufpralls nicht. Ich selber war schwerverletzt und monatelang im Krankenhaus. Ich bin dem Tod gerade so von der Schippe gesprungen. Ich musste wieder laufen lernen. Wahnsinn. Da war ich runter von meinem Sonnendeck des Lebens. Und da hat mich die Erfahrung mit meiner behinderten Tochter gerettet. Die Erfahrung, in einer ganz schweren Lebenssituation zu wissen: „Heute ist es ganz schlimm und morgen ein wenig besser.“ Es geht einfach weiter, das war die wichtigste Erfahrung in meinem Leben. Als ich zwei Jahre später mit meiner zweiten Tochter Maxie schwanger war, hatte ich das Trauma meines schweren Unfalls überwunden. Da war ich bereit für ein zweites Kind, auch wenn es behindert gewesen wäre. Ich wusste, dass ich dazu die Kraft hätte. Das hatte mich das Leben mit Anna gelehrt. Es ist schön, dass meine jüngere Tochter aber gesund zur Welt gekommen ist.

Zweite Karriere

1991 wechselte ich zur Brigitte, wo ich bis Ende 1993 stellvertretende Chefredakteurin war. Eine tolle Redaktion. Ich habe aber gemerkt, dass ich rausgehen und Geschichten machen muss. Dann kam meine Scheidung und ich nahm mir ein Jahr Auszeit. Zu der kam es aber nicht, weil ich mehr oder minder zufällig in die Dokumentarfilmerei für den NDR rutschte. Ein Anwalt hatte mich kontaktiert und gefragt, ob ich über einen Prozess berichten wolle, der sehr interessant sei. Zwei junge Männer – 17 Jahre, ein vietnamesisches Adoptivkind und ein farbiger Deutscher, beide Türsteher bei einer Abiturfeier – waren des versuchten Totschlags an einem der Abiturienten angeklagt. Der Anwalt ließ mich wissen, dass der Fall sehr mysteriös sei. Ich habe mich fast drei Monate ins

Gericht gesetzt und sah zwei Welten: die Mutter des angeklagten farbigen Jungen mit ihren kleinen Kindern, die mittags aus der Schule ins Gericht kamen. Auf der anderen Seite die Welt des Nebenklägers. Der Vater des Opfers, ein Autohändler, saß im Nadelstreifenanzug nicht neben der farbigen Mutter. Er stellte stets einen schwarzen Aktenkoffer auf den Platz zwischen sich und der verzweifelt weinenden Mutter. Es war dieses Bild, das mich auf die Idee brachte: Das ist ein Film. Es gab eine Serie in der ARD über Frauen in Traumberufen mit einem Film über mich: „Die Reporterin." Ich schickte ein Fax mit meiner Vorstellung vom Drehbuch für eine Dokumentation an den NDR und nannte sie „Spurensuche im Diskolicht" – und bekam noch am gleichen Tag die Zusage: „Machen Sie sich auf den Weg, das ist hochspannend, das machen wir sofort!" Das war mein Start beim NDR, ein Sender der ARD, für mich eine Zeit mit neuen Herausforderungen. Da war ich ja bereits 48 Jahre alt und hab' noch mal auf dem Fundament meiner langen Reportertätigkeit viel Handwerk gelernt. Es war Learning by Doing und das mit allen Unsicherheiten und auch Risiken. Ich hatte für das Projekt „Spurensuche im Diskolicht" genau beschrieben, wie ich mir die optische Umsetzung vorstellen würde. Beim stern hatte ich gelernt, auch visuell zu denken. Welche Bilder passen zu dieser Geschichte? Das kam mir sehr zu Gute. Ich bekam einen erfahrenen Kameramann an die Seite, dem ich ganz laienhaft erklärte, wie ich die Bilder und Szenen haben wollte. Schon vor der Urteilsverkündung haben wir gedreht und innerhalb von zehn Tagen den ganzen Film gemacht. Das war nur möglich, weil Recherche und Vorbereitung sehr gründlich waren und ich die Bilder im Kopf hatte. Ohne diese Vorarbeit wäre die „Spurensuche" kein Film geworden. Ganz autodidaktisch habe ich mich mit den unzähligen Kassetten hingesetzt, habe stundenlang das Material gesichtet und halbe Nächte mit dem Cutter gesessen und den Schnitt dirigiert. Das ist es, was ich meine: Zu Beginn des Gerichtsverfahrens hatte ich ja noch kein Ziel, keinen Auftrag, ich wusste nicht, ob und was daraus wird, aber ich wusste, das ist eine spannende Geschichte mit vielen Fragezeichen. Ich begab mich voll hinein – so, als gäbe es den Auftrag bereits. Damit möchte ich Mut machen: Wenn man sich wirklich, ganz und gar, in eine Sache hineinbegibt und davon überzeugt ist, wird sie auch gut. Das ist so. Ich bekam damals sofort den nächsten Auftrag, „Kinder und Aids – ein trauriges Versteckspiel." So ging es weiter, am Anfang 30-, 45-, 60- und 90-Minuten-Filme, ein paar Jahre später, 1998, den Grimme-Preis für „Eine Frau im Männerknast" und im gleichen Jahr den „Sozial-Oscar" der Freien Wohlfahrtsverbände für eine Reportage über Jugendliche im Knast mit dem Titel „Am Anfang war es die Hölle." Zu dem Film „Eine Frau im Männerknast" möchte ich noch etwas erzählen. Es gab eine Geiselnahme in einem Hochsicherheitsgefängnis und diese Frau, die ich porträtieren wollte, war dort die Direktorin. Sie hatte sich für eine Sozialarbeiterin als Geisel im Austausch angeboten. Die Direktorin wurde dann von dem Geiselnehmer vergewaltigt. Die Geiselnahme war wochenlang in den Schlagzeilen. Die Direktorin des Hochsicherheitsgefängnisses hatte bis zu dem Zeitpunkt meines Anrufs – das war ein Jahr danach – mit keiner JournalistIn darüber gesprochen, war in keiner Talkshow, nichts. Als ich anrief, war sie einverstanden, dass wir uns treffen, aber sie sagte, dass sie noch nicht weiß, ob sie mir überhaupt etwas erzählen möchte. Wir saßen dann die ganze Nacht zusammen und sie hat mir alles geschildert, was passiert ist während dieser Geiselnahme und welcher Skandal dahintersteckt. So entstand „Eine Frau im Männerknast." Für den Dokumentarfilm galt die Absprache, dass ich sie nicht nach der Vergewaltigung frage, sondern nur danach, woran sie in dem Moment gedacht hat: Sie sagte, sie habe an die Türklinke im Haus ihrer Großeltern gedacht. Anschließend haben wir über die Vergewaltigung durch die Boulevardpresse gesprochen, die Dinge titelten wie „Schöne Knastchefin kehrt zu ihren Sexualtätern zurück" und ähnliches. Der Punkt ist, dass klar war, dass wir nicht nur über die Geiselnahme sprachen, sondern auch über ihr Leben danach. Darüber, dass sie weiterhin dort Chefin ist und wir den Alltag zeigen. Sie hätte niemals zugestimmt, wenn sie das Gefühl gehabt hätte, dass ich etwas Voyeuristisches mache. Sie hat nicht verlangt, den Film vorher zu sehen. Ich habe gesagt: „Sie müssen mir vertrauen, sonst hat das keinen Sinn." Ich habe festgestellt, dass es besser ist, von Vornherein zu sagen, dass über alles geredet und verhandelt werden kann, welche Aspekte in die Geschichte reinkommen und welche nicht, dass ich Zitate gern vorlesen kann, alles – aber dass ich den Text bzw. den Film selbst nicht aus den Händen gebe. Damit habe ich nur gute Erfahrungen gemacht. Denn JournalistInnen, die Transparenz und Einblick versprechen und das, sobald sie alles im Kasten haben, nicht einhalten und sich dann bei Nachfragen auch noch verleugnen lassen, finde ich ekelhaft. Ich weiß, dass solche Verhaltensweisen oft vorkommen, denn immer wieder haben mir InterviewpartnerInnen erzählt, warum sie gegenüber JournalistInnen misstrauisch sind. Ich habe für die Dokumentation über die Gefängnis-Direktorin Wort gehalten, dann aber in Absprache mit ihr für einen Spielfilm die Freiheit für die Fiktion bekommen. Aus „Eine Frau im Männerknast" haben wir 2003 einen Spielfilm gemacht, den Polit-Thriller „Die Geisel" mit Suzanne von Borsody und Jürgen Vogel in den Hauptrollen. Ich habe zusammen mit dem Regisseur Christan Görlitz das Drehbuch für den ARD-Spielfilm geschrieben. Wieder eine neue gute Erfahrung!

EINSTELLUNG ZUM BERUF

Damals eine Anstellung beim stern zu bekommen war das Tollste, was du überhaupt kriegen konntest. Nicht nur finanziell, sondern auch durch die wahnsinnigen Möglichkeiten in der Recherche. Ich bin keine Perfektionistin, aber ich wollte mir immer sicher sein, mein Bestes gegeben zu haben. Das war mein Anspruch an mich selbst. Wichtig war mir zudem immer, dass das, was die Menschen mir erzählen, freiwillig geschieht und dass ich das nie als selbstverständlich nehme, denn sie vertrauen mir Intimes an. Dass die Menschen danach noch vor anderen bestehen können, dass sie nicht – wie bei gewissen Zeitschriften und Sendern – vorgeführt werden und sich hinterher schämen, wenn sie in ihren Alltag zurückkehren. Gerade beim Fernsehen ist es so wichtig, den InterviewpartnerInnen immer wieder bewusst zu machen, dass sie zwar mit mir persönlich sprechen, aber alles, was sie sagen, für die Öffentlichkeit bestimmt ist. Die Frage der JournalistIn „Darf das veröffentlicht werden?" ist deshalb so wichtig. In diesem Beruf gibt es keine Routine. Jede Geschichte ist anders, manchmal kann man viel bewegen und das ist dann natürlich toll. Aber das passiert meist nur, wenn vorher sehr gut recherchiert, heißt Zeit investiert wurde. Zu den Schwachpunkten des Berufs zählt definitiv und entgegen aller anderslautenden Aussagen der Prozess des Schreibens. Das ist immer ein Kampf. Es ist immer Stress. Da gibt es keine Routine. Das ist wirklich mit jeder Geschichte neu. Immer wieder. Es ist hilfreich, sich zu sagen, dass man das bisher ja jedes Mal geschafft hat und dass es fast allen so geht, auch wenn sie es nicht zugeben. Zu meinen eigenen Schwachpunkten zähle ich meine Abscheu gegenüber jeder Art von High-Society-Smalltalk. Ich habe aufgrund meines Elternhauses eine Parkettsicherheit für jede Art gesellschaftlicher Kreise, aber ich habe eine große Aversion, bei Leuten, die ich schrecklich finde, freundlich Smalltalk zu machen. Die Meinung, dass man sich als JournalistIn auf irgendwelchen Cocktailparties „sehen" lassen muss, teile ich überhaupt nicht. Das habe ich nie gemacht und das will ich auch nicht. Auch nachts an irgendwelchen Hotelbars muss ich mich als Reporterin nicht herumtreiben, um irgendwelche besonderen Informationen von PolitikerInnen oder sonstigen wichtigen Persönlichkeiten zu bekommen. Die Leute, die exklusive Informationen haben, überlegen sich nämlich sehr genau, wem sie dieses mitteilen. Das passiert ganz unspektakulär nach der Devise: Wer kann bei welchem Medium diese Enthüllung öffentlichkeitswirksam verbreiten? Das ist eine ganz nüchterne Angelegenheit.

ERFAHRUNG ALS FRAU IM BERUFSALLTAG

Es ist immer wichtig, gut mit Menschen umgehen zu können, Einfühlungsvermögen zu haben, Menschenkenntnis. Ob ich nun Mann oder Frau bin, ist da egal. Ein ganz großer Vorteil ist allerdings, dass Menschen sich einer Frau eher anvertrauen als einem Mann. Ob das mit Geschlechterrollen zu tun hat, weiß ich nicht, aber es ist offensichtlich, dass Frauen sich eher an „weiche Themen" heranwagen und das auch sehr gut machen. Ich finde es wichtig, dass Frauen auch so harte Brocken wie Wirtschaftsthemen bearbeiten. Aber es war lange so, dass gesellschaftspolitische Themen um Erziehung, Geschlechterrollen, Vereinbarkeit von Familie und Beruf zu Frauen-Themen erklärt wurden. Für Gleichberechtigung haben sich ja nicht die Männer stark gemacht und sind auf die Straße gegangen, sondern das waren und sind ja bis heute die Inhalte der Emanzipation. Das fand ich toll, dass ich diese Aufbruchphase im Journalismus mitbekommen habe. Und ich finde es ganz wichtig, das den jungen Frauen zu vermitteln: „Ja, ihr findet vieles vor, Selbstverständlichkeiten wie den reformierten **§218** und Empfängnisverhütung, aber denkt nicht, dass damit schon alles erreicht ist. Ihr seid gefordert; es gibt weiterhin Vieles zu erkämpfen." Ich denke, dass es schwieriger ist als damals, die Unsicherheit der Arbeitsplätze, die schlechte Bezahlung vor allem der freien JournalistInnen. Ich bin der Meinung, dass dieser Beruf mit Kindern nur mit Anspruch auf Ganztags-Kindergartenplatz, Ganztagsschule und einem sehr verlässlichen Umfeld funktioniert.

__§ 218 StGB__ (Strafgesetzbuch) ist der „Abtreibungsparagraph": Der § 218 verbot bis 1927 ausnahmslos die Abtreibung, danach wurde sie nur aus medizinischen Gründen gestattet. In den 60er und 70er Jahren erreichte die Frauenbewegung mit Protesten eine Liberalisierung, die den Frauen mehr Rechte über die Abtreibungsentscheidung einräumte.

„Es wird oft gesagt, dass die Gleichberechtigung erst dann erreicht ist, wenn auch Frauen mit mittelmäßiger Leistung die ganz große Karriere machen."

ZIELE

Für mich ist seit Jahren beruflich Erntezeit. Ich genieße viel mehr. Gleichzeitig sind mir Themen wie die Grenzen des Wachstums wichtig: „Wollen wir weiter leben wie bisher oder ändern wir etwas?" Ich glaube, wir brauchen eine neue Bescheidenheit. Das sind Sachen, bei denen ich mich engagiere. Journalistisch ganz wichtig ist, eine soziale Sensibilität zu behalten. Wir haben eine derartige Kluft zwischen Arm und Reich in dieser Gesellschaft und die wird immer tiefer. Wenn wir da nicht aufpassen, wird es so sein, dass die einen von der Welt der anderen nichts mehr kennen. In meinen Augen ist es so, dass wir – nicht nur als JournalistInnen – gefragt sind, an einer ganz neuen Form der sozialen Gerechtigkeit zu arbeiten. Alle essen nur drei Mal am Tag – und keiner braucht drei Autos. Ich bin vielen Menschen begegnet, die sagen „Die Armen sind ja alle bloß faul" – nein!

Ich kenne ganz viele, die nicht mal das Existenzminimum haben, viele, die drei oder vier Jobs auf 400-Euro-Basis haben, sich abarbeiten und trotzdem nur knapp davon leben können. Was bedeutet das? Keine KollegInnen, keine Pausen, und am Ende bleibt immer noch zu wenig. Es gibt eben von Anfang an keine Chancengerechtigkeit, das geht schon im Kindergartenalter los, dass die Herkunft die Bildungschancen bestimmt. Da müssen wir anfangen und nicht mit irgend welchen politischen Paketen mit ein paar Euro mehr im Monat. Deshalb habe ich mich mit der **Arche** beschäftigt, mich eingesetzt und ein Jahr lang für den Film „Schattenkinder“ gedreht, um den Menschen die Augen zu öffnen, ebenso wie für das Thema Leben mit Behinderung. Das sind für mich die wichtigen Ziele momentan.

i *Der Verein* ***Die Arche - Christliches Kinder- und Jugendwerk e. V.*** *ist ein evangelikales Hilfswerk, das Kindertagesstätten betreibt. Eines der Ziele der Arche ist, Kinder von der Straße zu holen und ihnen sinnvolle Freizeitmöglichkeiten zu bieten.*

RATSCHLÄGE

Such dir eine Nische - und recherchiere auch in ihren dunklen Winkeln!

Du musst eine Mischung haben aus Neugier, dich für Menschen brennend interessieren und dir sagen: „Ich kann hier noch was lernen.“ Diese Leidenschaft ist die Voraussetzung. Wenn man heute JournalistIn werden will, muss man außerdem ganz genau wissen, in welchem Bereich man arbeiten will. „Ich mach mal ein bisschen in Medien“, wie manche so sagen, geht gar nicht. Noch etwas ist wichtig: Heutzutage leidet der Journalismus darunter, dass es zu wenig Raum gibt für gründliche Recherche. Ausdauer, Geradlinigkeit und Lust an Details sind eine weitere Voraussetzung für diesen Beruf. Ob die Menschen sich dir öffnen, hat viel damit zu tun, ob du dir Zeit für sie nimmst, wirklich Interesse hast und ob du gut vorbereitet bist. Je besser du vorbereitet bist, desto entspannter ist es am Drehort. Die Menschen haben übrigens meist ein gutes Gespür dafür, ob jemand sich wirklich für sie interessiert oder nur vordergründig an seine Geschichte denkt. Selbstkritik ist immer hilfreich, sich zu fragen: „Vielleicht liegt es an mir, dass kein Kontakt zustande kam.“

Lasst euch nicht unter Druck setzen!

Ein Maximum an Bildung, Mobilität, Flexibilität – ich halte diese Forderungen an den modernen Menschen für den absoluten Wahnsinn! Eine gute Ausbildung ist schon wichtig, aber die fünfte oder sechste Fremdsprache nicht unbedingt. Ganz wichtig ist Gelassenheit. Liebe Leute, lasst mal das Handy beiseite – riecht lieber in die Stuben hinein, seid interessiert, lauft nicht mit Scheuklappen herum. Nehmt die Kopfhörer raus, sperrt die Ohren und die Augen auf! Und: Traut euch, einfach etwas zu wagen, zu machen – wenn ihr Fehler macht, ist es nicht schlimm, die machen wir alle. Und nur daraus lernen wir. Und: In jeder Lern-Etappe im Laufe des Lebens ist es hilfreich, sich als Lernende zu outen. Das nimmt Druck und macht frei, Fragen zu stellen und Hilfe einzufordern. Es werden auch keine falschen Erwartungen geweckt.

Behaltet eure Unabhängigkeit!

Ich habe damals immer zwei Koffer gehabt, einen mit Kleidung, einen mit Büchern. Das Gefühl, jederzeit gehen zu können und zur Not einen anderen Weg zu finden, war mir immer wichtig. Ich habe keine Angst vor beispielsweise materiellem Verlust, weil ich weiß, dass es immer einen Weg geben wird. Ich glaube, man darf sich nicht so verrückt machen im Leben. „Wenn wir bedenken, dass wir alle verrückt sind, ist das Leben erklärt." Dieser Satz von **Mark Twain** ist mein Lieblingsspruch. Er hängt am Spiegel in meinem Flur.

*Der unter dem Pseudonym **Mark Twain** bekannte US-amerikanische Schriftsteller Samuel Langhorne Clemens (1835-1910) ist vor allem durch seine Bücher über Tom Sawyer und Huckleberry Finn berühmt geworden.*

@ Wie werde ich Reporterin?

Weitere Informationen findest du auf:
http://berufenet.arbeitsagentur.de
In der Suchmaske „*Dokumentarfilmerin*" eingeben.

Kriminaloberkommissarin bei der Bezirkskriminalinspektion Flensburg

„Es ist mir wichtig, dass man Menschen, die Verfehlungen begangen haben, bestrafen und Gerechtigkeit für die Opfer von Straftaten erwirken kann.“

DIPLOM-VERWALTUNGSWIRTIN

Andrea Glemnitz

Geburtsjahr	1980
Abitur	2000
Studium	Verwaltungsfachhochschule Altenholz
Privates	Familie, Handball, Laufen Verheiratet, zwei Töchter

BESCHREIBUNG DES BERUFS

Ich arbeite als Kriminaloberkommissarin in der **Sachbearbeitung des Kommissariats** 2. Das Kommissariat 2 ist auf meiner Dienststelle in Schleswig-Holstein für Sexualdelikte, **Todes-** und Brand**ermittlungen** sowie Gewaltdelikte zuständig. Meine Arbeit findet sowohl im Büro als auch „draußen" statt. Draußen zu sein, heißt, dass man vor Ort ermittelt. Meine Aufgabe ist, die gesamten Ermittlungen zu den oben genannten Delikten durchzuführen. Dazu gehören insbesondere: Vernehmungen von Geschädigten, ZeugInnen und Beschuldigten, Spurensicherungen an Tatorten sowie Durchsuchungen von Objekten. Alle Ermittlungen trage ich in einer Akte für die Staatsanwaltschaft zusammen. Für die Ermittlungen bin ich eigenständig verantwortlich. Ich entscheide, welche Ermittlungsschritte notwendig und Erfolg versprechend erscheinen. Dabei berate ich mich häufig mit meinen KollegInnen. Für einige Ermittlungsschritte werden Beschlüsse von den zuständigen Gerichten benötigt, beispielsweise ein Durchsuchungsbeschluss für die Wohnung. Dafür nehme ich Kontakt mit der Staatsanwaltschaft auf, welche die jeweiligen Beschlüsse beim Gericht beantragt. Wenn eine TäterIn aus einem anderen Bundesland oder dem Ausland kommt, sind dafür besondere Schnittstellen bei der Kriminalpolizei eingerichtet, mit der wir in so einem Fall zusammenarbeiten. Die Berichte werden nach genauen Regeln verfasst. Zwar ist die bürokratische Sprache manchmal mühevoll, sie ist jedoch wichtig, weil KollegInnen unabhängig von meiner Anwesenheit nachvollziehen müssen, was geschehen ist. Manchmal werden Fälle Jahre später aufgerollt. Daher ist Sorgfalt bei der Dokumentation der Fälle sehr wichtig. Eine Arbeitswoche umfasst 41 Stunden plus Überstunden, die häufig durch Bereitschaftsdienste und Sofortlagen – das heißt Situationen, die sofortiges Handeln erfordern – entstehen. Während des Bereitschaftsdienstes stehe ich für den eventuellen Einsatz auf Abruf, kann mich dabei aber am Wohnort in der Nähe des Kommissariats aufhalten. Sofortlagen entstehen, wenn ein polizeilich relevantes Ereignis plötzlich eintritt und mehr PolizistInnen gebraucht werden, als absehbar war. Sie unterscheidet sich von Zeitlagen, bei denen ein Ereignis – wie eine Demonstration, die angemeldet ist – vorhersehbar ist und der Personaleinsatz im Voraus geplant werden kann.

Tagesablauf

Einen typischen Tagesablauf zu beschreiben, ist schwierig, weil jeder Fall einzigartig ist und wir davon auf anderem Wege erfahren. Ein klassischer Fall in meinem Kommissariat im Bereich Sexualdelikte ist, dass eine Frau zu uns kommt, um eine Vergewaltigung anzuzeigen. In diesem Fall nehme ich mich ihrer an und führe eine ausführliche Vernehmung durch. In diesem besonders sensiblen Bereich der Sexualdelikte machen wir das in einem speziellen Zimmer in Form einer

*Die gehobenen BeamtInnen des Kriminaldienstes sind **SachbearbeiterInnen,** KommissariatsleiterInnen, EinsatzleiterInnen und DienststellenleiterInnen. Die BeamtInnen der Kriminalpolizei tragen zivile Kleidung. Sie weisen sich durch einen Dienstausweis oder mit ihrer Kriminalmarke aus.*

*Die **Kommissariate** sind je nach Bundesland unterschiedlich zusammengesetzt und nummeriert, da die Polizei Ländersache ist.*

*Bei **Todesfällen** wird die Kriminalpolizei hinzugezogen, wenn ein Arzt vor Ort eine nicht-natürliche Todesursache (Unfall, Suizid, Fremdverschulden) nicht ausschließen kann. Wird durch die eingesetzten BeamtInnen ein Fremdverschulden festgestellt, übernimmt die Mordkommission die Ermittlungen.*

Videovernehmung. Das bedeutet, dass alles Wort für Wort aufgezeichnet wird und man sich später auf diese Weise ein Bild von ihrem Zustand und Verhalten machen kann. Nach der Vernehmung gehe ich anhand der Informationen, die sie mir gibt, weiter vor. Die ersten 24 Stunden nach einer Tat sind die entscheidenden, in denen alles schnell und kompakt geschehen muss. Ich beschäftige mich mit dem Tatort, weil nach einer aktuellen Tat Spuren zu erwarten sind, die ich gemeinsam mit der Kriminaltechnik dort sichere. Die Suche nach dem Täter – der feststeht oder noch ermittelt werden muss – stellt einen Schwerpunkt dar, um den ich mich mit KollegInnen zusammen kümmere. Gegebenenfalls kommen noch ZeugInnen in Betracht, die vernommen werden müssen oder bei einem öffentlichen Tatort Personen, die im Umfeld wohnen und vorbeigekommen sein könnten. Am Ende trage ich diesen ganzen Komplex um das Opfer, die TäterIn, die ZeugInnen und den Tatort nach Möglichkeit zu einem Ergebnis zusammen. Diese Akte wird der Staatsanwaltschaft übergeben, die dann entscheidet, ob der Fall zur Anklage gebracht wird. Ich habe zwar die Verantwortung, aber es sind meistens KollegInnen zur Unterstützung dabei; bei der kriminaltechnischen Untersuchung des Tatorts sind es meist speziell ausgebildete KollegInnen. Ohnehin arbeitet man in vielen Arbeitsfeldern im Team, die Verantwortung liegt jedoch bei der KommissarIn.

RÜCKSCHAU

Schule und Berufsausbildung

In der Schule mochte ich am liebsten Sport, das ist immer noch so, daneben noch Geschichte, Wirtschaft und Politik. Kunst und Biologie waren nicht meine Favoriten. Ich ging nicht so gern zur Schule, war eher eine Spätzünderin. Angeregt von einer Mitschülerin, die Polizistin werden wollte, überlegte ich mir, ob das nicht auch etwas für mich sein könnte. Aber auch Werbetexterin kam für mich in Frage. Als begeisterte Handballspielerin konnte ich mir noch vorstellen, Sportjournalistin oder -kommentatorin zu werden. Mit 17 Jahren in der 11. Klasse habe ich ein freiwilliges zweiwöchiges Praktikum bei der Polizei in Schleswig gemacht. Danach war mein größter Berufswunsch, Polizistin zu werden. Der Wunsch war so dominant, dass ich mich sogar ein Jahr vor dem Abitur bewarb und lediglich mit Fachhochschulreife abging, um meine Ausbildung für den **gehobenen Dienst** zu beginnen. Nach der Bewerbung musste ich mich in einem Auswahlverfahren beweisen. Getestet wurden die Bereiche Sprache, Intelligenz, Sport, Allgemeinwissen, psychologisches Profil und Darstellung. Die dreijährige Ausbildung wird mit einem Bachelor abgeschlossen. Das Studium in Altenholz umfasst die Bereiche Recht, Kriminalistik, Politologie, **Einsatz- und Führungslehre** sowie Psychologie und Ethik. Zusätzlich gibt es zwei praktische Halbjahre. Während des zweiten Halbjahres der Ausbildung fand an der Polizeischule in

*Der **gehobene Dienst** (gD) ist eine Laufbahngruppe im deutschen Beamtenrecht – unterteilt in den gehobenen technischen Dienst (z. B. Feuerwehr) und den gehobenen nichttechnischen Dienst (z. B. Verwaltungsdienst), ferner in die Laufbahnen besonderer Fachrichtung.*

*Die **Einsatz- und Führungslehre** behandelt den geplanten, zielgerichteten, rechtlich zulässigen, taktisch und psychologisch richtigen Einsatz und die Führung von Arbeitskräften.*

Eutin das praktische Training statt. Dort wurde beispielsweise Schießen, Spurensicherung und Einsatztrainingslagen geübt – zusätzlich gab es viel Sporttraining. Während des vierten Halbjahres machte ich ein Praktikum in Flensburg. Dort habe ich die Arbeitsweise auf einer Dienststelle gelernt, also das, was ich jetzt mache. Nebenbei holte ich auf dem zweiten Bildungsweg meine Allgemeine Hochschulreife nach. Nach der Ausbildung bin ich zunächst für ein Vierteljahr nach Kiel gegangen, zum Staatsschutz der Polizei ins Landeskriminalamt. Unmittelbar danach habe ich zwei Jahre an einer kleinen Dienststelle in Schleswig, meiner Heimatstadt, im Bereich Einbruch, Raub und Betäubungsmittel gearbeitet. Und schließlich bin ich nach Flensburg in meinen jetzigen Bereich gewechselt. Die Erfahrung und die Routine bringen mit sich, dass man irgendwann sicherer und souveräner in allen Bereichen wird, auch intern, wenn man seine Meinung vertritt oder einen Verbesserungsvorschlag macht.

Elternhaus

Meine Mutter ist Rechtsanwalts- und Notargehilfin. Mein Vater ist in Rente und war Automobilverkäufer. Bis zu meinem 16. Lebensjahr lebte ich mit meinen Eltern zusammen, dann trennten sie sich. Danach blieb ich für die nächsten drei Jahre bei meiner Mutter. Ich kann auf eine schöne Kindheit und Jugend zurückblicken. Meinen Eltern war es stets wichtig, mich zur Selbstständigkeit zu erziehen. Stolz bin ich darauf, dass ich, obwohl ich ein recht schwieriger Teenager war, mein Leben in den Griff bekommen habe, ein gutes Leben in allen Bereichen und in geregelten Bahnen führe. Und darauf, dass es mir gelungen ist, mir selbst treu zu bleiben. Das bedeutet, dass ich auch auf mein Gefühl, meine „innere Stimme" gehört habe, wenn es um private oder berufliche Entscheidungen ging.

Vorbilder

Mein Vorbild ist meine 14 Jahre ältere Schwester, die mir soziale Umgangsformen und Diplomatie vermittelt hat. Ich mag, wie sie ihr Leben im Griff hat. Sie arbeitet als Vermessungstechnikerin und hat zwei Kinder. Die Art, wie sie es schafft, allen Ansprüchen in der Familie, im Beruf und im Freundeskreis, aber auch sich selbst gegenüber gerecht zu werden, gefällt mir sehr.

EINSTELLUNG ZUM BERUF

Ideell steht für mich hinter meinem Beruf das Bemühen um ein Stückchen Gerechtigkeit. Es ist mir wichtig, dass man Menschen, die Verfehlungen begangen haben, bestrafen und Gerechtigkeit für die Opfer von Straftaten erwirken kann. Ich mag meinen Beruf auch nach zehn Jahren, weil ich morgens nie weiß, was mich erwartet. Es gibt zwar routinierte Abläufe, aber ich werde trotzdem mit immer neuen und anderen

Sachverhalten konfrontiert. Zwar ist das, was passiert, oft sehr hart und zeigt menschliche Abgründe auf, aber man kämpft auf der richtigen Seite. Weil Kriminalität überall vorkommt, bekomme ich als Kriminalpolizistin Einblicke in alle Gesellschaftsschichten. An der Arbeit schätze ich, dass ich selbstständig und mit Verantwortung und gleichzeitig viel im Team arbeiten kann. Meine Entscheidungen sind eigenständig, natürlich gebunden an die Gesetze und Erlasse. Als Rückschlag empfinde ich es, wenn ich einen Fall nicht lösen kann. Oder wenn ich denke, ich hätte ihn gelöst, aber vor Gericht stellt sich alles ganz anders dar. Wenn jemand, den ich für schuldig halte, freigesprochen oder jemand, den ich für unschuldig halte, verurteilt wird.
Wenn du Kriminalpolizistin werden willst, brauchst du ein „dickes Fell“, weil du viel Leid mitbekommst. Du solltest keine Scheu vor Menschen haben und auch nicht davor, ihnen sehr unangenehme Fragen zu stellen. Schüchternheit ist nicht angebracht. Du solltest Neugier mitbringen, denn dann stellst du dir bei einem Ermittlungsverfahren die richtigen Fragen. Im Polizeialltag bekommst du viel Elend mit – Kindesmissbrauch, der Anblick von Toten, die Überbringung von Todesnachrichten – und musst trotzdem in jedem Moment in der Lage sein, die Arbeit professionell zu erledigen. Mir hilft es, dass ich tolle KollegInnen habe und wir nach einem schweren Einsatz miteinander sprechen können. Weiterhin musst du im Polizeidienst flexibel und in der Lage sein, deinen geplanten Arbeitsablauf komplett umzukrempeln, wenn gerade ein Einsatz anläuft. Gleiches gilt für das Privatleben, welches zurückgestellt werden muss, wenn ein Einsatz länger dauert oder du aus dem Schlaf gerissen wirst, wenn du Bereitschaftsdienst hast. Dafür gibt es aber immer einen Ausgleich, sodass insgesamt doch viel Zeit für Familie und Freizeit möglich ist. Ein Einstieg bei der Kriminalpolizei bietet vielfältige Möglichkeiten. Es gibt die verschiedenen Deliktbereiche, den Einsatz auf der Straße, im Büro – beispielsweise

„Neugierig musst du sein, dann stellst du bei einem Ermittlungsverfahren die richtigen Fragen. Schüchternheit ist nicht angebracht.“

im Bereich der **Auswertungen oder Lagebewertungen** –, im Ausbildungsbereich für den Nachwuchs, auf den man sich als DozentIn bewerben kann. Man kann sich intern fortbilden und lernt sehr viel aus der Praxis.

*Bei den **Auswertungen** oder **Lagebewertungen** wird anhand von zur Verfügung stehender Daten und Fakten die aktuelle Lage eingeschätzt. Zum Beispiel anstehende Demonstrationen oder große Schadensereignisse.*

ERFAHRUNG ALS FRAU IM BERUFSALLTAG

In meinem Kommissariat spielt mein Geschlecht eine sehr große Rolle, denn im Bereich der Sexualdelikte wird häufig eine Frau für die Vernehmungen von Opfern gewünscht. Eine Frau, die Opfer einer Vergewaltigung geworden ist, schildert das Erlebte in vielen Fällen lieber einer Frau. Dafür habe ich besondere Schulungen absolviert. Für meine eigene Situation bezüglich der Aufgaben, KollegInnen und Vorgesetzten spielt mein Geschlecht jedoch keine Rolle. Die Polizei achtet sehr auf Gleichbehandlung, diese ist auch beim Gehalt sichergestellt. Nachteile entstehen mir in Ermittlungsverfahren, wenn mich manche Männer als Frau – insbesondere als junge Frau – nicht ernst nehmen. Bei denen stoße ich auf Granit. Es kann wiederum auch Vorteile haben, wenn Zeugen dich sympathisch finden, eben weil du eine Frau bist. Ich versuche immer darauf zu reagieren. Wenn ich merke, dass ich aufgrund meines Geschlechtes, Alters oder Charakters nicht ankomme, hole ich mir Hilfe. Ebenso springe ich bei Kollegen ein, wenn diese sagen, hier wäre es besser, wenn eine Frau die Vernehmung durchführt. Wir ergänzen uns da sehr gut. Mir geht es um das beste Ergebnis bei meiner Arbeit, da darf man keine Eitelkeit zeigen. Ich muss akzeptieren, wenn ich nicht weiterkomme.

Familie und Beruf

Dass ich Mutter bin, hilft mir bei der Arbeit, da ich beispielsweise bei Personen glaubwürdiger wirke, die selber Kinder haben, denn häufig habe ich bei der Arbeit mit Kindern zu tun. Als Mutter perfektioniert man ja außderdem das Multitasking und lernt, bei größter Hektik und Krach einen klaren Kopf zu behalten. Im Oktober 2009 kam meine Tochter auf die Welt. Während der letzten Schwangerschaftsmonate konnte ich nur eingeschränkt arbeiten, das heißt keine Außenermittlungen durchführen. Ich habe nach der Geburt ein Jahr **Elternzeit** genommen und bin zunächst als Teilzeitkraft wieder eingestiegen. Mir wurden keine Vorgaben gemacht, ab wann und in welchem Umfang ich wieder arbeiten solle. Auch wurde mir mein vorheriger Standort Flensburg zugesichert. Mein Mann ist ebenfalls Kriminalpolizist. Ich habe ihn während meiner Ausbildung kennengelernt. Er hatte sich dafür entschieden, zwei Monate Elternzeit zu nehmen und zu Hause bei unserer Tochter zu bleiben. Er kümmert sich viel um sie, dadurch habe ich die Gelegenheit, FreundInnen zu besuchen, Handball zu spielen und Freizeit nur für mich ganz persönlich zu nutzen. Aktuell arbeite ich in Teilzeit zwanzig Stunden in der Woche. Das heißt für mich, dass ich die Hälfte der normalen Zeit arbeite,

*Die **Elternzeit** ist eine Freistellung von der Arbeit nach der Geburt eines Kindes, die einen Kündigungsschutz beinhaltet. Seit Januar 2007 wird in Deutschland für jedes geborene Kind bis zu 14 Monate lang ein vom vorigen Einkommen abhängiges Elterngeld - maximal 1800 Euro pro Monat - gezahlt.*

aber auch nur die Hälfte meines Gehaltes beziehe. Das Gute als Beamtin ist, dass ich immer wieder einsteigen und die Stunden flexibel nach meinem eigenen Bedarf hochfahren kann. Meine Tochter wird während meiner Arbeitszeit in einer liebevollen Krippe bestens betreut. Sie geht gern dorthin, da habe ich während der Arbeit ein gutes Gefühl. Ich merke außerdem, dass meine Tochter sozial und motorisch sehr viel von den anderen Kindern lernt und ihr die Trennung von mir nicht schwer fällt. Mir dagegen fällt es schon manchmal sehr schwer. Ich habe noch nie etwas so Tolles erlebt wie meine Tochter. Das Jahr zu Hause mit meiner Tochter habe ich sehr genossen. Trotzdem bin ich Kriminalpolizistin und habe die Arbeit auch vermisst. Mir war es wichtig, nach der Elternzeit wieder zu arbeiten, um Sozialkontakte außerhalb des Mutterdaseins zu pflegen und einfach andere Gespräche zu haben, weiterhin meinen Horizont zu erweitern und mich nicht auf einen Bereich zu beschränken. Auch meine Tochter soll einmal eigenständig durchs Leben gehen. Andererseits kommt es für mich noch nicht in Frage, den ganzen Tag zu arbeiten, weil ich sehr an meiner Tochter hänge und viel Zeit mit ihr verbringen möchte. Mein Beruf macht es mir zum Glück möglich. Mein Mann und ich haben eine liebevolle Kinderkrippe für unsere Tochter gefunden.

ZIELE

Mittelfristig werde ich mich beruflich erst einmal nicht verändern – aus familiären Gründen. Danach strebe ich eine Führungsposition als Vertreterin eines Kommissariats an. In ferner Zukunft kann ich mir gut die Leitung eines Kommissariats oder eine Arbeit in der Mordkommission vorstellen. Privat möchte ich eine gute Mutter, Ehefrau und Freundin sein. Ich wünsche mir, dass es mir gelingt, Privates und Berufliches gut in Einklang zu bringen.

RATSCHLÄGE

Entwickelt euch weiter!

Mein Lebensmotto ist, dass man nie **stagnieren** und immer wieder neue Ziele suchen sollte, auf die man hinarbeitet. Dass man sich nicht damit zufrieden gibt, gut zu sein, sondern immer versucht, besser zu werden. Wer aufhört, besser zu werden, hört auf, gut zu sein. Dass man nach neuen Dingen strebt, aber alte Dinge erhält – insbesondere Freundschaften. Ein starkes Netzwerk aus Familie, FreundInnen und KollegInnen spendet mir Freude und Kraft.

i ***stagnieren**: stocken, sich festfahren*

Vertraut auf euer Gefühl!

Wichtig ist, dass man sich selbst treu bleibt. Wenn du eine allgemeingültige Meinung nicht für richtig hältst, musst du gegen den Strom schwimmen. Zum Beispiel bin ich schon nach drei Monaten mit meinem damaligen Freund und heutigen Mann zusammengezogen, obwohl alle sagten, dass es zu früh ist. Ich aber hatte ein sehr gutes Gefühl dabei, und dem habe ich vertraut.

@ Wie werde ich Kriminalpolizistin?

Weitere Informationen findest du auf:
http://berufenet.arbeitsagentur.de
In der Suchmaske *„Kriminalpolizistin"* eingeben.

Nachtrag:

Andrea Glemnitz ist mittlerweile zum zweiten Mal Mutter einer Tochter geworden. Sie ist nach 7-monatiger Elternzeit wieder in das Berufsleben eingestiegen.

Unternehmerin Lingua-World GmbH

„Das Herz klopft bei einer neuen Herausforderung so stark wie bei der Begegnung des richtigen Partners.“

JOURNALISTIN UND DOLMETSCHERIN

Nelly Kostadinova

Geburtsjahr	1955
Abitur	1974
Studium	Slawistik und Journalismus in Sofia, Bulgarien
Privates	2 Kinder

BESCHREIBUNG DES BERUFS

Der Berufsalltag

Ich führe seit 1997 ein mittelständisches Unternehmen: die Lingua-World GmbH in Köln. Wir bieten einen 24-Stunden-Service für Fachübersetzungen, Dolmetscher-Dienste und **Internationales Marketing**. Derzeit sind wir mit 16 Standorten in Deutschland, Österreich und Südafrika präsent. Entsprechend anstrengend ist mein Tagesablauf: Ich stehe gegen 6 Uhr auf und arbeite oft bis in die Nacht hinein. Das Erste, was ich morgens noch vor dem Frühstück mache, ist: meine E-Mails abrufen. Ich selbst arbeite nicht mehr als **Übersetzerin** und **Dolmetscherin**, sondern bin mit der Unternehmensführung voll und ganz ausgelastet. Aber natürlich kenne ich mich sehr gut aus in der Sprachdienstleistungsbranche und weiß, worauf es ankommt. Immerhin habe ich lange Jahre als vereidigte Übersetzerin und Dolmetscherin gearbeitet, vor allem für Justizbehörden und Ämter. Ich spreche fünf Sprachen: Bulgarisch, Englisch, Russisch, Serbokroatisch und Deutsch. Als ich mein Unternehmen gründen wollte, wurde mir von offizieller Seite, nämlich von der Industrie- und Handelskammer (IHK) Köln, dringend abgeraten. Eine Marktanalyse habe ergeben, dass der Markt übersättigt sei. Deshalb habe ich eine Nische gesucht – eine Besonderheit, einen sogenannten **USP (Unique Selling Proposition)**: Ich habe das Internet genutzt und mich auf die Suche nach den besten ÜbersetzerInnen und DolmetscherInnen auf der Welt gemacht. Für optimalen Kundenservice wollte ich nur mit MuttersprachlerInnen und FachübersetzerInnen zusammenarbeiten. Dies war damals ganz und gar nicht üblich. So konnte ich von Anfang an beste Qualität anbieten und tue dies noch heute. Nach und nach hat mein Unternehmen ein globales Netzwerk mit mehr als 10.000 muttersprachlichen FachübersetzerInnen und DolmetscherInnen aufgebaut. Wer für Lingua-World arbeitet, benötigt neben seinem Sprachwissen auch ein gutes Sachwissen und Kenntnisse in der Terminologie des Fachgebietes – in der Ausgangs- und in der Zielsprache. Unsere ÜbersetzerInnen und DolmetscherInnen verfügen über qualifizierte Ausbildungen an Fachakademien, Fachschulen oder haben ein Fremdsprachen-Studium absolviert.

Ein Teil meiner täglichen Arbeit als Unternehmerin besteht in der Konzeption und Koordination von verschiedenen Aufgaben. Zusammen mit meinen MitarbeiterInnen spreche ich die Planung und Durchführung anstehender Kundenaufträge, aber auch unserer sozialen Projekte durch und diskutiere effektive Lösungen. Dann wird ein Zeitplan mit Zielvorgaben für einzelne Projekte aufgestellt. Als Leiterin des Unternehmens achte ich darauf, dass die Ergebnisse den Zielvorgaben entsprechen, Zeitpläne eingehalten werden, Probleme angesprochen und diskutiert werden. Ich habe immer ein offenes Ohr für meine MitarbeiterInnen und bin Ansprechpartnerin bei

*Beim **Internationalen Marketing** ist es wichtig, die Botschaften für Märkte nicht nur zu übersetzen, sondern sie im landestypischen Sprachgebrauch zu entwickeln.*

***DolmetscherInnen** übersetzen von einer Ausgangssprache in eine Zielsprache mündlich und **ÜbersetzerInnen** machen dieses schriftlich.*

***USP** bedeutet **Alleinstellungsmerkmal.** Es ist ein Begriff aus der Werbung und beschreibt eine herausragende Leistung, mit dem sich ein Angebot deutlich vom Wettbewerb abhebt.*

Schwierigkeiten aller Art. Einen sehr großen Teil nehmen natürlich Kundenakquise, Presse- und Öffentlichkeitsarbeit und Marketing ein. Beziehungspflege zu KundInnen ist in der Regel Chefsache. Oft bin ich auf Dienstreise, um neue Aufträge zu generieren, aber auch um Vorträge auf internationalen Kongressen – beispielsweise in Berlin, Köln, Stuttgart, Frankfurt oder München – zu Themen wie „Internationale Expansion", „Mentoring" oder „Global Networking" zu halten und an Podiumsdiskussionen teilzunehmen. Schon damals, als ich noch ein Ein-Frau-Unternehmen war und als Untermieterin in einem Kölner Lampenladen meine Geschäfte führte, inserierte ich in den „Gelben Seiten." Das mache ich auch heute noch – neben vielen anderen Werbeaktivitäten. Richtig stolz war ich, als ich mich vor fünf Jahren mit den Kölner Verkehrsbetrieben über einen großen Anzeigenauftrag einigte: Seitdem fährt eine Straßenbahn tagein, tagaus in sämtlichen Sprachen durch Köln, mit unserem Logo und Claim: „Lingua-World. Wir sorgen für Verständigung – weltweit." Das hat sehr viel Aufmerksamkeit für das Unternehmen gebracht. Ergebnis waren neue KundInnen, aber auch viel Resonanz durch die Presse.
Ein Nachteil des Berufes ÜbersetzerIn/DolmetscherIn ist, dass man nur fremde Gedanken überträgt, ohne dabei die eigenen ausdrücken zu dürfen. Dies ist teilweise sehr anstrengend und je nach Charakter kann das auch frustrierend sein. Als Unternehmerin habe ich das Problem nicht: Im Gegenteil – mein Unternehmen ist geprägt von meiner Persönlichkeit. Ich bin zum Beispiel sehr offen, „trage das Herz auf der Zunge". Und Lingua-World hat in allen Räumen gläserne Schreibtische – es ist alles sehr geräumig und übersichtlich, jeder weiß sofort, woran er ist. Wie bei mir als Person eben auch.
Der Beruf ÜbersetzerIn/DolmetscherIn hat einen sehr großen Vorteil – etwas, das für mich einen hohen kulturellen und sozialen Wert darstellt: Man vermittelt durch das Übersetzen nicht nur den Text, sondern auch die Mentalität, Unterschiede wie Gemeinsamkeiten in der Kultur und im Denken. Es gibt kaum etwas, das den Horizont der eigenen Gedanken mehr erweitert. Und dadurch kann man zur Verständigung zwischen den Menschen sehr viel beitragen.

RÜCKSCHAU

Wie alles kam... Kindheit und Jugend in Bulgarien

Mein Vater ist von Beruf Bautechniker, hat aber auch unter Tage, also im Bergbau gearbeitet. Wir lebten in einer Stadt in Bulgarien, etwa 30 Kilometer entfernt von der Hauptstadt Sofia. Meine Mutter ist ausgebildete Schneiderin. Sie hat mir wunderschöne Kleider genäht, von ihr habe ich meinen Sinn für Ästhetik geerbt. Ich bin sehr gern in die Schule gegangen, ich mochte eigentlich alle Fächer, weswegen ich auch eine sehr gute Schülerin war. Nur Chemie mochte ich nicht ganz so gern. Mein Lieblingsfach war Literatur. Noch heute lese ich

gerne und viel. Nach dem Abitur 1974 habe ich an der St.-Kliment-Ohridski-Universität in Sofia Literatur und slawische **Philologie**, später noch Journalismus studiert. Trotz meines Staatsexamens als Lehrerin habe ich nie als Lehrerin gearbeitet, sondern in Sofia Filmkritiken und Reportagen für Magazine und Zeitungen verfasst. Nach der **Öffnung der Ostblockländer** bin ich nach Köln gekommen und habe Artikel für die neue bulgarische Presse geschrieben. Bulgarien war damals in einem sehr schlechten wirtschaftlichen Zustand. Ich wollte ein neues Leben beginnen, für mich und für die Zukunft meiner beiden Kinder, deshalb beschloss ich, meinen Lebensweg in Deutschland weiterzuführen. Radio-Beiträge und Essays schrieb ich anfangs noch in Englisch, weil ich Deutsch erst noch lernen musste. Außerdem übersetzte und dolmetschte ich bald in den Sprachen Bulgarisch, Russisch und Englisch, später auch in Deutsch. Ich lernte sehr schnell Deutsch und wurde schon bald von einem Übersetzungsbüro engagiert. Da ich viel für Behörden und Ämter tätig war, ließ ich mich vereidigen und begann bald selbständig als vereidigte Übersetzerin und Dolmetscherin zu arbeiten.
1997 gründete ich die Lingua World GmbH – und bin seitdem von Beruf Unternehmerin. Es gibt zwei Menschen, die aufgrund ihrer persönlichen Einschätzung meinen Werdegang entscheidend geprägt haben: Bei der Lehramtsprüfung sagte meine Prüferin, ich hätte die Prüfung mit Bravour bestanden, doch riet sie mir, nicht als Lehrerin zu arbeiten, da „das Klassenzimmer zu klein“ für mich sei. Dies hat mich so erstaunt, dass ich mich an ihren Rat gehalten habe und zusätzlich Journalismus studiert habe. Mein späterer Chefredakteur hat mich darin bestärkt. 1990 ging ich mit einem Stipendium der Konrad-Adenauer-Stiftung als Journalistin nach Deutschland. Ich hatte vorher nie darüber nachgedacht, als Übersetzerin oder Dolmetscherin zu arbeiten, geschweige denn als Unternehmerin erfolgreich zu werden. Das hat das Leben für mich entschieden. In Deutschland wollte ich so schnell wie möglich Geld verdienen, um für mich und meinen damals 12-jährigen Sohn und meine 10-jährige Tochter sorgen zu können. Ich wollte es selbst schaffen, wollte keine Unterstützung oder Almosen. Und das ging aufgrund meiner Mehrsprachigkeit am besten mit Übersetzungen.

i ***Philologie*** *ist die zusammenfassende Bezeichnung für die Sprach- und Literaturwissenschaft einer Sprache oder eines Sprachzweiges.*

i *In Bulgarien wurde das Ende der kommunistischen Ära 1990 durch freie Wahlen eingeleitet.*

EINSTELLUNG ZUM BERUF

Was bedeutet es für mich, Unternehmerin zu sein?

Unternehmerin zu sein, bedeutet für mich, meine Visionen verwirklichen zu können. Meine Visionen haben alle mit Verständigung zu tun: mit Kommunikation über kulturelle und Mentalitätsgrenzen hinweg. Im Zeitalter der Globalisierung ist es wichtig, dass Menschen sich wirklich verstehen lernen und nicht nur bloße Informationen austauschen. Mein Credo ist deshalb: „Von Sprache zu Sprache. Von Mensch zu Mensch.“

„Ich bin ein Mensch mit Visionen, daher fällt es mir grundsätzlich leicht, mir ein Ziel zu stecken und meinen Weg dahin zu gehen."

Als Unternehmerin kann ich das Geld, das mein Unternehmen umsetzt, für Projekte einsetzen, die mir wirklich wichtig erscheinen. So habe ich beispielsweise eine Nachmittagsbetreuung in einem sozialen Brennpunkt in Köln unterstützt. Dort leben 106 verschiedene Nationen. Meine Botschaft an diese Kinder ist: „Lerne nicht nur die deutsche Sprache, sondern lerne auch deine eigene Sprache richtig, denn das ist dein Kapital!" Die Muttersprache bleibt immer die wichtigste Sprache. Im Jahr 2010 realisierte mein Unternehmen ein Sozialprojekt für Frauen in Kenia. Dabei bot ich Germanistinnen aus Afrika ein Stipendium in Deutschland an. So war im vergangenen Jahr eine Kenianerin bei Lingua-World in Köln, um die Arbeit einer Übersetzerin vor Ort kennen zu lernen und später von Nairobi aus für mein Unternehmen weiter zu arbeiten. Auf diese Weise erhalten junge Frauen Selbstbewusstsein und eine berufliche Perspektive. Mit einer guten Berufsausbildung machen sie sich wirtschaftlich unabhängig. Ich habe sehr viel Glück gehabt und immer sehr viel Unterstützung durch andere erfahren. Einen Teil davon möchte ich weitergeben. Wenn mir dies gelingt, bin ich sehr stolz auf mich. Da ich ein Mensch mit Visionen bin, fällt es mir grundsätzlich leicht, mir ein Ziel zu stecken und meinen Weg dahin zu gehen. Schwieriger ist es für mich dagegen, mich an die Leistungsfähigkeit von anderen Menschen anzupassen. Das ist eine Herausforderung für mich, der ich mich jeden Tag aufs Neue stelle. Ich bin sehr ungeduldig. Ich kann aber Menschen motivieren und begeistern. Meine MitarbeiterInnen sagen, ich sei sehr direkt und ehrlich, vielleicht zu direkt und ehrlich. Aber sie sagen auch, ich sei sehr herzlich. Wenn ich Fehler mache, entschuldige ich mich, und es ist mir auch wichtig, Danke zu sagen, wenn jemand etwas geleistet hat. Als Unternehmerin, aber auch privat sollte man immer sein Bestes geben, vor Herausforderungen keine Angst haben und bereit sein, sich selbst (und damit auch das Unternehmen) zu reflektieren und weiterzuentwickeln.

ZIELE

Was ich in meinem Leben noch erreichen will...

Ich möchte Lingua-World in Afrika ausbauen und mit dem Sozialprojekt afrikanischen Frauen mehr Unabhängigkeit ermöglichen. Dies liegt mir auch persönlich sehr am Herzen. Ich träume davon, zur interkontinentalen Verständigung beizutragen und zukünftig auch selbst auf zwei Kontinenten, in Europa und in (Süd-)Afrika, zu leben und zu arbeiten. Vor einem Jahr gründete ich Lingua-World in Johannesburg und genieße jetzt die Arbeit mit den wunderbaren Menschen dort.
Außerdem gehört zu meinen Zielen, den Beruf der ÜbersetzerIn bereits Kindern und Jugendlichen schmackhaft zu machen. Übersetzen zu können heißt auch, vermitteln zu können. Eine Sprache, eine Kultur in eine andere zu übersetzen, das ist sehr erfüllend. Kinder, die zweisprachig aufwachsen oder in einem Land, in dem nicht die eigene Muttersprache vorherrscht, entwickeln sprachliche Fähigkeiten, mit denen sie später gutes Geld verdienen können. Ich möchte dazu beitragen, dass auch Kinder und Jugendliche aus benachteiligten sozialen Verhältnissen sich ihrer Fähigkeiten bewusst werden und diese für sich nutzen.

ERFAHRUNG ALS FRAU IM BERUFSALLTAG

Eine Frau zu sein, ist großartig!

Es hat selbstverständlich eine besondere Rolle in meinem Leben gespielt, eine Frau zu sein: Es hat mir immer sehr geholfen. Ich habe es immer als Vorteil zu nutzen gewusst.
Meine Mutter hat mir beigebracht, dass es etwas Tolles ist, eine Frau zu sein. Und so habe ich es immer genossen, mich elegant zu kleiden, mich zu pflegen, aufzutreten als Frau. Ich habe mich nie verstellt, auch nicht versucht, mit tieferer Stimme zu sprechen oder mich wie ein Neutrum zu verhalten. Ganz im Gegenteil: Ich bin lieber mutig aufgetreten und bin gerne aufgefallen. So habe ich mich beispielsweise bei Konferenzen nicht in den Frauengrüppchen, die sich oft bilden, „versteckt", sondern bin sehr offensiv auf die Grüppchen mit Männern zugegangen und habe mich mit lauter Stimme vorgestellt. Ich wusste nicht, wie sie reagieren würden, aber ich wollte zeigen, dass ich auch hier bin. Ich wollte als Mensch auffallen und mich nicht aus Hilflosigkeit einer unscheinbaren Gruppe von Frauen anschließen. Das hat mir die Welt geöffnet. Und die Welt, die ich vorgefunden habe, war sehr männerdominiert. Meine Erfahrung mit meinem offensiven Verhalten war aber, dass Männer meinen Mut beachtet und mich als gleichwertig anerkannt haben.
Ich liebe es, schöne Dinge anzusehen und anzuziehen. Zu Beginn meiner Kölner Zeit konnte ich mir kaum neue Kleidung leisten. Einmal war ich mit einer Freundin in einem großen, sehr exquisiten Kölner Modegeschäft. Ich habe ein wunderschönes Kostüm angezogen, meine Freundin sagte: „Kauf es dir."

„Nein, nein“, sagte ich, „es ist zu teuer.“ Sie sagte: „Kauf es trotzdem. Mit diesem Kostüm wirst du mehr Geld verdienen.“ Und in diesem Moment klingelte mein Handy – eines dieser dicken Handys, die es damals noch gab – es war ein neuer Auftrag! Und was soll ich sagen: Ein paar Stunden später hatte ich das Geld in der Tasche. Bei aller notwendigen Disziplin – manchmal muss man seinen Wünschen einfach nachgeben. Ein anderes Mal war ich auf einen kleinen Empfang eingeladen – 29 Männer und ich. Ich zog ganz bewusst ein schönes Kleid an, und auf dem Foto später waren 29 Männer zu sehen – und in der Mitte ich. Inmitten dieser Gruppe schwarz angezogener Männer sah ich aus wie eine Blume. Noch Jahre später konnte sich jeder der dort Anwesenden an mich erinnern. Und dies ist gerade im UnternehmerInnendasein, wo es immer auch um Kontaktpflege und Bekanntheit geht, sehr wichtig. Privates und Unternehmerinnendasein miteinander zu vereinbaren, war dagegen oft nicht einfach. Auch Frauen genießen es sehr, ein Unternehmen zu gründen und auch zu leiten. Aber zu Hause warten meist noch die sogenannten „Frauenaufgaben.“ Da hilft nur Organisationstalent, eine gute Haushälterin – und ein Mann, der emanzipiert denkt.

WAS ICH JUNGEN FRAUEN RATE

Machen Sie etwas aus sich!

Mir persönlich hat der Ratschlag meines damaligen Chefredakteurs in Sofia sehr geholfen. Er sagte zu mir: „Sorgen Sie dafür, dass aus Ihnen eine Nelly Kostadinova wird.“ Und er meinte damit: „Sorgen Sie dafür, dass Sie genau die werden, die Sie sind.“ Dieser Satz hat sich wie ein roter Faden durch mein Leben gezogen. Und dasselbe rate ich jungen Frauen heute: Machen Sie etwas aus sich. Verstecken Sie nicht Ihre besonderen Eigenschaften, sondern seien Sie ganz im Gegenteil stolz darauf, wenn Sie ein wenig aus der Reihe fallen. Ganz wichtig ist, dass Sie erkennen, wer Sie sind und was Sie wollen. Und zwar das, was Sie selbst wollen. Denn das ist nicht unbedingt dasselbe, was die Eltern und die Nachbarn von Ihnen wollen oder in Ihnen sehen. Natürlich ist damit auch der Ratschlag verbunden, fleißig und ausdauernd zu sein – aber auch, dass Sie sich bei aller Disziplin etwas gönnen und für sich selbst gut sorgen. Nur wer sich selbst etwas gönnt, kann auch anderen etwas gönnen. Nur wer gut für sich selbst sorgt, kann auch für andere sorgen. Oder wie man in Köln sagt: „Leeve un leeve losse!“ – „Leben und leben lassen!“ Und ich rate jungen Frauen, die Karriere machen UND eine Familie haben wollen: Überlegen Sie nicht lang, sondern tun Sie das, was Ihr Herz sagt. Denn es klopft bei einer neuen Herausforderung genauso stark wie bei der Begegnung des richtigen Partners.
Und das ist wunder-wunder schön!

@ Wie werde ich Übersetzerin oder Dolmetscherin?

Weitere Informationen findest du auf:

http://berufenet.arbeitsagentur.de
In der Suchmaske *„Dolmetscherin"* oder *„Übersetzerin"* eingeben.

Kampaignerin für Meere & Biodiversität bei Greenpeace e.V.

„Ich fühle mich privilegiert, da ich meine Leidenschaft – das Meer – zum Beruf und zur Berufung machen durfte."

BIOLOGIN/ MEERESBIOLOGIN

Dr. Iris Menn

Geburtsjahr	1971
Abitur	1990
Studium	Biologie
Promotion	1998 - 2002
Privates	Schwimmen, Joggen, Tauchen, Reisen, Motorrad fahren, Lesen, Kunst und Kultur

BESCHREIBUNG DES BERUFS

Als **Kampaignerin** für Meere und Biodiversität bin ich für die Planung und Durchführung von Kampagnen für den internationalen Meeresschutz zuständig. Meine Schwerpunkte sind Meeresschutzgebiete, die Fischerei, die **Arktis** und die **Antarktis**. Ich versuche mit Greenpeace **e.V.** zu erreichen, dass die Meere geschützt werden. Unsere Ziele sind ein weltweites Netzwerk von Schutzgebieten und eine ökologisch nachhaltige Nutzung der Meere. Um dies zu erreichen, beschreiten wir unterschiedliche Wege: politische Arbeit, Öffentlichkeitsarbeit, Medienarbeit, Verhandlungen mit der Industrie und dem Lebensmittelhandel. Und nicht zuletzt natürlich die für Greenpeace typischen mutigen Proteste. Wir wollen mit unseren Kampagnen politische Veränderungen erreichen und den Menschen zeigen, wie sie im Sinne der Natur handeln können.

*Als **Kampaignerin** ist man für die Planung und Umsetzung von Strategien und Kampagnen verantwortlich. Kampagnen sind zeitlich befristete Aktionen mit einem klaren Ziel.*

*Das nördliche Polargebiet (**Arktis**) wird von dem zugefrorenen Nordpolarmeer gebildet. In der Arktis leben gegenwärtig insgesamt etwa eine Million Menschen. Die **Antarktis** umfasst die um den Südpol gelegenen Land- und Meeresgebiete. 1959 wurden im Antarktisvertrag Regeln für die friedliche Nutzung und Forschung aufgestellt.*

*Als eingetragener Verein (**e.V.**) hat Greenpeace Umweltschutz zum Ziel und verfolgt keine wirtschaftlichen Interessen.*

Aufgabenbereich und Verantwortung

Bei einer Kampagne geht es zuerst darum, das Ziel festzulegen, welches wir erreichen wollen. Dann erarbeiten wir Strategien und Taktiken und schließlich wird der Plan – die Kampagne – umgesetzt. All das mache ich natürlich nicht alleine, sondern mit KollegInnen zusammen, national und vor allem im internationalen Greenpeace-Verbund. Ich arbeite meistens im Team, dort jedoch selbstständig. Es gibt viel Freiheit und Spielraum, um meine Eigenständigkeit auszuleben, denn wie ich etwas mache, ist meine Entscheidung. Meine Arbeiten reichen von der Entwicklung einer Kampagne oder konkreten Protestidee über die anschließende Umsetzung – wie beispielsweise das Anketten an eine Fischfabrik – bis zum Vortragen von **Verhandlungsentwürfen** mit der Politik bis hin zu der Gestaltung von Fernsehinterviews. Nicht zuletzt gehört zu einer Kampagne auch eine Ressourcenplanung von Budgets und Personal. Für all mein Handeln trage ich die Verantwortung selbst. Als Kampaignerin bin ich, bezogen auf meine Kampagne, das Greenpeace-Gesicht. Ich bin diejenige, die in der Öffentlichkeit steht, um die Forderungen zu präsentieren und zu vertreten. Und diejenige, die sich den „Gegnern" stellt. Bei den Kampagnen-Teams schlüpfe ich in verschiedene Rollen. Als Kampaignerin bin ich Teil des Teams. Als Projektleiterin kommt zu den Aufgaben der Kampaignerin noch die Aufgabe hinzu, das Team zu koordinieren. Wenn man sich einmischt und Verantwortung übernehmen möchte, bekommt man diese auch. Ich habe im Laufe der Jahre immer mehr Verantwortung in meinem direkten Arbeitsbereich übernommen und bin zusätzlich Mitglied in Gremien, die den Weg der Gesamtorganisation Greenpeace bestimmen.

*Wenn ein Gesetzesentwurf herausgebracht wird oder eine Rahmenrichtlinie der EU, dann prüfen Greenpeace und andere Organisationen die Inhalte. Sie bringen **Verhandlungsentwürfe** ein, um ihre Interessen zu verteidigen. Greenpeace agiert als Stellvertreter für die Umwelt und daher ist das Interesse in diesem Fall, dass der Meeres- und Artenschutz berücksichtigt wird.*

Der Tagesablauf

Einen festen Tagesablauf habe ich nicht. Es gibt Tage, an denen bin ich von 8 bis 18 Uhr in meinem Hamburger Büro. An solchen Tagen stehen oft Absprachen mit KollegInnen an oder

Anfragen von BürgerInnen oder JournalistInnen werden am Telefon beantwortet. Aber die überwiegende Zeit bin ich national oder international unterwegs. Ich halte Vorträge auf Fachtagungen, führe Verhandlungen mit der Industrie und dem Lebensmitteleinzelhandel, gehe auf internationale politische Konferenzen, zu politischen Verhandlungen in Deutschland oder auf Fachmessen. Daneben gibt es außerplanmäßige Aktionen wie Proteste. Ich stehe als Expertin für JournalistInnen zur Verfügung und gebe oft Interviews. In denen versuche ich, der Öffentlichkeit unsere Ziele und Forderungen deutlich zu machen, um Unterstützung zu gewinnen. Ich bin oft auf den Greenpeace-Schiffen unterwegs – im Jahr meist mehrere Wochen. Gerade waren wir mit WissenschaftlerInnen auf einer Expedition, die ich geleitet habe. Mit dem Schiff Esperanza haben wir im arktischen Ozean in einem Freilandexperiment Datensätze zur Ozeanversauerung gesammelt. Dabei konnte gezeigt werden, welcher Umweltschaden durch die Kohlendioxidverschmutzung (CO^2) angerichtet wird.

RÜCKSCHAU

Schule und Elternhaus

In der Schule mochte ich die Fächer Physik, Biologie, Chemie, Mathematik und Sport gerne. Englisch mochte ich nicht. Etwas mathematisch zu lösen, einen Stromkreis zu schließen oder eine chemische Formel zu erstellen, fällt mir leicht. Dass ich nach dem Abitur studieren würde, war für mich klar. Chemie und Physik liegen mir, aber diese Fächer konnte ich mir nicht als Studium vorstellen. Mein Onkel besitzt eine Apotheke und die Familie hat mir Pharmazie empfohlen, weil sie sich das für mich gut vorstellen konnten. Daher schaute ich mir bei den Schnuppertagen der Universität Marburg Biologie und Pharmazie an. Innerhalb der Biologie fand ich das neu eingeführte Fach Naturschutz interessant. Für mich war spätestens nach dem Schnuppertag ganz klar, dass ich Biologie und nicht Pharmazie ausprobieren wollte – ohne konkretes Ziel des Endberufes. Ob als Wissenschaftlerin, Biologin in einem Amt oder als Umweltschützerin war mir zu diesem Zeitpunkt noch unklar.

Mein Vater ist Lehrer für Deutsch, Religion, Kunst und Geschichte und mittlerweile pensioniert. Meine Mutter ist Arzthelferin. Sie hat aber nicht gearbeitet, während wir Kinder zu Hause waren. Sie fing erst wieder an, als ich 17 Jahre alt wurde und meine Schwester schon aus dem Haus war. Während der Schulzeit hatte ich oft Ferienjobs als Bademeisterin, hinter dem Fließband bei einer Jogurtbecherfabrik oder in einer Schreinerei.

„Es war immer der Drang da, das Erforschte auch zu schützen."

Vorbilder

Ich war noch nie ein Mensch, der Vorbilder hat und solche „anhimmelt". An Vorbilder von früher kann ich mich daher nicht erinnern. Ich fand meinen Schwimmtrainer als Mensch toll. Er studierte Mathematik und gab sich dem Schwimmen sehr intensiv hin und wollte dort etwas erreichen. Und das wollte ich auch. Ich habe mit sieben Jahren mit Leistungsschwimmen angefangen und nie wirklich damit aufgehört. Heute mache ich zwar keine Wettkämpfe mehr, aber ich schwimme immer noch drei bis vier Mal die Woche. Das ist eine super Entspannung für mich. Damals bewunderte ich eher Menschen, die sportlich zielgerichtet und erfolgreich waren. Heute beeindrucken mich Menschen wie **Nelson Mandela, Martin Luther King, Wangari Maathai** und **Muhammad Yunus**. Menschen, die eine politische und gesellschaftliche Vision haben, für diese kämpfen und nicht aufgeben. Bewunderung empfinde ich auch für KünstlerInnen wie einige MalerInnen, FotografInnen oder MusikerInnen, die aus meiner Sicht Großartiges können. Etwas, wozu ich leider gar nicht geschaffen bin. In meiner beruflichen Entwicklung hat mich zum einen geprägt, dass meine vier Jahre ältere Schwester in Richtung „Öko" ging und Greenpeace unterstützte. Als sie alt genug war, um zu wählen, entschied sie sich für die Grünen. Darüber wurde viel bei uns am Essenstisch und mit meinem Opa auf Geburtstagen diskutiert. Zum anderen hatte ich einen Biologielehrer, der einen sehr praxisnahen Unterricht gehalten hat. Er hat beispielsweise einen Teich mit uns gebaut. Oder einen Blumenstrauß in den Unterricht mitgebracht und erklärt, welche Pflanzen das sind. Zudem erzählte er von Greenpeace und warum ihre Aktivitäten so wichtig sind. Damals wie heute faszinierten mich die frühen Naturforscher und Entdecker wie **Darwin** und **Cousteau**. So eine Forscherin zu sein und etwas zu entdecken, fand ich sehr reizvoll. Ich hatte also immer schon ein Herz für den Umweltschutz und eines für die Wissenschaft.

i **Nelson Mandela** *war ein ehemaliger führender Anti-Apartheid-Kämpfer Südafrikas und war von 1994 bis 1999 der erste schwarze Präsident des Landes. 1993 erhielt er den Friedensnobelpreis.*
Martin Luther King *war ein US-amerikanischer Pastor und Bürgerrechtler. Er zählt zu den bedeutendsten gewaltlosen Kämpfern gegen soziale Unterdrückung und Rassismus. 1964 erhielt er den Friedensnobelpreis. 1968 fiel er einem Attentat zum Opfer.*
Wangari Maathai *war eine kenianische Wissenschaftlerin und Professorin und seit 2002 stellvertretende Ministerin für Umweltschutz. Im Jahr 2004 erhielt sie als erste afrikanische Frau den Friedensnobelpreis.*
Muhammad Yunus *ist ein bangladeschischer Wirtschaftswissenschaftler. Er gründete die Grameen Bank, die Mikrokredite an arme Menschen vergibt, die zuvor als kreditunwürdig galten. 2006 wurde er mit dem Friedensnobelpreis ausgezeichnet.*

Studium und Promotion

Mit 19 Jahren begann ich 1990 mein Biologiestudium in Marburg. Nach meinem **Grundstudium** habe ich ein Semester Auszeit genommen und auf Pellworm für die Schutzstation Wattenmeer gearbeitet. Dort wurde ich unter anderem als Wattführerin, Ausstellungsbetreuerin oder zum Vogelzählen eingesetzt. Danach habe ich mein Studium in Braunschweig fortgesetzt, weil ich dort das Hauptfach Ökologie – der biologischen Wechselbeziehungen zwischen Organismen und deren natürlicher Umwelt – wählen konnte. An der Uni gab es „echte“ Ökologie durch wunderbare Freilandexkursionen. Während dieser Zeit habe ich viele Kurse in Richtung Meeresökologie besucht. Während des Studiums habe ich als **Hilfswissenschaftlerin** im Bereich der **Limnologie** gearbeitet. Außerdem habe ich ein Praktikum in einem Landschaftsplanungsbüro, das Umweltgutachten erstellt, und eines am Alfred-Wegener-Institut für Polar- und Meeresforschung (AWI) gemacht. An der Wattenmeerstation des AWI auf der schönen Nordseeinsel Sylt habe ich mit 25 Jahren meine **Diplomarbeit** über Plattwürmer geschrieben. Währenddessen habe ich als Wattführerin für Schulklassen gearbeitet. Nach der Diplomarbeit wollte ich auf jeden Fall erst einmal in der Wissenschaft bleiben. Das war für mich zu diesem Zeitpunkt die Herausforderung, die ich gerne bewältigen wollte und spannend fand. Bevor es mit 27 Jahren ebenfalls an der Wattenmeerstation des AWI mit der Doktorarbeit – über den Einfluss des Klimawandels auf das Nahrungsnetz der Strände auf Sylt und Rømø – losging, hatte ich einen Zwischenjob in einer Skulpturengalerie auf Sylt. Nach der Doktorarbeit habe ich eine kurze Zeit als **Postdoktorandin** auf Helgoland und auf Sylt bei den Meeres- und Wattenmeerstationen des AWI an einem Biodiversitätsprojekt gearbeitet. Dort habe ich eine Artenliste der bestehenden Tierarten in der Nordsee erstellt. Mit 31 Jahren schaute ich erneut in beide Richtungen meines Herzens – Naturschutz und Wissenschaft. Ich mochte die Wissenschaft sehr gerne, aber es war immer der Drang da, das Erforschte zu schützen. Zudem fand ich den Blickwinkel als Wissenschaftlerin doch sehr begrenzt. Zunächst habe ich mich in beide Richtungen beworben. Bei den Vorstellungsgesprächen habe ich gemerkt, dass mein Herz mehr in Richtung Naturschutz will. Deshalb entschied ich mich an diesem Scheideweg für den Greenpeace-Job. Das Wunderbare ist, dass ich nach wie vor mit der Wissenschaft verbunden bin, da ich diese als Basis für meine jetzige Arbeit benötige.

i ***Charles Robert Darwin****, britischer Naturforscher des 19. Jahrhunderts, gilt aufgrund seiner Beiträge zur Evolutionstheorie als einer der bedeutendsten Naturwissenschaftler.*
Jacques-Yves Cousteau *war ein französischer Meeresforscher. Er drehte über 100 Filme und schrieb mehrere Bücher. 1973 gründete er die Cousteau-Gesellschaft zur Erforschung und zum Schutz der Meere.*

i *Inzwischen gab es die Umstellung auf Bachelor- und Masterstudiengänge statt des* ***Grund- und Hauptstudiums****, das zum Diplom führte.*

i *Als* ***HilfswissenschaftlerIn*** *(Hiwi) unterstützt man als StudentIn die ForscherInnen bei der Arbeit.*

i ***Limnologie*** *ist die Wissenschaft der Binnengewässer als Ökosystem. Binnengewässer sind alle Gewässer, die von Landmassen umschlossen sind und die keine Meere oder Teilmeere sind.*

i *Die* ***Diplomarbeit*** *ist die wissenschaftliche Arbeit, die angefertigt werden muss, um das Studium abschließen zu können. Da es heute Bachelor- und Masterabschlüsse statt Diplome gibt, heißen die Abschlussarbeiten heute Bachelor- und Masterarbeit.*

i *Nach erlangtem Doktor-Titel kann man befristet an einem Forschungsprojekt an einem Institut oder an der Universität arbeiten. Die Bezeichnung dafür lautet* ***PostdoktorandIn*** *(Postdoc).*

EINSTELLUNG ZUM BERUF

Motivation für meine Berufswahl ist die Leidenschaft, sich auch an kleinen Dingen – ob an winzig kleinen Würmern oder an der Blume am Wegesrand – zu erfreuen. Die Sichtweise, die Natur als ein Geschenk zu betrachten, mit dem man sorgsam umgehen muss, und die Erkenntnis, dass genau Letzteres nicht getan wird, treiben mich ebenfalls an. Ich bin der Überzeugung, dass es Menschen geben muss, die aufstehen, um für den Erhalt unserer Welt zu kämpfen. Ich fühle mich bei meinem Job als Kampaignerin bei Greenpeace am richtigen Platz. Ich empfinde mich als privilegiert, da ich meine Leidenschaft – das Meer – zum Beruf und zur Berufung machen durfte. Besonders freue ich mich, bei dieser tollen Organisation zu sein, die völlig **unabhängig** ist. Die Dinge, die ich mit meinen KollegInnen für die Meere erreicht habe, und das Überwinden von persönlichen Hürden in diesem Zusammenhang machen mich zufrieden. Es fällt mir leicht, schnell logische Zusammenhänge zu erfassen, die Arbeit gut zu strukturieren und strategisch zu denken. Ich habe durch meine Ausbildung gelernt, naturwissenschaftlich an Dinge heranzugehen. Ich kann sauber planen, gut Arbeitsaufwände abschätzen, „dran" bleiben und hartnäckig sein, Schritte im Voraus erfassen, flexibel und schnell reagieren. Manchmal fehlt mir die Fähigkeit, loszulassen – und damit einhergehend eine freie, unverstellte Sicht auf die Dinge, um neue Ideen und Pläne zu entwickeln. Der Grund dafür ist, dass die Arbeit „endlos" ist. Es kommt ständig etwas Neues dazu. Man arbeitet an mehreren Projekten gleichzeitig. Zwar wird immer eines abgeschlossen, aber es warten mindestens schon zwei Nachfolgeprojekte. Daher gibt es nie einen Schnitt, nach dem man Zeit hätte, sich entspannt zurückzulehnen. Als Ausgleich versuche ich mir genügend Freiraum für Privates zu schaffen. Das gelingt mal besser, mal weniger gut – aber insgesamt passt es für mich. Auf einer Expedition bin ich mit anderen KollegInnen für längere Zeit auf engstem Raum zusammen. In dieser Situation habe ich kaum Privatsphäre und bin lange von meiner Familie und FreundInnen getrennt. Für mich steht aber vor allem der Reiz des Erlebens im Mittelpunkt. Auch privat bin ich häufig auf Reisen. Beispielsweise bin ich mit einem VW-Bus alleine durch Neuseeland und ein Jahr später durch Australien gefahren. Dann freue ich mich zwar auf zu Hause, aber Heimweh habe ich nicht. Ich weiß ja, dass ich wieder nach Hause kommen kann. An meinem Beruf mag ich besonders, dass er vielfältig ist und komplett unterschiedliche Bereiche abdeckt. Er öffnet den Geist und lässt mich immer weiter lernen. Er ist eine wahre Bereicherung und fordert mich immer wieder heraus. Dieser geforderte Einsatz ist für Kopf und Körper natürlich anstrengend, da man viel arbeitet und im Kopf selten wirklich loslässt. Gerade die internationale Zusammenarbeit ist toll – aber auch herausfordernd. Dafür ist es ein Job, der selten langweilig ist und bei dem ich

Greenpeace sichert seine ***Unabhängigkeit,*** *indem es keine Spenden aus der Industrie oder Politik annimmt, um Interessenskonflikte zu vermeiden.*

mit Leidenschaft dabei bin, denn es ist ein Einsatz für das Gute. Ich persönlich bin hier genau richtig.
Dieser Beruf passt zu euch, wenn ihr zielstrebig seid und trotz Kritik und Niederschlägen weiter durchhalten und an der eigenen Strategie festhalten könnt. Das klappt vor allem, wenn ihr mutig voranschreitet, weil ihr eine Vision mit Leidenschaft verfolgt. Ihr solltet Interesse an Neuem haben, nach kreativen Lösungen suchen und euch einen offenen Geist bewahren können.

Der gemeinnützige Bereich

In einer Umweltschutzorganisation muss man sich immer mehr anstrengen, als wenn man ein Vertreter der Industrie oder Politik wäre. Man muss immer besser sein als sie, um die gleiche Aufmerksamkeit zu bekommen. Natürlich ist es so, dass man in der Wirtschaft oder Politik besser verdient als im gemeinnützigen Bereich. Es ist für mich aber nicht relevant. Denn zum einen verdiene ich nicht schlecht und zum anderen ist es mir wichtiger, inhaltlich zu arbeiten. Wo hat man das schon, dass man genau das tun kann, wozu man zu hundert Prozent steht? Ich kann meine Einstellung leben und muss keine Abstriche machen. Das hat für mich Priorität und wiegt das Gehalt mehr als auf.

ERFAHRUNG ALS FRAU IM BERUFSALLTAG

Um an die Position zu kommen, in der ich jetzt bin, hat mein Geschlecht keine Rolle gespielt. In meinem Arbeitsalltag spielt es jedoch immer wieder mal eine Rolle, dass ich eine Frau bin. Beispielsweise wird bei Verhandlungen mit Geschäftsführern oder Ministern bei dem ersten Treffen mein männlicher Kollege als Hauptansprechpartner gesehen, dem man sich zuwendet. Wird jedoch beim Austauschen der Visitenkarten mein Doktortitel sichtbar, wendet sich das Blatt. Dann werde ich als Hauptverhandlungspartnerin akzeptiert. Wenn man sich bewusst ist, welche Rolle einer Frau zuweilen noch immer zugeordnet wird, kann man genau damit sehr gut strategisch arbeiten. Man weiß ja, dass man als Frau Reize und eine gewisse Wirkung auf Männer hat. Wenn ein Verhandlungspartner wirklich denkt, dass man dümmer oder schwächer als er ist, dann kann man ihn ruhig in dem Glauben lassen. Um dann im richtigen Moment umso kraftvoller zuzuschlagen. Es ist nicht immer ein Nachteil, unterschätzt zu werden. Das geht allerdings nur, wenn man es nicht persönlich nimmt. Ich bin da sehr gelassen, da ich mittlerweile genau weiß, was ich kann, und in der Lage bin, mein Gegenüber gut einzuschätzen. Und ich habe vermutlich den „Vorteil", dass mein Doktortitel meinen „Nachteil, eine Frau zu sein" ausgleicht. Ich kann mich nicht bewusst erinnern, dass mir bisher ganz offensichtlich Nachteile daraus entstanden sind, eine Frau zu sein. Wahrgenommen habe ich jedoch, dass man als Frau besser als ein Mann sein muss, um das Gleiche zu erreichen.

Ebenso muss man als Frau mehr und überzeugendere Argumente liefern als ein Mann mit genau derselben Botschaft oder Forderung, damit diese mit genau derselben Ernsthaftigkeit vom Gegenüber aufgenommen wird.

ZIELE

Ich habe inhaltliche Ziele aus meinen Beruf heraus, die mich auch persönlich antreiben: Ich will die Arktis vor der Ausbeutung schützen und den Meeren endlich den Schutz zukommen lassen, den sie brauchen. Ich weiß, dass wir ohne die Meere nicht existieren können und deswegen will ich meine ganze Kraft dafür einsetzen. Dazu gehört meine Arbeit als Kampaignerin, aber auch Koordinierungs- und Führungsarbeit in der Gesamtorganisation Greenpeace, um eine starke internationale Meereskampagne weiter aufzubauen. Beruflich möchte ich zudem zeitweise in einem Greenpeace-Büro in Afrika oder China arbeiten, da dort Meereskampagnen aufgebaut werden müssen. Privat möchte ich mich auf einer sozialen Ebene verstärkt in Afrika engagieren. In meinem letzten Urlaub habe ich eine **Studie in Kenia** am Viktoriasee durchgeführt und Lösungswege aufgezeigt. Der Kontinent und die Menschen haben mich sehr ergriffen. Dann gibt es noch viele kleine private Ziele und Wünsche...

*Die **Studie in Kenia** handelt von der Verbindung zwischen der Fischerei und HIV-Infektionen bei Frauen. Dieser Zusammenhang mag überraschen. Aber Frauen, die den Fischhandel zum Überleben brauchen, sind oft stark von Armut betroffen und müssen sich häufig prostituieren.*

RATSCHLÄGE

Hört auf eure innere Stimme!

Ihr solltet lernen, gut in euch selber hineinzuhören. Ihr müsst das tun, was ihr möchtet, anstatt anderen zu folgen oder die Erwartungen der anderen – beispielsweise der Familie – zu erfüllen. Das heißt nicht, dass man nicht zuhören oder auf Ratschläge hören soll. Denn unterschiedliche Ansichten zeigen weitere Perspektiven auf. Ihr solltet diese jedoch immer wieder mit euch selber, mit eurem eigenen Gefühl gegenchecken. Ich glaube, dass die Freiheit, während des Abiturs und nach der Doktorarbeit meinem Gefühl folgen zu können, genau richtig war. Ich wurde von meinen Eltern nirgendwo hineingedrängt und konnte so für mich „filtern", was ich will.

Haltet den Blick offen und seid mutig!

Während der Schule und im Studium solltet ihr euch Zeit für Praktika, Hiwi- und Ferienjobs nehmen – auch gerne mal hinter einem Fließband. Mut bedeutet für mich, das Haus zu verlassen, in eine andere Stadt, in eine Wohngemeinschaft oder ins Ausland zu ziehen. Ihr solltet immer bereit sein, Neues zu lernen. Raus aus dem Elternhaus und ab in die Welt! Ihr braucht Mut zu einem neuen Schritt, einer echten Veränderung, um ein Risiko einzugehen oder einem Gefühl zu folgen.

@ Wie werde ich Biologin oder Meeresbiologin?

Weitere Informationen findest du auf:

http://berufenet.arbeitsagentur.de
In der Suchmaske *„Biologin"* oder *„Meeresbiologin"* eingeben.

Links:

http://blog.greenpeace.de/blog/author/imenn/
www.youtube.com; Stichwörter: Iris Menn, Greenpeace, Arktis

Leiterin des Referats Nordafrika eines Außenwirtschaftsverbands

„Wer Probleme sucht, findet auch welche – zu diesen Menschen gehöre ich nicht."

REFERATSLEITERIN NORDAFRIKA

Katrin Laskowski

Geburtsjahr	1976
Abitur	1996
Studium	Wirtschaftswissenschaft und Kulturwissenschaft
Privates	Ich reise sehr gerne und viel um die Welt und das am liebsten mit meiner Familie. Tauchausflüge und viele Abenteuer gehören meist zum Programm. Zurück zuhause freue ich mich auf tolle FreundInnen, mein Motorrad, den Garten und das Laufen entlang des Rheins.

BESCHREIBUNG DES BERUFS

Ich arbeite für einen Außenwirtschaftsverband als Referentin für das nördliche Afrika. Die nordafrikanischen Länder gehören zu meinem Verantwortungsbereich – angefangen bei der Republik Sudan bis nach Mauretanien.
Alles, was wir tun, tun wir zur Unterstützung der deutsch-afrikanischen Wirtschaftsbeziehungen.

Aufgabenbereich und Verantwortung/Tagesablauf

Mein Arbeitsalltag beginnt am Montagmorgen normalerweise in Berlin, wo ich mich in der wöchentlichen Sitzung mit meinen KollegInnen abstimme, wir die vergangene Woche nachbesprechen und die folgende vorbereiten. Dort tauschen wir uns über aktuelle und anstehende Themen aus und koordinieren unsere Termine. Als Verband, der die Interessen der deutschen Wirtschaft vertritt, werden wir von afrikanischen Wirtschafts- oder RegierungsvertreterInnen angesprochen, um eine mögliche Zusammenarbeit zu initiieren oder zu begleiten. Dafür braucht es WirtschaftspartnerInnen, eine politische Flankierung und bestenfalls eine private oder öffentliche finanzielle Förderung. Häufig werden konkrete Anfragen an unseren Verband gestellt. Benötigt ein afrikanisches Land beispielsweise ein neues Krankenhaus, werden wir angesprochen, um einen Investor, eine Betreiberfirma oder ein Bauunternehmen zu vermitteln. Wir bekommen aber auch Anfragen für Staudammprojekte oder von Handelshäusern, die ihr Produkt auf dem afrikanischen Markt vertreiben möchten. Wir unterstützen Interessenten mit unserem Wissen über die Märkte Afrikas und mit Hilfe der Netzwerke, die wir intensiv pflegen. Wir arbeiten mit vielen deutschen und internationalen Institutionen zusammen, vornehmlich dem Auswärtigen Amt und dem Bundesministerium für Wirtschaft und Technologie. Wenn deutsche PolitikerInnen oder DiplomatInnen nach Afrika reisen, holen sie sich bei uns Rat und wir verschaffen ihnen einen Überblick über die wirtschaftlichen Gegebenheiten der Zielländer. Es gehört zu unserer politischen Lobbyarbeit, dass wir auch politische und/oder wirtschaftliche Schieflagen ansprechen und Verbesserungsvorschläge und Empfehlungen ausarbeiten. Wir beraten deutsche Unternehmen mit dem Ziel, sie bestmöglich auf die afrikanischen Märkte vorzubereiten. Wir fungieren als Intermediär, also Vermittler, und müssen über Märkte und Branchen bestens informiert sein. Unsere Netzwerke sind ein wichtiges Kommunikationsinstrument – intern wie extern. Man holt sich auch bei den KollegInnen Rat, fragt beispielsweise nach: „Wie hast du das gemacht?" „Hast du einen guten Kontakt im Ministerium?" „Bist du schon in Kontakt mit diesem Fachverband?" Für viele Branchen, beispielsweise für Maschinen- und Anlagenbau, Medizintechnik oder erneuerbare Energien, gibt es einen Verband, den wir kontaktieren können, wenn wir ein spezielles Thema verfolgen. Besonders wertvoll sind die

Informationen und Erfahrungsberichte der Wirtschaftsakteure selbst. Das heißt, ich bin die meiste Zeit des Tages am Telefon oder auf Veranstaltungen und versuche die Interessen der deutschen Wirtschaft nach außen zu transportieren – und umgekehrt Interessen der afrikanischen Wirtschaft und Politik in den deutschen Institutionen und Unternehmen zu platzieren. Ansonsten erfolgt die Korrespondenz häufig per E-Mail. Bei mir im Referat wird dreisprachig gearbeitet. Deutsch ist die Sprache innerhalb des Verbundes. Englisch ist die Sprache, die überall funktionieren sollte. Da ich im **Maghreb** mit französischsprachigen Ländern zusammenarbeite, kommuniziere ich dort mit den Botschaften und LändervertreterInnen auf Französisch. Das sollte im Referat auch jede MitarbeiterIn beherrschen. Ich kann Arabisch etwas verstehen, bin aber nicht verhandlungssicher, das lerne ich gerade mühsam im Einzelunterricht. Es ist in der einen oder anderen Situation nützlich, wenn man beispielsweise einem Taxifahrer den Weg erklären muss. In den Verhandlungsgesprächen wird vornehmlich in französischer und englischer Sprache gesprochen. Ansonsten werden DolmetscherInnen hinzugezogen. Um die verschiedenen Netzwerksbeziehungen pflegen und Unternehmen besser beraten zu können, reise ich viel durch Deutschland, besuche Unternehmen, die Mitglied bei uns im Verband sind. Zu den Beratungsterminen werden die zuständigen MitarbeiterInnen, die für das Afrikageschäft verantwortlich sind, an einen runden Tisch eingeladen. Meist ist auch die Geschäftsführung vertreten. Ich gebe dann, je nach Interesse des Unternehmens, einen Überblick, beispielsweise ob Schwierigkeiten bei einem Markteintritt auftreten können, wo man Probleme mit dem Import haben könnte und weshalb. Was muss ich berücksichtigen, wenn ich ausländisches Personal in Afrika beschäftige? Welche Vorschriften gelten, welche Visa muss ich beantragen? Zusammen mit den Unternehmen entwickle ich eine Strategie, wie sie ihre Produkte am Markt platzieren können. Es gibt in der Beratung Unterschiede zwischen Investitions- und Handelsprojekten. Ein Investitionsprojekt kann eine Raffinerie sein, die ein Energiekonzern bauen möchte, oder eine neue Fabrik für einen Reifenhersteller. Hier gilt es andere Fragen zu beantworten als bei einem Unternehmen, das Autos exportieren will. Dann zählen vornehmlich handelsrechtliche Bedingungen. Falls der Auftrag an ein Mitglied des Verbundes erfolgt, begleiten wir es im Einzelfall auch bei den weiteren Verhandlungen in Afrika. Wir sind vornehmlich in Ländern gefragt, die eine schwierige Empfangsstruktur vorweisen. In einem Land wie Libyen, das Anfang 2012 im Umbruch war und noch keine finale Regierung gestellt hatte, ist es für eine UnternehmerIn extrem schwer zu wissen, an wen sie sich wenden muss. Weil wir gute Netzwerke haben, können wir dennoch die Interessen in denjenigen Institutionen platzieren, wo sie auch gehört werden. Wir organisieren

*Der **Maghreb** besteht aus den nordafrikanischen Ländern Tunesien, Algerien, Marokko, westliche Teile Libyens und Mauretanien. Neben der Amtssprache Arabisch wird in den genannten Ländern - außer in Libyen - ebenfalls Französisch gesprochen.*

Messen in Deutschland oder in einem afrikanischen Land. Wir führen Delegationsreisen für UnternehmerInnen durch und besuchen Institutionen, Fabriken und Ministerien. Als die Republik Sudan sich vom restlichen Land abgespalten und sich der neue Staat Republik Südsudan gebildet hatte, wurden wir zu dem Zeremoniell eingeladen. Offiziellen Einladungen aus Afrika versuchen wir meist zu folgen. Im Sommer bin ich seltener in Afrika, da aufgrund der starken Hitze kaum Veranstaltungen und Termine stattfinden. In den arabischen Ländern kommt noch der Ramadan dazu. Während des islamischen Fastenmonats kann man in diesen Ländern beruflich wenig ausrichten. Während der restlichen Zeit des Jahres bin ich sehr viel unterwegs.

RÜCKSCHAU

Eine Kurzbeschreibung meines Lebenslaufes fällt schwer, weil ich einen sehr abwechslungsreichen Werdegang habe.

Elternhaus und Schule

Ich bin in Nordafrika bei meinen deutschen Eltern aufgewachsen. Durch den Beruf meiner Eltern bin ich in Algerien und Tunesien zur Schule gegangen und habe darüber hinaus auch viel Zeit in Marokko verbracht.
Meine Eltern haben eine Ausbildung zu Speditionskauffrau und -mann gemacht und sind gleich nach ihrem Abschluss nach Algerien gegangen, um bei einer Baufirma in der Logistik zu arbeiten. Daher kommt auch mein Reisedrang, da mein Vater viel beruflich unterwegs war. Mir ist die französische Sprache in die Wiege gelegt. Während meiner Schulzeit habe ich viele Stationen durchlaufen. Ich besuchte verschiedene Schulen, weil meine Eltern oft umgezogen sind. Ich durfte zwei Klassen überspringen und musste zwei Klassen wiederholen, da das französische und das deutsche Schulsystem nicht aufeinander abgestimmt waren. Zwischenzeitlich verbrachte ich unter anderem meine Sommerferien in Paraguay. Inhaltlich war ich durch die verschiedenen Schulsysteme oft weiter, aber es gab immer ein Fach, in dem ich hinterher war. Es war schon sehr anstrengend, vor allem das französische Schulsystem empfand ich als sehr anspruchsvoll. Als ich nach Deutschland kam, hatte ich Anlaufschwierigkeiten, weil alles so frei war. Man wurde nicht so geführt wie im französischen Schulsystem, dadurch wusste ich häufig nicht, was von mir verlangt wurde. Endgültig nach Deutschland kam ich mit 15 Jahren. Mit 16 Jahren bin ich noch für den High-School-Abschluss nach Wyoming/USA gegangen, weil es mir wichtig war, auch die englische Sprache zu beherrschen. Nach Deutschland bin ich gekommen und geblieben, weil ich auch das deutsche Abitur haben wollte. Die Schwerpunkte waren Sprachen, ganz klar, das waren meine Lieblingsfächer. Ansonsten habe ich mich sehr schnell distanziert von den naturwissenschaftlichen Fächern, die lagen mir nicht, da war ich einfach schlecht.

Englisch, Deutsch, Französisch, Geographie, Kunst, Philosophie, diese „Laberfächer" – das waren meine Fächer *(lacht)*. Meine Eltern zogen relativ früh wieder zurück nach Marokko und ich blieb in Deutschland, um meine Oberstufe abzuschließen. In dieser Zeit habe ich sehr viel über die Organisation meines Alltags gelernt und wurde schnell selbstständig. Das hat mir bis heute geholfen, eigenverantwortlich arbeiten zu können und meine Zeit gut zu organisieren.

Praktika, Jobs und der Weg ins Studium

Während der Oberstufe habe ich viel gearbeitet und hatte immer einen Job: Gastronomie, Messe, Bürotätigkeiten – ich habe alles ausprobiert.
Die meiste Zeit verbrachte ich in einer Werbeagentur, die vornehmlich im Kultursektor aktiv war. Musikveranstaltungen, klassische Konzerte, Lesereisen und Sportevents habe ich mitorganisiert. Dort habe ich sehr engagiert gearbeitet, meist direkt nach der Schule. Das hat mir sehr viel gebracht für meine Berufswahl, weil ich schon mal wusste: „Was kann ich, was macht mir Spaß, wofür kann ich mich motivieren?" Durch meine Berufserfahrung wusste ich, wie Kultur und Wirtschaft funktionieren. Ich wollte zwischen Kultur und Politik vermitteln, da es damals ein großes Kultursterben in der Stadt gab, in der ich lebte. Ich studierte Volkswirtschaftslehre (VWL), Betriebswirtschaftslehre (BWL) und Kulturwissenschaften in Bremen und hatte mir damit die Verknüpfung selbst hergestellt. Heute gibt es den Studiengang Kulturwirtschaft, zu meiner Zeit jedoch noch nicht. Weil es keinen Lehrplan gab, musste ich mir selbst einen schaffen und damit mein Studium strukturieren. Heute sind die Studienpläne stärker vorgegeben. Ich konnte mich hingegen einfach auf das konzentrieren, was mich wirklich interessiert hat.
Inzwischen war ich schon Vollzeit-Abteilungsleiterin eines Unternehmens, das große Kulturveranstaltungen organisiert. Ich habe mich da extrem reingehängt, so dass das Vollzeit-Studium eigentlich Nebensache wurde. Ich bin nicht zu jeder Vorlesung gegangen – das wäre gar nicht möglich gewesen. In den Semesterferien habe ich Urlaub genommen, gepaukt und die Klausuren bestanden. Aus dieser Zeit stammt meine Fähigkeit, mich sehr zu disziplinieren und mich selbst zu motivieren. Mein Job hat mir so gut gefallen, dass ich schnell mein Studium abschließen wollte. Allerdings ging es damals sehr realitätsfremd und theoretisch an der Universität zu. Hätte ich meine praktischen Erfahrungen durch die Jobs nicht bereits vorher gemacht, hätte ich mich wohl ziemlich verrannt. Im Hauptstudium habe ich bei kleineren Projekten und Seminaren mitgemacht und wurde schnell **Tutorin** und wissenschaftliche Mitarbeiterin. Dadurch hatte ich einen guten Überblick und einen engen Draht zu der Institution Universität, so dass ich auch Themenvorschläge bei den ProfessorInnen einreichen konnte.

*Als **Tutorin** arbeitet man für den Lehrstuhl und leitet Übungen für meist jüngere Semester.*

Das Schönste für mich waren die Hausarbeiten, in die ich inhaltlich ganz tief eintauchen konnte. Durch mein breit gefächertes Studium habe ich meinen Weitblick geschult. Ich hatte Angst, etwas zu studieren, das mich zu eng in eine Nische drängt.
Dann hat das Leben einen Weg genommen, der nicht vorhersehbar war. Ein schwerer Autounfall machte mich für ein Semester arbeitsunfähig. Darum konnte ich mein Studium nicht so weiterführen, wie der Lehrplan es vorgesehen hatte. Das war eine Zeit der Umorientierung. Ich war aber bereits „scheinfrei", das heißt, alle Prüfungsleistungen bis auf die Magisterarbeit waren bestanden.
In Avignon/Frankreich habe ich meine Magisterarbeit angefangen. Dadurch wurde ich an für mich neue Themen herangeführt. Ich war unter anderem journalistisch tätig und habe Artikel zu verschiedenen Themen veröffentlicht, mich außerdem in die Theaterszene eingearbeitet und war beruflich viel mit dem Thema Kultur in Verbindung.

Berufliche Entwicklung - der Afrika-Bezug

Als ich die Möglichkeit hatte, bin ich für meinen Abschluss nach Deutschland zurückgekehrt und habe längere Zeit bei einem großen **DAX-Unternehmen** im Bereich Öffentlichkeitsarbeit gearbeitet. Über diese Arbeit bin ich an meine nächste Herausforderung gelangt. Ich lernte mehr und mehr eigenständig zu arbeiten, wurde selbstbewusster und kam zu dem Entschluss zu wechseln. Ich ging nach Berlin, um dort internationale Messen zu organisieren, die in Afrika aufgebaut werden sollten.
Dadurch kam plötzlich die Wendung, so dass ich gar nicht mehr an meiner fachlichen Vororientierung gearbeitet, sondern gemerkt habe, dass ich etwas habe, das kein anderer hat – eine besondere Qualifizierung. Das sind meine Kenntnisse über Afrika und seine Sprachen. Das ist mir zuvor gar nicht bewusst gewesen. Mein Ziel war immer, mich in Deutschland und Europa zu integrieren. Ich fand es eher hinderlich, aus dem Ausland zu kommen, weil ich dadurch immer eine Außenseiterin war. Ich bin Deutsche, aber ich war halt nie so hip, modisch und so „deutsch" wie die anderen. Ich blieb immer ein Paradiesvogel, der vermeintlich schwer einzugliedern war. Dieses Image wollte ich schnell loswerden. Als ich älter geworden bin, habe ich gemerkt, dass es überhaupt nichts Schlimmes ist, dieses Sonderprädikat zu haben. Es hat mir sogar Vorteile bereitet. Genau das wurde mir an mehreren beruflichen Stationen bewusst: „Frau Laskowski, Sie kennen doch die Regionen, die Sprachen." So kam es, dass ich öfter für Auslandsreisen eingesetzt wurde. Ich war plötzlich die Afrika-Kennerin und habe mich immer mehr eingelesen und eingearbeitet.

i *Ein **DAX-Unternehmen** gehört zu den 30 umsatzstärksten und größten deutschen Unternehmen, die bei der Frankfurter Börse unter dem deutschen Aktienindex (DAX) gehandelt werden.*

Irgendwann hat mich der Außenwirtschaftsverband angesprochen, weil man hörte, dass ich mich dort gut auskenne und interessante Kontakte geknüpft habe. Meine Zusage war die beste Entscheidung, die ich je treffen konnte. Ich war in meinem Traumjob angekommen.

EINSTELLUNG ZUM BERUF

Ich bin mit Leib und Seele im Außenwirtschaftsverband. Ich wusste früher gar nicht, dass es diesen Außenwirtschaftsverband gibt. Per Zufall kam ich damit in Berührung. Man kann sagen, ich bin ein glücklicher Mensch, weil ich wirklich einen Traumjob, der hundertprozentig zu mir passt, gefunden habe. Ich liebe meinen Job, weil er einzigartig ist. Hier kann ich mich frei entfalten, Themenschwerpunkte selber setzen und entscheiden, welche Ziele ich auf welchem Wege erreichen möchte. Das heißt, ich kann beispielsweise selber eine Messe ins Leben rufen und entscheiden, wie diese bekannt gemacht und umgesetzt wird. Diese Freiheit ist von Vorteil, doch ich habe auf der anderen Seite eine große Verantwortung. Wenn etwas schief läuft, muss ich dafür gerade stehen, das heißt, wenn ich nicht hinreichend abwäge oder wirtschaftspolitische Instrumente auf die falsche Bahn setze, kann das auch negative politische oder wirtschaftliche Folgen haben. Ich streife meinen Job abends nie ab. Er geht immer mit. Ich nehme Themen gern mit in meine Freizeit und treffe mich auch gern außerhalb der Bürozeiten mit den Unternehmens- und RegierungsvertreterInnen, wenn es mir möglich ist. Wenn ich Urlaub in Afrika mache, schaue ich mal an der Botschaft vorbei um Hallo zu sagen. Die UnternehmerInnen nennen mich „Frau Afrika“, weil ich das wirklich mit Lust, Freude und viel Liebe bin – tatsächlich. Das ist ein riesiges Geschenk!

Viele unregelmäßige Auslandseinsätze

Jetzt bin ich inzwischen in Hamburg zu Hause, arbeite aber in Berlin. Mein Partner lebt in Köln, das heißt, ich pendle sehr viel. Das ist einer der Punkte, die nicht immer leicht fallen. Teilweise ist ein ganz schöner Spagat nötig, um das Gleichgewicht zwischen Beruf und Privatem hinzubekommen. Vor einem großen Forum, das ich organisiere, kann es sein, dass so viel zu tun ist, dass ich Tag und Nacht gestresst bin. Dann sitze ich tatsächlich bis nachts am Schreibtisch oder bin in Gedanken bei dem Forum und nicht beim Tischgespräch zu Hause. Aber mein Freund unterstützt mich und geht damit sehr gut um. Ich habe viele Auslandseinsätze, bei denen ich auch am Wochenende weg bin, die Wochenenden in Nordafrika sind donnerstags und freitags. Samstags und sonntags wird dort gearbeitet. Das macht einen normalen Wochenalltag fast unmöglich. Das geht nur, wenn die Familie mitzieht – und du musst selber der Typ dafür sein, dir den Stress anzutun.

Der Umgang mit der prekären Sicherheitslage

Wir versuchen, prekäre Sicherheitslagen zu vermeiden, haben in Nordafrika jedoch sehr starke wirtschaftliche Interessen zu vertreten, so dass wir trotz Unruhen reisen. Wir achten dabei natürlich auf Sicherheitsstandards und bereiten uns verantwortungsvoll auf die Reisen vor. In Härtefällen engagieren wir Sicherheitskräfte, die uns Begleitschutz geben. Es gibt auch Situationen, die schwer einzuschätzen sind. Man kann plötzlich zum falschen Zeitpunkt am falschen Ort sein. Das hat es für mich an manchen Orten durchaus schon gegeben, aber wir tun alles, um das zu vermeiden und halten die Sicherheit ganz hoch. Aber es ist klar, dass wir dort gebraucht werden, wo es schwierig ist. Wo die Empfangsstrukturen bereits gegeben sind, kann ein Unternehmen natürlich auch allein Geschäfte machen. Das könnte man als sogenannten Nachteil des Berufes sehen, weil nicht jeder mitzieht. Da ich jedoch in den Ländern Nordafrikas groß geworden bin, bekomme ich aus familiärer Sicht Zuspruch und starke Unterstützung. Aus meinem Freundeskreis höre ich zuweilen Kritik, ob es wirklich sein muss, zu dieser Zeit dorthin zu reisen. Aber am Ende wird es respektiert. Ich selber bin da relativ wenig ängstlich, weil ich mich gut vorbereite. Ich weiß in der Regel, worauf ich mich einlasse, weiß immer, an wen ich mich vor Ort wenden kann.

Was solltest du mitbringen?

Du solltest gern reisen, etwas risikobereit sein und Lust auf fremde Kulturen haben. Ein starkes wirtschaftliches Interesse hat natürlich für einen Außenwirtschaftsverband hohe Priorität. Es ist wichtig, offen zu sein und keine Vorbehalte gegenüber anderen Kulturen, Systemen und Religionen zu haben. Ich beschäftige mich in erster Linie mit der muslimischen Welt. Das ist mir gegeben, weil ich dort aufgewachsen bin. Andernfalls würde es wahrscheinlich nicht funktionieren. Man muss soziale Kompetenz mitbringen, um Verhaltensweisen nachvollziehen und tolerieren zu können. Begrüßungsrituale und das gesellschaftliche Gebaren müssen sitzen. Mein Arbeitsumfeld ist sehr stark wirtschaftlich geprägt; als Vertreterin eines Wirtschaftsverbandes muss ich wissen, wie ein deutsches Unternehmen oder überhaupt ein Unternehmen funktioniert, denn nur so kann ich mich in deren Lage hineinversetzen. Ich muss alles aus den Augen einer UnternehmerIn sehen. Auch die Politik spielt dabei immer eine Rolle, vieles wusste ich anfangs auch noch nicht. Man muss wissen, dass es für so ziemlich alles eine Abteilung in einem Ministerium gibt. Man darf keine Abteilungen übergehen und nicht einfach im Ministerbüro anrufen. Die adäquate Korrespondenzsprache ist extrem wichtig, die muss ich beherrschen. Es gibt Formeln und Floskeln, die gelten bis heute, vor allem im Diplomatischen Dienst. Man muss sich auch in der Parteienlandschaft auskennen. Verstehen, was die Interessen der deutschen Politik sind.

Manchmal sind auch Wahlkampfthemen entscheidend. Man sollte jeden Tag mindestens zwei Tageszeitungen gelesen haben, um über das aktuelle Geschehen informiert zu sein.

„Man muss die nordafrikanische Kultur kennen, um sie nicht persönlich zu nehmen!"

ERFAHRUNG ALS FRAU IM BERUFSALLTAG

Bisher war ich häufig die Jüngste in allen von mir aufgenommenen Tätigkeitsbereichen. Zudem bin ich oft in Positionen, die eigentlich von Männern dominiert werden. Ich war früh selbständig, daher habe ich mich auch früh durchsetzen können. Ich hatte nie den Eindruck, dass ich mich extrem mehr anstrengen müsse als Männer. Bei den Gehaltsverhandlungen musste ich allerdings Durchsetzungskraft beweisen. Männer bekamen meist höhere Gehälter. AkademikerInnen selbstredend auch und das war auch der Hauptgrund, weswegen ich während der Oberstufe, als ich in einer Werbeagentur jobbte, entschieden habe, auch zu studieren. Ich war es leid, immer irgendwelche AkademikerInnen vor die Nase gesetzt zu bekommen. Das war ein Motivationsfaktor, weil die studierten MitbewerberInnen oder KollegInnen einfach die besseren Jobs bekommen haben.
Wer Probleme sucht, findet auch welche – zu diesen Menschen gehöre ich jedoch nicht. Hier und da mal einen Spruch von Vorgesetzten musste ich mir anhören; ich habe viele männliche Choleriker als Vorgesetzte gehabt, die diese Seite ihrer Persönlichkeit dann besonders den Frauen gegenüber gern ausgelebt haben. In Wirtschaftsunternehmen gibt es generell mehr Männer als Frauen und ab der Managementebene verschärft sich das, da fällt man natürlich auf als Frau. Manchmal kommt es vor, dass ich als einzige Frau in einem riesigen Vortragsraum sitze und das polarisiert dann hier und da manchmal. Männer besprechen mit mir andere Themen als mit Männern. Da gibt es dann auch schon mal Anspielungen auf meine Handtasche oder meine Frisur. Die Männer versuchen irgendwie charmant zu sein, obwohl ich auch nur eine ganz normale Konferenzteilnehmerin bin, wie jeder andere auch.

Untereinander tauschen sie ja auch keine Komplimente aus. Das ist manchmal etwas störend, aber damit muss man lernen umzugehen.

Als ich beim Außenwirtschaftsverband anfing, war ich noch sehr jung. Unser Geschäftsführer stand zwar hinter mir, aber ich weiß noch, als ich das erste Mal in Libyen war, um mich mit dem libyschen Botschafter zu treffen, hat er hinter meinem Rücken meinen Chef gefragt, was er denn mit der jungen Frau wolle, die könne doch nichts. Das ist in einer Welt, in der Frauen meistens gar nicht arbeiten dürfen, schon eine Herausforderung. Ich werde auch ständig gefragt, ob es als Frau nicht besonders schwierig sei, da ich mich ja nun mal in der muslimischen Welt bewege. Ich bin der Meinung, dass ich als Frau andere Türen öffnen kann. Ich glaube, als Frau habe ich einfach eine bessere Sozialkompetenz und kann deshalb spüren und fühlen, wie gerade die Gemütslage des Verhandlungspartners ist. Außerdem ist es immer etwas atmosphärischer, wenn Frauen dabei sind. Wenn Männer verhandeln, ist das mitunter etwas schroff oder oberflächlich. Wenn eine Frau dabei ist, wird es angenehmer. Ich habe natürlich viel mehr zu beachten als ein Mann. In meinem Beruf muss ich viel mehr auf Kleidung und mein Äußeres achten als ein Mann, zum Beispiel darauf, dass ich keine falschen Signale aussende. Dass ich nicht provoziere, dass ich andererseits aber auch keine „Mannsfrau“, sondern trotzdem feminin bin. Ich selber habe für mich den Mittelweg gefunden, ich verkleide mich nicht. Ich habe jetzt auch ein gutes Standing und kann sagen, dass ich das nicht mehr brauche und den „Dreh raus“ habe.

Bis heute kann ich mich aber nicht so frei in Afrika bewegen wie meine männlichen Kollegen. Aus Sicherheitsgründen muss ich das eine oder andere eher berücksichtigen als Männer, beispielsweise dass ich nicht allein abends auf die Straße gehe, dass ich immer jemanden habe, der mich begleitet, dass ich nicht jedem erzähle, in welchem Hotel ich wohne und dass ich manche Essenseinladungen nicht wahrnehme. Viele Geschäftsgespräche werden ja beim Mittag- oder Abendessen geführt, also in der arabischen Welt selten im Büro. Da bietet es sich natürlich an, zusammen essen zu gehen. Es ist bizarr, weil es einerseits in der muslimischen Welt Frauen untersagt ist, mit fremden Herren und ohne Begleitung unterwegs zu sein. Doch andererseits müssen die arabischen Geschäftsmänner mit mir reden und verhandeln. Ein Mann klopft dem anderen auf die Schulter und sagt: „Komm, wir gehen was essen.“ Ich muss erst eine Riesenüberlegung anstellen, was ein „Go“ und was ein „No Go“ ist, was ich anziehe, wie ich mich verhalte und wen ich mitnehme.

Hier gilt es, klug zu handeln: Wo geht man hin, ins Hotelrestaurant oder folge ich einer privaten Essenseinladung, nehme ich jemanden mit, vielleicht am besten eine Anstandsdame? Das ist dann manchmal etwas zäh. Ich könnte es auch durchaus verstehen, wenn man für meine Jobposition eher einen Mann vorsehen würde. Ich bin froh, dass es nicht so gekommen ist.

ZIELE

Mein Ziel für die nächste Zeit ist, noch selbstständiger arbeiten zu können. Ich würde gern einen größeren strukturellen Einfluss ausüben können in einer entsprechenden Position. Ich fände es schön, die Strategien der Organisation noch stärker mitentwickeln zu können. Ansonsten hätte ich gern mehr Zeit für meine Familie in Köln. Ich würde gern mehr von zu Hause arbeiten können. Das ist noch nicht ganz ausgereift. Ich wünsche mir, dass ich irgendwann so flexibel und eigenständig arbeiten kann, dass ich meine Arbeitszeiten und Arbeitsstandorte selbst vorgeben kann. Das wäre mein Traum.

Familie und eigene Kinder

Mit der Familienplanung ist es natürlich schwierig, weil dieser Beruf mein volles Engagement erfordert. Diese Flexibilität ist ein Grund, warum die Familienplanung im Moment noch schwierig ist. Ich sehe keine realistischen Möglichkeiten, als Mutter meinen Beruf, wie er jetzt von mir erwartet wird, weiterzuführen. Wenn ich in meiner Arbeit noch mehr von zu Hause aus arbeiten und noch bessere Strukturen nutzen könnte, dann könnte ich mir die Vereinbarkeit von Beruf und Familie besser vorstellen. Zum jetzigen Zeitpunkt sehe ich da keine Vereinbarkeit. Wenn es soweit ist, finden sich sicherlich Lösungen, aber nicht in der Form, wie ich jetzt arbeite.

RATSCHLÄGE

Keine Angst vor Entscheidungen!

Betrachte niemals den Beruf als Endstadium deines Lebens. Wenn du einen Beruf oder ein Studium gewählt hast, muss das nicht das letzte gewesen sein, für das du dich entschieden hast. Du hast immer wieder die Wahl zu wechseln. Es liegt immer an dir selbst, was du aus dir machst. Ein Studienabschluss – dabei ist es nicht so wichtig, welcher – bringt dich bei der Bewerbung auf eine nächste Stufe. Das Studium sollte etwas Schönes sein. Das sehe ich heute auch anders als damals, es ist ein riesiger Gewinn, studieren zu können. Die Zeit zu haben, sich in Themen zu vertiefen, sich tage- und wochenlang nur mit einem Thema auseinanderzusetzen – ein Luxus, den ich im Berufsleben so nicht mehr ausleben kann. Im Berufsalltag ein Buch durchzulesen, ist leider fast unmöglich, weil ich einfach die Zeit nicht habe oder sehr müde bin, wenn ich abends nach Hause komme.

Vernachlässige nicht deine Interessen!

Ganz wichtig ist es, immer interessiert zu bleiben und eigene Interessen weiterzuverfolgen, unabhängig davon, ob diese nun zum Studium passen oder nicht. Mein Fall zeigt zum Beispiel, dass das, was ich mitgebracht habe, nämlich meine Kenntnis über Afrika, mich zu meinem Traumberuf geführt hat. Wenn du nicht weißt, was du werden sollst, solltest du so viel wie möglich ausprobieren, viele Nebenjobs anfangen und nach dem Ausschlussprinzip vorgehen.

Hab' keine Menschenscheu!

Mein Ratschlag ist, immer wach zu bleiben: Nicht nur das zu lernen, was du vorgesetzt bekommst, sondern es auch zu hinterfragen. Auf das Leben bezogen, aber auch im Studium: ProfessorInnen, die dir etwas erklären wollen, sind ja nicht nur Lehrbeauftragte, sondern in erster Linie Menschen, die du jederzeit ansprechen kannst, wenn Bedarf oder Interesse besteht. Die persönliche Ansprache ist meiner Meinung nach stets bereichernd. Nicht nur lesen, auch mutig fragen! Solange du noch fragen kannst, solltest du diese Gelegenheit nutzen. Denn später im Berufsleben wird von dir erwartet, dass du Antworten gibst.

@ Wie werde ich Kulturmanagerin?

Weitere Informationen findest du auf:

http://berufenet.arbeitsagentur.de
In der Suchmaske *„Kulturmanagerin"* oder *„Kulturwirtin"* eingeben.

Gründerin plan A, Architekturplattform und Büro für Architekturkommunikation

„Meine Motivation ist, etwas zu machen, das mich erfüllt und das eine Notwendigkeit besitzt."

DIPLOM-INGENIEURIN FÜR ARCHITEKTUR

Nadin Heinich

Geburtsjahr	1980
Abitur	1999
Studium	Architektur, TU Berlin, UDK Berlin und Kunstakademie Kopenhagen

BESCHREIBUNG DES BERUFS

Ich bin selbstständig im Bereich Architekturkommunikation. Dabei handelt es sich um ein noch sehr junges Berufsfeld, eine Schnittstelle aus Architektur, Kunst, Betriebswirtschaftslehre (BWL) und Kommunikation. Das Gute ist, dass man sich selber erfinden kann – das Schwierige ist, dass das nicht immer einfach auszuhalten ist.
Einerseits arbeiten wir viel im Kulturbereich. Konkret heißt das, wir konzipieren und realisieren Bücher, Ausstellungen, Veranstaltungen (zum Beispiel Diskussionsrunden oder Vorträge), bei denen es darum geht, Zukunftsthemen und junge Positionen in Architektur und angrenzenden Disziplinen zu vermitteln. Dabei beschäftigen wir uns beispielsweise mit den Fragen: Wie sieht die Stadt von morgen aus? Welchen Einfluss haben neuen Technologien oder neue Materialien auf die Architektur? Häufig arbeiten wir bei diesen Projekten mit **Institutionen** zusammen wie der Akademie der Künste in Berlin oder dem Deutschen Architekturmuseum in Frankfurt oder auch bayern design in Nürnberg bzw. München. Im Mai 2012 ist mein letztes Buch „Digital Utopia“ erschienen, das sich mit dem Einfluss der Digitalisierung auf die Architektur beschäftigt. Gerade startet mit „Transeuropa“ eine neue Veranstaltungsreihe, die auf „Europa“ aus baukultureller Perspektive fokussiert und auch in eine Publikation münden wird.

__Institutionen__ können Museen oder Organisationen sein, die beispielsweise Kunst und Kultur fördern.

Darüber hinaus entwickeln wir für Hersteller aus der Baubranche Kommunikationskonzepte für die Zielgruppe der **ArchitektInnen**. Sie sind Absatzmittler im Bauprozess, das heißt, sie haben oft einen großen Einfluss, welche Produkte (Kücheneinbaugeräte, Schalter, Türklinken etc.) bei einem Gebäude eingebaut werden. Daher haben die Hersteller dieser Produkte ein großes Interesse an einem guten Kontakt zu ArchitektInnen. Häufig prallen dabei jedoch zwei Welten aufeinander: Die Hersteller sind sehr in ihrer Welt verhaftet, sehen beispielsweise bei einem Gebäude Türklinken, Schalter etc. an erster Stelle – Dinge, die für ArchitektInnen ein Detail von vielen sind. ArchitektInnen sind ÄsthetInnen, Augenmenschen, die meist viel arbeiten und für die VertriebsmitarbeiterInnen der Hersteller oft schwer zu erreichen sind.
Meine Aufgabe ist es, eine Plattform bzw. einen Rahmen zu schaffen, in dem sich beide Seiten auf Augenhöhe begegnen können. Dabei müssen wir einerseits die Hersteller, meine Kunden, mitnehmen – etwa, indem wir ihnen nicht ein fertiges Konzept vorlegen, sondern dieses gemeinsam mit ihnen in Workshops erarbeiten. Darüber hinaus müssen wir etwas schaffen, zu dem ArchitektInnen gern und freiwillig kommen, trotz hoher Arbeitsbelastung, zahlreicher anderer Einladungen etc.

Um sich __ArchitektIn__ nennen zu können, muss man nach einem entsprechenden Studium praktische Erfahrungen im Architekturbüro sammeln und in die Architektenkammer eintreten.

Wir konzipieren also Abendveranstaltungen jenseits klassischer „PR-Events“. Uns geht es vielmehr um den besonderen Moment. Unser Ziel ist einfach und schwierig zugleich, dass alle Anwesenden – damit meine ich wirklich alle – bei so einer Veranstaltung begeistert sind und einen schönen Abend haben.

RÜCKSCHAU

Schulzeit und der Sprung nach Berlin

Ich bin auf dem Land aufgewachsen, in Gandstein, einem kleinen Ort in Sachsen mit rund 500 Einwohnern. Mein Vater ist Ingenieur im Vorruhestand, er hat in einem großen Werk gearbeitet. Meine Mutter ist Arzthelferin. Die Familie meines Vaters ist bäuerlich geprägt. Daher habe ich eine große Naturverbundenheit und Erdung vermittelt bekommen. Während meiner Kindheit bin ich sehr viel draußen gewesen und geritten.

Ich war immer Klassenbeste und damit Außenseiterin. Ich hatte nie eine Clique, sondern immer nur einzelne FreundInnen. Mit 17 Jahren war mir klar, dass ich weg will. Die Schule war in einem tristen Plattenbau mit uninspirierten LehrerInnen. Die meisten von ihnen haben die Jugendlichen nicht ermutigt, ihren eigenen Weg zu gehen oder individuelle Stärken gefördert, sondern Mittelmaß und Angepasstheit gepredigt. Ich bin ein sehr neugieriger Mensch und hatte daher kein spezielles Lieblingsfach, aber auch keines, das ich gehasst habe. Auswendiglernen mochte ich nie. Mir ging es immer darum, Zusammenhänge zu verstehen. In Mathe war ich sehr gut, ich mag Dinge, die logisch sind. Aber auch Kunst fand ich toll und konnte schon immer gut zeichnen. Jedoch war ich nie ein „Kunstfreak“, bei dem alle dachten, es müsse ein kreativer Beruf werden. Ich wollte Architektur studieren, weil dieses Fach sehr viel miteinander verbindet. Aber mein eigentlicher Wunsch war es, nach der Schule in eine große Stadt zu gehen. In eine richtig große Stadt wie Berlin.

Vom Studium in die Selbstständigkeit

Mein Grundstudium war super, und Berlin war eine Offenbarung! Ich habe zunächst an der Technischen Universität (TU) Berlin studiert. Dort hatten wir unter anderem ProfessorInnen und wissenschaftliche MitarbeiterInnen, die zuvor an der Architectural Association in London studiert oder gelehrt hatten. Diese Universität ist bekannt für sehr konzeptionelle und experimentelle Entwurfsansätze. Nach dem Grundstudium dachte ich noch, ich würde später ganz klassisch im Architekturbüro arbeiten oder mein eigenes Büro eröffnen.

Im Hauptstudium wurde an der Uni ziemlich viel Geld eingespart, was zur Folge hatte, das viele Lehrstühle, insbesondere die für mich interessanten, gestrichen wurden.

Am Entwerfen hat mich am meisten die konzeptionelle Seite interessiert, doch auf einmal gab es nur noch Entwurfsaufgaben, mit denen ich nichts anfangen konnte, beispielsweise „Bauen für Tiere“ (hier sollte man ein Zoogehege entwerfen). Die Qualität der Lehre sank rapide. Im Grundstudium habe ich immer alleine einen Entwurf erarbeitet, hatte mindestens einmal die Woche Besprechungen. Ich war es gewohnt, gefordert zu werden, an Grenzen zu gehen. Ich „war“ der Entwurf! Im Hauptstudium sollten wir in Gruppen, meist zu dritt oder viert, einen Entwurf machen, wurden selten von ProfessorInnen betreut, sondern von wissenschaftlichen MitarbeiterInnen, die nicht viel älter und damit nicht viel erfahrener waren als wir selber. Ich konnte sie nicht richtig akzeptieren. Plötzlich gab es nichts mehr, was mich begeistert hat. Ich war es gewohnt, Dinge sehr gut und intensiv zu machen. Nun konnte ich mich nicht mehr motivieren. Das kannte ich nicht von mir. In dieser Zeit habe ich mit dem Gedanken gespielt, das Studium abzubrechen.
Rückblickend glaube ich, die Zweifel haben mich zu mir kommen lassen und mir klar gemacht: Ich muss etwas suchen, das mich erfüllt. Daher habe ich 2004 zusammen mit einem Kommilitonen eine Vortragsreihe organisiert und Leute eingeladen, von denen wir lernen wollten. Geld gab es keines, bis auf 154 Euro von der TU Berlin. Damit konnten wir Einladungskarten drucken, zum Sonderpreis mit dem Logo der Druckerei. Es kamen sehr gute Leute, zeitgenössische KünstlerInnen, Architekten etc. Die erste Reihe lief gut, daher folgte die zweite 2006.
Basierend auf den beiden Veranstaltungsreihen wollte ich ein Buch schreiben, das alle Vorträge beinhaltet, sowie das Besprochene im Raum testen, das heißt, eine Ausstellung machen. Bei der Organisation der Vortragsreihen an der TU Berlin mussten wir bereits mit vielen bürokratischen Hürden kämpfen. Eine Ausstellung an der Uni zu realisieren, war nicht möglich, weil der einzige vernünftige Ausstellungsraum angeblich für die nächsten drei Jahre ausgebucht war. Daher habe ich mich für eine private Architekturgalerie entschieden. Das bedeutete zugleich, dass ich Geld für Raummiete, Ausstellungsproduktion, und GrafikerInnen organisieren musste. Ein halbes Jahr habe ich Geld akquiriert, bis ich 32.000 Euro zusammen hatte und wir Ausstellung und Buch realisieren konnten. Das war Learning by Doing, nach dem Motto „Ich ruf' bei Unternehmen an, ob sie eine Ausstellung und ein Buch von ArchitekturstudentInnen unterstützen und junge Kreative fördern wollen.“ Das Buch wurde später von der Stiftung Buchkunst als eines der „schönsten Bücher 2008“ ausgezeichnet. Die Ausstellung war gleichzeitig der praktische Teil meiner Diplomarbeit. Das Gute an der TU Berlin – so chaotisch diese Uni war – lag darin, dass wenn man etwas machen wollte und eine ProfessorIn fand, die dies als Prüfung abnahm, alles möglich war. Für mein Architekturdiplom musste ich noch eine „Theoriearbeit“ schreiben. Das Thema konnte ich frei

wählen. Da vorab fast alle der Meinung gewesen waren, ich würde das Geld für Ausstellung und Buch nicht zusammenbekommen, insbesondere, da ich in der Ausstellung nur junge ArchitektInnen gezeigt habe, war die Ausgangsfrage für den schriftlichen Teil meiner Diplomarbeit: „Wie bedingen sich inhaltlicher Anspruch und wirtschaftliche Notwendigkeit bei einer Architekturgalerie gegenseitig?“ Dafür habe ich den Marketing-Management-Prozess auf eine Galerie projiziert: Marktanalyse, Kundennutzen, Marketingtools – das klassische Handwerkszeug der Betriebswirtschaftslehre. Aus dieser Arbeit ließ sich relativ leicht ein **Businessplan** generieren. Die Entscheidung, mich selbständig zu machen, ist mir zu diesem Zeitpunkt nicht mehr so schwer gefallen. In Berlin war zu dieser Zeit das Risiko einer Existenzgründung nicht so groß, da die Lebenshaltungskosten relativ gering waren, ganz anders als in Städten wie München. Insbesondere in der Kunst- und Kulturszene haben sich viele ausprobiert – das war ja einer der Hauptgründe, nach Berlin zu gehen.
Nach meiner Diplomarbeit, insbesondere dem theoretischen Teil, war mir klar, dass ich keine Architekturgalerie eröffnen würde, weil dieses Geschäftsmodell wirtschaftlich nicht mehr funktioniert. Ich wollte Veranstaltungen und Bücher machen. Was Architekturkommunikation darüber hinaus alles umfassen kann – auf dieser Entdeckungstour befinde ich mich heute noch. Es ist ein Berufsfeld, in dem man noch sehr viel erfinden kann.

*Ein **Businessplan** (Geschäftsplan) ist eine Beschreibung von unternehmerischen Vorhaben, in denen unter anderem die Ziele, Strategien, Maßnahmen und Rahmenbedingungen für einen Unternehmensaufbau dargestellt werden.*

Menschen, die inspirierten

Ich treffe immer wieder Leute, die mich bestärken, inspirieren und Impulse geben, Menschen, zu denen ich eine „Seelenverwandtschaft“ empfinde. Ich habe das Gefühl, dass das zunimmt, je älter ich werde. Manchmal sehen sie etwas in mir, das ich selber noch nicht erkenne. Als ich noch in Gandstein gewohnt habe, hatte ich zu meiner Klavierlehrerin ein sehr enges Verhältnis. Ein enger Freund von mir ist Galerist, wir begleiten uns schon lange. Er sagte damals: „Geh nach Berlin, wenn du da klarkommst, kommst du überall klar.“ Im unmittelbaren Berufsumfeld ist es schwieriger, Vorbilder zu finden, die mich in ihrer „Gänze“, also hinsichtlich ihrer Arbeit und ihrer Persönlichkeit inspirieren.

EINSTELLUNG ZUR SELBSTÄNDIGKEIT

Nachdem wir Einladungskarten, Pressetexte etc. für eine Veranstaltung oder eine Ausstellung verschickt haben, haben wir nicht mehr viel Einfluss darauf, wie ein Konzept, ein Thema oder ein bestimmtes Format angenommen wird. Die Leute melden sich an oder eben nicht. Ich bin gerade dabei zu lernen, das nicht nur als Stress wahrzunehmen. Das Gute an dieser Anspannung ist, sie funktioniert als Motor, durch den man sehr viel Energie in die Sache steckt. Es ist entscheidend, dass man sich wirklich für eine Sache engagiert und andere Leute begeistert.

Gerade als junge UnternehmerIn muss man die eigenen Projekte gut machen. Sonst ist man einen Auftrag schnell wieder los.
Ich habe sehr hohe Ansprüche an mich selber wie auch an mein Umfeld. Damit tyrannisiere ich manchmal andere und gehe ihnen auf die Nerven *(lacht)*. Jedoch staue ich keinen Ärger auf, bei mir weiß jeder, was los ist. Mir fehlt manchmal die Distanz zu meiner Arbeit. Ich steck' da selber sehr tief drin und erwarte, dass andere das auch tun. Abschalten fällt mir relativ schwer. Ich bin erst seit 2009 selbstständig, habe eine Assistentin, eine Grafikerin. Je nach Projekt kommen verschiedene andere Personen hinzu, ArchitektInnen, DesignerInnen, KünstlerInnen, ÜbersetzerInnen, HandwerkerInnen. Ich bin jedoch meist die einzige, die einen Überblick über das gesamte Projekt hat. Auch liegt die Verantwortung für das Projekt bei mir.
Meine Motivation ist, etwas zu machen, bei dem ich meine Fähigkeiten bestmöglich einsetzen kann, das Gefühl habe, etwas Sinnvolles zu tun, etwas, das eine Notwendigkeit hat, und letztendlich etwas zu machen, das mich erfüllt.

Eigenschaften, die du mitbringen solltest

Wenn man sich selbstständig macht, sollte man Ideen haben. Vielen Leuten fällt nichts ein, die kopieren immer. Man muss an seine Ideen glauben und eine gewisse Sturheit besitzen, diese umzusetzen. Selber begeistert sein, sich begeistern lassen und andere begeistern – das ist wichtig.

Vortragsabend der Reihe „Digital Utopia", Akademie der Künste, Berlin, Mai 2012

„Ich treffe immer wieder Leute, bei denen ich das Gefühl habe, es gibt eine Art Seelenverwandtschaft – die sehen etwas in mir, das ich selber noch nicht sehe."

ERFAHRUNG ALS FRAU IM BERUFSALLTAG

Wenn ich ein Podium besetze, sind selten Frauen dabei. Im Architekturbereich gibt es wenige Frauen, die ein eigenes Büro haben, erst recht kein großes.

Da ich aus dem Osten komme, war es für mich immer selbstverständlich, einen Beruf auszuüben. Weil ich gute Noten hatte, war für mich klar, dass ich studieren werde. In der ehemaligen DDR haben alle Frauen gearbeitet, das war ganz normal. Den Unterschied zwischen Ost und West habe ich am deutlichsten dadurch wahrgenommen, dass während des Studiums Freundinnen von ihren Mütter erzählten, die Hausfrauen waren. Ich habe gar nicht verstanden, was die den ganzen Tag machen.

In bestimmten Situationen denke ich manchmal darüber nach, wie jemand mit mir umgehen würde, wenn ich ein Mann wäre. In der Baubranche habe ich fast ausschließlich mit Männern zu tun, insbesondere, wenn es um Entscheidungen und Budgets geht. Bei Verhandlungen spielt es eine Rolle, dass ich eine Frau bin und mein Gegenüber ein Mann. Die Art der Kommunikation unterscheidet sich. Ich gehe regelmäßig zu einem Coach, mit dem ich unter anderem solche Situationen analysiere, der mich lehrt, „verborgene" Signale zu lesen und mir so mehr Handlungsspielraum eröffnet.

Kind und Karriere

Ich plane in den nächsten zwei Jahren kein Kind, dazu nimmt mich mein Job gerade zu sehr ein. Ich arbeite gern viel, empfinde das aber nicht als Last, sondern möchte die Dinge, die ich mache, intensiv machen. Zudem bin ich viel unterwegs und reise gerne.

Grundsätzlich möchte ich Kinder. Es ist für mich normal, als Frau Kinder zu haben und zu arbeiten. Mir ist bewusst, dass es nicht einfach ist, beides zu vereinbaren. Die Diskussion, ob berufstätige Frauen Rabenmütter sind, finde ich albern.

ZIELE

Ganz konkret wünsche ich mir, dass mein Büro weiter wächst. Dabei geht es mir nicht nur um die Quantität, sondern auch um die Qualität der Projekte. Ich möchte kein Riesenbüro mit zwanzig Angestellten, sondern in drei Jahren zwei feste MitarbeiterInnen und gute, internationale Projekte. Ich möchte etwas aufbauen, Ausstellungen, Bücher, Veranstaltungen etc. machen, die sich mit relevanten Themen beschäftigen, die Menschen berühren und begeistern. Und ich möchte, dass mich meine Arbeit erfüllt. Mir persönlich geht es darum, immer mehr zu mir selbst zu finden, innere Grenzen und Ängste zu überwinden und irgendwann einmal eine weise, entspannte, alte Frau zu sein *(lacht)*.

RATSCHLÄGE

Ein Abschluss ist sinnvoll, zumindest für einen selbst!

Als ich mit der Selbstständigkeit begann, hatte ich mein Architekturdiplom noch nicht. Die Selbstständigkeit hat mich viel mehr gefordert als die Uni. Das ist „real life“, hier kann man wirklich Erfolg haben oder auch „scheitern“. In der Uni war alles noch ein Testlauf. Für mich war es daher eine echte Überwindung, für Prüfungen zu lernen, bei denen mir von Anfang an klar war, dass das erlernte Wissen niemals wieder relevant sein wird, dass es nicht um das Verstehen geht, sondern darum, dem Professor möglichst genau vorzubeten, was er selbst geschrieben hat. Ich hatte das Gefühl, ich verschwende meine Zeit. Meine Eltern und mein damaliger Freund haben mir Druck gemacht, mein Diplom abzuschließen. Rückblickend war das richtig. Ich finde es wichtig, einen Abschluss zu machen – zumindest, um für sich selber etwas abzuschließen.

Nicht entmutigen lassen!

Gegen Ende des Studiums habe ich an verschiedenen Existenzgründungsberatungen teilgenommen. Da mein Berufsfeld sehr komplex und neu ist, konnten sich viele das nicht vorstellen. Es passte nicht in ein Schema. Man muss seine Sachen durchrechnen und prüfen, ob es einen Markt gibt. Aber letztendlich ist entscheidend, dass man eine Idee hat, an sie glaubt, andere begeistert und sie dann umsetzt. Wirkliche Gründer- und Erfolgsgeschichten laufen nicht nach Schema ab. Leidenschaft ist wichtig und ein Umfeld mit den richtigen Leuten, die einen auf dieser Reise begleiten und bestärken. Man muss für seine Sache brennen, dann kann man auch Dinge machen, von denen vorher die meisten dachten, dass sie nicht funktionieren.

Sich nicht von äußerlichen und materiellen Dingen beeindrucken lassen!

Ich bin von einem Dorf in Sachsen nach Berlin gegangen. Da ich nur zwölf Jahre zur Schule gegangen bin, war ich erst 18 Jahre alt. Die meisten KommilitonInnen waren mindestens ein Jahr älter, hatten schon mehr gesehen von der Welt und kulturell oft viel mehr von ihrem Elternhaus mitbekommen. Letztendlich ist es jedoch entscheidend, dass man seinen eigenen Weg sucht und geht. Daher ist mein Ratschlag, sich nicht so sehr von äußerlichen oder materiellen Dingen beeindrucken zu lassen. Als ich noch in der Schule war und auch in der ersten Zeit meines Studiums habe ich mir nicht vorstellen können, dass ich einmal mein eigenes Büro haben würde – und erst recht nicht, dass ich Ausstellungen, Bücher etc. mache. Das war ein Prozess. Im Alltag fällt es mir natürlich schwer, immer alles so umzusetzen, wie ich mir das wünsche, immer ausgeglichen zu sein.

Wichtig finde ich, sich immer wieder bewusst zu machen, dass das Leben kostbar ist. Dazu gehört eine gewisse Demut vor dem Leben und sich nicht von nebensächlichen Alltagssorgen ablenken zu lassen. Wenn man nach dem Abi Träume und Ideen hat, sollte man denen nachgehen. Gerade, wenn man jung ist. Auf die innere Stimme hören, auch wenn die Eltern vielleicht sagen „Meinst Du denn, dass Du das kannst?" Das Selbstbewusstsein kommt durch die Erfahrungen, wenn etwas klappt. Und wenn etwas nicht klappt, ist das eine Chance zu lernen.

@ Wie werde ich Architektin?

Weitere Informationen findest du auf:
http://berufenet.arbeitsagentur.de
In der Suchmaske „Architektur" eingeben.

„Es braucht Mut und Hartnäckigkeit, sich von der Meinung der Gesamtheit abzugrenzen."

PROFESSORIN FÜR BETRIEBSWIRTSCHAFTSLEHRE UND ENTREPRENEURSHIP

Prof. Dr. Sonja Bischoff

Geburtsjahr	1947
Abitur	1966
Studium	Betriebswirtschaftslehre
Promotion	1971 - 1974
Privates	ein wenig Politik und viel Musik hören

BESCHREIBUNG DES BERUFS

Ich arbeite als Hochschullehrerin an der Universität Hamburg im Bereich der Wirtschaftswissenschaften. Der Arbeitsalltag besteht vor allem aus den zwei wichtigsten Bestandteilen Lehre und Forschung, aber auch aus Verwaltungsaufgaben.

Die Lehre

Die Lehre ist der Unterricht an der Hochschule. Zu ihr gehören Vorlesungen und Seminare sowie vor- und nachbereitende Arbeiten für die Studierenden. Damit sind Hausarbeiten, Klausuren und Sprechzeiten gemeint. Meine Schwerpunkte in der Lehre sind „Strategische Unternehmensführung" und „Entrepreneurship". Bei Letzterem geht es um Existenzgründungen und Unternehmertum. Dieses wichtige und lang vernachlässigte Fach habe ich 2002 als gleichnamigen **Masterstudiengang** an der Universität Hamburg eingeführt. Es gelang mir, andere für die Idee zu begeistern und sie davon zu überzeugen, dass die Einführung richtig und wichtig ist.

Wenn man an einer deutschen Hochschule studieren möchte, ist die Voraussetzung die (Fach-) Hochschulreife. Darauf aufbauend macht man zunächst einen Bachelor-Abschluss, in dem das Grundwissen des jeweiligen Faches vermittelt wird. Dieser berechtigt zum Absolvieren eines ***Masterstudiengangs****, bei dem man sich spezialisieren kann.*

Die Forschung

Der zweite große Bereich als Universitätsprofessorin ist die Forschung mit der dazugehörigen Verbreitung der Forschungsergebnisse in der Öffentlichkeit. Forschung hat immer mit Neugier an neuen Themen zu tun. Der erste Arbeitsschritt beginnt damit, dass ich mir eine oder mehrere Forschungsfragen ausdenke. Ich überlege, was ich wissen möchte und was Wissenschaft und Praxis voranbringt. Dann entscheide ich mich für die Methodik, die ich anwenden möchte. Man kann ein Thema theoretisch oder praktisch ergründen. Bei der praktischen Forschung startet man mit einer Pilotstudie, um herauszufinden, ob die Fragestellung verstanden wird. Es können Fragebögen mit vorgegebenen Antwortmöglichkeiten verschickt oder persönliche Interviews geführt werden. Möglich wäre auch ein Experiment. Im Anschluss werte ich die Ergebnisse aus und interpretiere sie. Bei der theoretischen Forschung versucht man, die Wirklichkeit, oft durch ein Modell vereinfacht, darzustellen. Die Ergebnisse meiner Forschung verbreite ich anschließend in der Öffentlichkeit durch Vorträge, Publikationen und Interviews mit JournalistInnen. Ein Beispiel meiner Forschung sind die Führungskräftestudien, die ich seit 1986 regelmäßig durchführe. Dort untersuche ich das Führungsverhalten von beiden Geschlechtern, indem ich Frauen und Männer in Führungspositionen – also die Chefinnen und Chefs – dazu befrage. Diese Befragungen habe ich insgesamt fünfmal durchgeführt. Es zeigt sich unter anderem, dass beide Geschlechter (verstärkt die Männer) eine Zunahme des Erfolgsfaktors „äußere Erscheinung" für beide Geschlechter wahrnehmen. Ebenso zeigt der Vergleich über die letzten zwanzig Jahre, dass der Einkommensnachteil der Frauen im Vergleich zu den Männern zementiert zu sein scheint.

Die Bürokratie

Neben der Lehre und der Forschung gibt es zu meinem Leidwesen noch einen dritten Bestandteil der Arbeit an der Hochschule: Das ist die bürokratische Verwaltung. Ich bin als Programmdirektorin mit der Verantwortung für einen Studiengang – der natürlich reibungslos laufen muss – mit zu viel Bürokratie konfrontiert. Ich habe zwar gutes Personal, aber leider ist man immer unterbesetzt. Rückblickend gesehen würde ich mich heute weniger von der Bürokratie „auffressen" lassen wollen. Bis auf die Verwaltungsaufgaben fällt mir sonst jedoch nichts an meiner Arbeit schwer.

Der Tagesablauf

Als Professorin gibt es keinen typischen Tagesablauf. Bindend sind natürlich die Vorlesungen und die Sprechstunden für die Studierenden, aber ansonsten bin ich Herrin meines eigenen Tagesablaufs. Dadurch arbeite ich jedoch meistens zu viel.

Der klare Vorteil der HochschullehrerIn-Laufbahn sind die gebotenen Freiräume, die unternehmerisch und gestalterisch genutzt werden können. Unternehmerisch an der Hochschule tätig zu sein heißt, seine Inhalte selber bestimmen und neue Dinge ausprobieren zu können. Daneben bietet der Hochschulbetrieb große zeitliche Freiräume und Flexibilität.

Präsentation aktueller Studienergebnisse in der Hamburger Karriereschmiede

„Forschung bedeutet Neugier an neuen Themen. Ein Beispiel meiner Forschung ist die Untersuchung des Führungsverhaltens von Männern und Frauen."

RÜCKSCHAU

Schule, Elternhaus und Vorbilder

In der Schule waren Mathematik und Chemie meine Lieblingsfächer. Daneben habe ich in Maßen noch Sport betrieben. Mein ungeliebtes Fach war Französisch. Auf einem Gymnasium mit Schwerpunkt auf Sprachen war das nicht dienlich. Ich war auf der falschen Schule. Mein Umfeld stellte die Erwartung an mich, immer die Beste zu sein. Ich komme aus einer Familie von AkademikerInnen und UnternehmerInnen. Mein Vater ist mein Vorbild. Er war Direktor einer Kreisberufsschule und hat dort immer Neues auf den Weg gebracht. Zum Beispiel hat er dort eine Ärztin für den Sexualunterricht kommen lassen, da es ihn geärgert hat, dass die Mädchen schwanger wurden und die Ausbildung abbrechen mussten. Es herrschte in meiner Familie eine für die damalige Zeit moderne Einstellung, auch was die Rolle der Frau angeht. Es war völlig klar, dass meine Schwester und ich einen Beruf ergreifen sollten, um finanziell unabhängig zu sein. Das war selbstverständlich. Meine Großmutter hatte einen Omnibusbetrieb. Dort hatte mein Vater 1954 den ersten Bus in Deutschland mit einer Toilette in Betrieb genommen, der auf seine Anregung hin gebaut worden war. Er hat immer etwas Neues in die Welt gebracht – in einer solchen Atmosphäre bin ich aufgewachsen.

Erste Erfahrungen als Unternehmerin

Nach dem Abitur habe ich den „Sprung ins kalte Wasser" machen müssen und die Geschäftsführung des familiengeführten Omnibusbetriebes übernommen. Ich war 19 Jahre alt. Ich tat es, um die wirtschaftliche Basis der Familie zu erhalten. Allerdings stand dieser Betrieb schon vor dem Aus. Daher zog ich die logische Konsequenz und **liquidierte** das Unternehmen, denn zu dieser Zeit war das Busfahren „out". Erst Jahrzehnte später florierte der Markt für Busreisen erneut.

*Wenn man ein Unternehmen **liquidiert,** dann bedeutet es, dass man es auflöst. Man „macht es zu Geld", indem man die gesamten Bestände verkauft.*

Studium und Promotion

Nach der Liquidation des Unternehmens begann ich mit meinem Betriebswirtschaftslehrestudium an der Universität Hamburg. Ich wollte mir nach dem Studium eine Laufbahn im Hochschulbetrieb offen halten, und **promovierte** über die Langfristplanung von **Wirtschaftsprüfung**sgesellschaften.

*Durch die **Promotion,** bei der man ein neues wissenschaftliches Thema behandelt und die in den Wirtschaftswissenschaften etwa drei Jahre dauert, erlangt man den Doktortitel.*

Wirtschaftsprüfung *bedeutet die Prüfung der Buchführung und Bilanzierung, bezogen auf die gesetzliche Ordnungsmäßigkeit.*

Berufserfahrung

Beabsichtigt war ursprünglich eine Tätigkeit in der Wirtschaft. Diese wollte aber 1974 keine 27-jährige promovierte Frau, die breit (Marketing, Steuern und Wirtschaftsprüfung) und hervorragend (beste Noten, Erfahrungen als Unternehmerin) ausgebildet war. Aus diesem Grund habe ich mich 1975 im Hochschulbereich beworben. Ich wurde angenommen und blieb an der Hochschule. 1986 wurde ich mit 39 Jahren Universitätsprofessorin. Ich war an der Hochschule erfolgreich, weil ich „weiße Flecken“ bearbeitet habe. Das heißt, ich habe immer die Dinge gemacht, an denen die anderen weniger Interesse hatten. Zuerst wurde ich belächelt, dann kam der Erfolg. Thematisch fing ich mit einer Fallstudiensammlung im Investitionsmanagement an. Vor allem hatte jedoch die bereits erwähnte – 1986 erstmals veröffentlichte – Führungskräfteforschung „eingeschlagen“.

EINSTELLUNG ZUM BERUF

Besonders wichtig ist mir, dass ich die Freiräume, die sich mir boten, immer genutzt habe. Wenn man sich für eine Hochschulkarriere entscheidet, sollte man wissensdurstig auf Neues sein. Ideenreichtum und Unangepasstheit sind von Vorteil. Denn gerade, wenn man sich auf unerforschtes Terrain begibt, muss man mit viel Widerstand rechnen. Forschung und Lehre leben davon, immer neue Fragen zu stellen und darauf Antworten zu suchen. Daher sollte man sich nicht in den Bahnen des wissenschaftlichen Mainstreams bewegen. Wenn man das tut, bekommt man zwar unter den KollegInnen Anerkennung, aber das wird die Welt nicht besonders weiterbringen. Verborgene Realitäten aufdecken und veränderte Perspektiven aufzeigen – das ist die Aufgabe der Wissenschaft, um Realität zu verbessern. Es braucht Mut und Hartnäckigkeit, sich von der Meinung der Gesamtheit abzugrenzen. Man kann nicht erwarten, dass bei Erneuerungen alle dafür sind. Man muss also auch die „Kosten der Unangepasstheit“ tragen. Das setzt eine innere Unabhängigkeit voraus. Inzwischen bin ich mit meinen Forschungsergebnissen etabliert, aber am Anfang gab es viele kritische Äußerungen, die sich jetzt so leicht keiner mehr trauen würde.

ERFAHRUNG ALS FRAU IM BERUFSALLTAG

Als ich mich 1974 nach dem Studium mit frisch erlangtem Doktortitel als attraktive junge Frau in der Steuerabteilung eines Großunternehmens beworben hatte, habe ich das erste Mal eine Ungleichbehandlung aufgrund meines Geschlechts erfahren. Vorher bin ich stets davon ausgegangen, dass allein die Leistung zählt. Ich war sehr gut für die Stelle qualifiziert, jedoch war dieser Vorgesetzte offenbar noch nicht reif für eine Frau. Die Absage kam mit der Begründung: „Dann dreht Ihr Vorgesetzter durch“. Den zweiten Versuch machte ich im Bereich Weiterbildung eines Großunternehmens, in der eine Frau mit mir das Bewerbungsgespräch führte. Sie war die einzige Frau im Personalbereich des Unternehmens und unterstellte mir, dass ich als Frau nicht „trinkfest“ genug für die Stelle sei. Die ablehnende Haltung dieser Dame kann man als „Bienenköniginnensyndrom“ bezeichnen. Sie wollte dort wohl die einzige Frau bleiben. Vor der Promotion sahen die Angebote besser aus. So gesehen hatte mir die Promotion für die Wirtschaft im Jahr 1974 auf den ersten Blick eher geschadet, weil das offenkundig für manche „zu viel“ war.

Die männlichen Kollegen mit Promotion hatten keine Probleme, eine Anstellung zu finden. Heute ist im Vergleich zu damals der Einstieg für Frauen deutlich leichter. Seinerzeit war ich eine echte Seltenheit. Von etwa tausend StudentInnen in der Wirtschaftswissenschaftlichen Fakultät der Universität Hamburg gab es nur fünf Frauen – unter einem Prozent. Somit war ich schon durch mein betriebswirtschaftliches Hochschulstudium an sich eine Rarität. Jedoch habe ich in meiner Studentenzeit keine Diskriminierung von männlichen Kommilitonen und Professoren erfahren. Ich hatte ein sehr gutes Examen, woraufhin mein Professor mir eine Assistenzstelle mit Promotionsmöglichkeit angeboten hatte.

Vorurteile und Vorbehalte gegen Frauen

Nach wie vor sind Vorurteile die häufigste Karrierebremse und nicht – wie gemeinhin oft gesagt wird – die Vereinbarkeit von Familie und Beruf. Man muss sich gegen die Vorurteile durchsetzen, dabei kann man auf viel Ablehnung stoßen und sollte sich nicht unbedingt auf die weibliche Solidarität verlassen.

Die Gehaltsunterschiede

Ein weiteres Problem ist, dass Frauen bis jetzt noch nicht die Wertschätzung durch ihr Gehalt erfahren, die ihre Qualifikation und Leistung erwarten lassen würden. Mit steigendem Einkommen steigt auch bei Frauen der Aufstiegswille. Wird der Einsatz nicht entsprechend honoriert, wird dieser Wille gedämpft. Es ist insgesamt wichtig, die Gleichstellung der Frau bei den Gehältern zusammen mit den Männern zu erstreiten. Denn in stark gemischten Branchen sinken die Einkommen auch für die Männer! Neben der Wertschätzung durch höhere Gehälter bräuchte es einen **Unternehmerinnen-Status**, um eine bessere Chancengleichheit herzustellen. Den erlangt man in der Selbstständigkeit oder aber in moderneren AngestelltInnenverhältnissen. Untersuchungen belegen, dass nicht die längere Arbeitszeit das Problem der Frauen darstellt, sondern die mangelnde Freiheit, Arbeitszeit und Arbeitsort flexibel zu gestalten. Frauen, die selbstständig oder Miteigentümerinnen von Unternehmen sind, haben trotz höherer angegebener Wochenarbeitszeiten deutlich häufiger und mehr Kinder als angestellte Frauen. Die größte Chance für Frauen, die eigene Leistung zu beweisen, besteht bis heute in der Selbstständigkeit. Beim Kunden entscheidet das Preis-Leistungsverhältnis. Hier kann die weibliche Stärke, Beziehungen zu knüpfen und zu pflegen, von Vorteil sein. Zu empfehlen ist der Vertrieb, da dort die Leistung messbar und man nicht so stark vom Vorgesetzten-Urteil abhängig ist.

*Wenn man als Angestellte einen **Unternehmerinnen-Status** hat, würde man wie eine Unternehmerin sehr stark am Erfolg der Leistung gemessen, und in der Frage, wann und von welchem Ort aus man arbeitet, relativ viel Spielraum haben.*

Wenn es heute und in meiner jetzigen Position eine Rolle spielt, dass ich eine Frau bin, dann ist es eine angenehme Rolle. Mich reizt das geistige Pingpong-Spiel mit Männern.

Das macht sehr viel Spaß, weil es zwischen den Geschlechtern immer eine gewisse Spannung gibt. Das geht in der Art zwischen Frauen nicht. Dort ist es auch positiv, aber anders.

ZIELE

Nach dem „Unternehmerin-Dasein“ als Hochschullehrerin und Beamtin möchte ich „richtige“ Unternehmerin werden. In zwei Jahren werde ich pensioniert. Mein Plan ist es, den Freiraum, über den ich dann verfüge, deutlich stärker unternehmerisch zu nutzen. Je älter man wird, desto mehr wird der Handlungsrahmen durch vorhergehende Entscheidungen eingeschränkt. Da kommt es mir auf der anderen Seite zugute, dass ich immer ein breites Spektrum in meinen Spezialisierungen gewählt habe.

RATSCHLÄGE

Genießt die Freude am Erfolg!

Erfolg schafft Freude und Zufriedenheit. Meistens kann man den Erfolg selbst bestimmen. Wer den Erfolg – basierend auf der eigenen Leistung – einmal erlebt hat, wird diese Lust nicht mehr missen wollen. Wichtig ist, dass ihr dafür sorgt, dass eure Leistung sichtbar wird.

Sichert eure finanzielle Unabhängigkeit ab!

Der wichtigste Ratschlag, den ich mit auf den Weg bekommen habe und unbedingt weitergeben möchte, ist das Erreichen der finanziellen Unabhängigkeit von Frauen. Das ist mit einer Teilzeitbeschäftigung nicht oder kaum zu schaffen. Sichert eure Freiheit ab! Ich rate euch jungen Frauen, euch bei der Wahl des Berufes am Nutzen zu orientieren. Begabung und Interesse müssen natürlich berücksichtigt werden. Jede sollte das tun können, was sie wirklich gut kann und was sie am meisten befriedigt. Darüber hinaus solltet ihr aber auch einen Blick auf die zu erwartenden Einnahmen werfen. Der Frauenanteil unter den HochschullehrerInnen wächst gewaltig, aber das könnte etwas mit den Gehältern an Hochschulen in Deutschland zu tun haben, da diese „zu niedrig für Männer“ sind. Angesichts der vergleichsweise schlechten Bezahlung hierzulande muss man sich eine solche Entscheidung gut überlegen. Die Stellen werden frei, aber wie attraktiv sind sie?

Vergrößert eure Entscheidungsfreiheit!

Handelt stets so, dass sich eure Wahlmöglichkeiten vergrößern oder zumindest so wenig wie möglich verringern. Ihr solltet immer etwas tun, was andere nicht tun. Somit legt ihr euch ein Alleinstellungsmerkmal zu. Nur dann seid ihr auf das „Unvorhersehbare“ bestmöglich vorbereitet.

Traut euch viel zu!

Jede kann UnternehmerIn werden, wenn sie es muss! Ich selber musste es und war am Anfang unvorbereitet. Aber dann merkt man, was in einem steckt. Man muss sich selber auch mal überfordern. Oder besser gesagt, sich zumindest überfordert fühlen. Das setzt neue Kräfte frei. Lasst euch nicht unterkriegen und traut euch viel zu!

@ Wie werde ich Professorin?

Weitere Informationen findest du auf:
http://berufenet.arbeitsagentur.de
In der Suchmaske *„Professorin"* oder *„Wirtschaftswissenschaften"* eingeben.

Kinderärztin am Kinderkrankenhaus Wilhelmstift, Hamburg-Rahlstedt

„Notfälle gehören zum Alltag dazu. Man versucht, sich gut zu strukturieren, aber oft passieren Sachen, die alles wieder durcheinanderschmeißen."

FACHÄRZTIN FÜR ALLGEMEINPÄDIATRIE

Dr. Sandra Wenzel

Geburtsjahr	1974
Abitur	1994
Studium	Humanmedizin
Promotion	2001
Privates	Joggen, Squash, Reisen, Freizeit mit meiner Familie genießen

BESCHREIBUNG DES BERUFS

Als Kinderärztin am Kinderkrankenhaus Wilhelmstift bin ich auf wechselnden Stationen mit jeweils verschiedenen Schwerpunkten tätig. Auf der Station für **Diabetologie, Neuropädiatrie** und **Pulmonologie**, wo ich meistens arbeite, liegen Kinder im Alter zwischen acht Monaten und 18 Jahren. Meine Station ist für 16 bis 20 PatientInnen ausgerichtet. Im Sommer, wenn die Belegung nicht so stark ist, macht man das allein, im Winter zu zweit. Das ist recht umfangreich, vor allem, weil es Kinder sind. Bei einem Einjährigen geht man eben nicht rein und sagt: „Mal bitte freimachen, wir wollen jetzt abhorchen, tief ein- und ausatmen" – das ist nicht ganz so machbar *(lacht)*. Wir haben eine Säuglingsstation, wo etwa 30 Kinder bis zum Alter von acht Monaten behandelt werden, und zwei andere Stationen, wo die Kinder nach Schwerpunkten des Krankheitsbildes und nicht nach Alter zugeordnet sind.

i ***Neuropädiatrie**: Medizinisches Fachgebiet, das sich mit den Nervenkrankheiten von Kindern beschäftigt, häufig Epilepsie oder Entwicklungsverzögerungen. **Pulmonologie**: Lungenheilkunde **Diabetologie**: Medizinische Fachrichtung, die sich mit Zuckerkrankheit beschäftigt.*

Ein typischer Tag als Kinderärztin im Krankenhaus

Bei mir gibt es den „typischen Tag" nicht, weil ich im Schichtdienst arbeite. Ein Frühdienst fängt bei uns um viertel vor acht Uhr an, mit der Frühbesprechung, wo sich von ChefärztIn bis AssistenzärztIn und **PJlerInnen** alle KinderärztInnen treffen, das sind bei uns so zwischen 15 und 20 MedizinerInnen. Die KollegIn, die Nachtdienst hatte, berichtet, welche PatientInnen nachts neu aufgenommen wurden und ob es irgendwelche Probleme auf den Stationen gab. Es werden ganz kurz spezielle Unregelmäßigkeiten angesprochen, wie zum Beispiel eine Fortbildung am Nachmittag. Das Ganze dauert etwa eine Viertelstunde und hinterher gehen alle auf ihre Station. Dort fängt der Tag mit den Antibiotikaspritzen für die PatientInnen an: Ich gehe in die Zimmer und gebe die Spritzen. Danach macht man Blutentnahmen. Anschließend setzen wir uns immer mit den Krankenschwestern und -pflegern zusammen und beginnen mit der Visite. Bei den erwachsenen PatientInnen ist es ja immer so, dass man mit der Krankenschwester zur Visite ins Zimmer geht. Das ist bei uns nicht so, weil unsere Visiten relativ lange dauern. Wir besprechen alle relevanten Informationen zu den einzelnen PatientInnen, also die Vorfälle der Nacht, den Verlauf der **PatientInnenkurven** und noch bevorstehende Diagnostik schon vorab mit den Krankenschwestern und -pflegern. Erst im Anschluss gehen wir zu den Kranken. Das heißt, dass wir in jedes einzelne Zimmer gehen, mit den Eltern sprechen und die Kinder untersuchen.

i ***PJler** werden die Medizin-StudentInnen im praktischen Jahr genannt.*

Aus der Visite ergeben sich weitere medizinische Maßnahmen. Beispielsweise braucht ein Kind noch mal einen Ultraschall oder eine Blutentnahme. Bis man mit der Visite durch ist, ist es meistens viertel nach elf oder halb zwölf. Danach kommt die zuständige OberärztIn auf die Station und man spricht die Problemfälle durch. Das differiert je nach Ausbildungsstand: Die ganz jungen KollegInnen sprechen alle Fälle noch mal durch, die Erfahreneren nur problemorientiert.

i *Jede PatientIn hat eine eigene PatientInnenakte. Darin enthalten ist die **PatientInnenkurve,** auf der mehrere Tage lang die Werte verglichen werden. Es finden sich Einträge über Medikation, Temperatur und Blutdruck sowie der Untersuchungsbefund.*

Daran anschließend findet unsere Röntgenbesprechung statt, ebenfalls mit allen KollegInnen, genau wie morgens bei der Frühbesprechung. Es werden die Ultraschall- und Röntgenbilder der letzten 24 Stunden besprochen, zumindest die mit einem auffälligen Befund. Das dauert bis etwa viertel vor eins. Wir haben jeden Tag auf einer von den Stationen ChefärztInnenvisite, an der man, wenn man es irgendwie zeitlich schafft, teilnehmen sollte. Da treffen sich alle, um ein weiteres Mal die Problemfälle mit der ChefärztIn zu besprechen. Wir versuchen uns engmaschig auszutauschen. Immer kann man aber nicht zur Röntgenbesprechung gehen, weil es manchmal auf der Station zu viel zu tun gibt und man die Abläufe dort nicht planen kann. Es kommen den ganzen Tag über neue Fälle aus der Notfallambulanz, die wir aufnehmen und nebenher versorgen müssen. Das sind manchmal zwei, manchmal eben auch fünf, sechs PatientInnen, manchmal kommen sie morgens, dadurch muss man die Visite unterbrechen. Notfälle gehören zum Alltag dazu, aber die Kinder aus der Notfallambulanz sind nicht immer akute Notfälle, sondern oft auch kranke Kinder, die zuhause nicht ausreichend versorgt sind. Dies ist unter anderem der Fall bei Erkrankungen wie Lungenentzündungen oder Magen-Darm-Infekten. Aber manchmal sind es auch Kinder, von denen man nicht weiß, ob zum Beispiel eine Hirnhautentzündung vorliegt, sodass man schnell handeln muss. Das kann nicht warten. Das gilt natürlich auch für ein krankes Kind auf Station, das Epilepsie hat und einen Krampfanfall bekommt. Das ist das Besondere an dem Job, manchmal passiert einen ganzen Tag lang nichts Akutes, dann wieder drei Sachen zeitgleich. Man versucht, sich gut zu strukturieren, aber oft passieren Sachen, die alles wieder durcheinanderschmeißen. Nach der ChefärztInnenvisite geht man wieder auf seine jeweilige Station. Manche gehen essen, ich nehme mir immer etwas mit und esse am Computer. Nachmittags versucht man die Entlassungen zu machen. Man entlässt auch vormittags, aber dafür muss man das am Vortag schon vorbereitet haben. Und wenn die Visite lange dauert, ist es oft schon Mittag oder Nachmittag. Wir entlassen immer mit fertigem **Arztbrief**, der an die weiter behandelnde KinderärztIn übergeben wird. Ein bis zwei Tage vor der Entlassung diktieren wir, wenn möglich, die Arztbriefe und geben sie ins Schreibbüro. Wenn sich bis zur Entlassung noch etwas ergeben hat, fügen wir die entsprechenden Ergänzungen hinzu. Nachmittags bekommt man die Befunde der vormittags veranlassten Untersuchungen, die ausgewertet werden und den weiteren Behandlungsverlauf mitbestimmen. Wir sprechen noch einmal mit den Eltern. Die Vergütung der Krankenkassen für den einzelnen Fall ist abhängig von der Diagnostik, auch das müssen wir **codieren**. Nachmittags ist viel Arbeit am Computer zu erledigen, viel Bürokratie. Um viertel vor vier Uhr kommen die KollegInnen, die Spätdienst haben. Mit ihnen macht man eine Übergabe, zumindest bei den neu Aufgenommenen und den Problem-PatientInnen. Der Spätdienst

*Im **Arztbrief** steht, warum das Kind aufgenommen wurde, was gemacht wurde, wie die Befunde, der Zustand bei Entlassung waren, wann die KinderärztIn aufgesucht werden soll und welche Medikamente empfohlen sind.*

*Bei der **Codierung** werden PatientInnen anhand der Behandlung und demographischer Daten wie Alter und Geschlecht für Zwecke der Abrechnung in Fallgruppen klassifiziert.*

übernimmt zwar die Leitung der anstehenden Untersuchungen, aber die restlichen Arztbriefe und Entlassungen muss man schon selbst machen – denn der Spätdienst besteht aus nur zwei Leuten für das ganze Haus plus Notfallambulanz, denen man nicht noch die Routineaufgaben zuschustern kann. Wir müssen also vieles selber machen. Es gibt zwar zwei Fachkräfte, die mit den Codierungsleitlinien vertraut sind, aber die sind wiederum keine MedizinerInnen und so machen wir einen großen Teil der Codierungen selbst. Dieser Teil der Arbeit ist schon zeitraubend.
Der Alltag ist nicht immer leicht, vor allem, weil man nicht nur ein oder zwei Kinder im Kopf haben muss, sondern mindestens 15, und das permanent. Und man weiß, dass dazu noch die aus der Ambulanz kommen. Deshalb ist man wirklich gefordert, wenn zeitgleich mehrere Probleme auftreten. Dann geht es darum zu entscheiden, welches Problem man schwerwiegend einschätzt und welches zweit- oder drittrangig. Es kam schon vor, dass ich nach Hause fuhr und mir fiel doch noch eine wichtige Frage ein. Ich habe auch nachts um drei schon mal in der Klinik angerufen, um sicherzugehen, dass ich nichts vergessen habe, oder um zu fragen, wie es weitergegangen ist, weil man sich Sorgen macht. Das ist vor allem anfangs schwierig, aber mit der Zeit gewöhnt man sich auch ein wenig daran. Man ist immer ein bisschen in Zeitnot und muss sich durch vier teilen, weil man selten eine Sache strukturiert zu Ende machen kann. Man fängt eine Sache an, dann passiert zeitgleich etwas anderes, man muss mindestens drei Sachen im Hinterkopf behalten, dann geht wieder der Funk, danach das Telefon, zeitgleich kommt eine Krankenschwester rein, „Ich wollte auch noch mal kurz...“. Das ist zwar alles wichtig und richtig, aber es zerstört jede Struktur – das ist eine Herausforderung. Hinzu kommt, dass die Kinder, die an diesem Tag nach Hause dürfen, und die dazugehörigen Eltern auch irgendwann anfangen, auf die Entlassung zu drängen. Das stresst auch, denn ich weiß, dass davon überhaupt kein Leben abhängt, nichts Schwerwiegendes, aber die Leute sind nun eben unzufrieden und rennen im Zehn-Minuten-Takt zu den Krankenschwestern. Kurzum: Man steht oft ziemlich unter Zeitdruck und hat eine große Verantwortung.
Da wird man im Studium nicht drauf vorbereitet, das lernt man nur im „kalten Wasser“, in das man geschmissen wird.
Mit der Zeit kommt die Routine und man weiß, dass man einen kühlen Kopf bewahren muss. Das ist das A und O. Das gelingt nicht immer, aber man versucht's halt, so gut man kann. Man kann auch immer noch eine OberärztIn dazurufen, das geht am Tag schnell, aber wenn man im Spät- oder Nachtdienst ist, ist man allein.

RÜCKSCHAU

Ich bin im Gymnasium Glinde zur Schule gegangen und hab' da schon in der sechsten Klasse überlegt, dass ich gern Ärztin, und relativ kurz danach, dass ich Kinderärztin werden will. Nach meinem Abi 1994 bin ich kurz von dem Plan abgewichen, da dachte ich, Medizin ist es auf jeden Fall, aber vielleicht doch lieber Tiermedizin.

Vom Studium bis zur Facharztausbildung

Ich hab' ein Semester in Hannover Tiermedizin studiert, aber dann habe ich mich umentschieden und hier in Hamburg bis 2001 Humanmedizin studiert. Generell bin ich für meine Praktika ins Ausland gegangen, für mein praktisches Jahr war ich beispielsweise ein Vierteljahr in den Vereinigten Staaten. 2001 habe ich angefangen, im Kinderkrankenhaus Altona zu arbeiten, auf der Frühchen-Intensivstation. Dort war ich Ärztin im Praktikum und bin anschließend noch für ein knappes halbes Jahr als Assistenzärztin geblieben. Danach bin ich für knapp zwei Jahre nach Oldenburg gegangen, diesmal nicht auf die Frühchen-Station, sondern in die Allgemeinpädiatrie, die Kinderheilkunde. 2005 habe ich im Kinderkrankenhaus Wilhelmstift angefangen. Nach zwei Jahren im Intensiv-Bereich bin ich in die Allgemeinpädiatrie gewechselt, die man für den Facharzt ebenfalls braucht. 2008 habe ich meinen Facharzt gemacht, ich bin spezialisiert im Bereich Diabetologie und **Endokrinologie**. Letztes Jahr habe ich eine dreijährige Spezialweiterbildung abgeschlossen. Seitdem arbeite ich teilweise auch in dem Bereich. Im März 2012 kam meine Tochter Johanna auf die Welt, dann war ich im Mutterschutz. Anfang Juni habe ich wieder angefangen mit einer halben Stelle, zur Hälfte Diabetologie, zur anderen Hälfte Allgemeinpädiatrie.

*Zur **Endokrinologie** gehören verschiedene Hormonerkrankungen wie Schilddrüsenerkrankungen, Wachstumsstörungen, Pubertätsentwicklungsstörungen.*

Schule und Elternhaus

Meine Eltern haben mir immer Freiheit gelassen. Es gibt bei uns in der Familie keine ÄrztInnen und meine Familie hat mich in der Berufswahl auch nicht beeinflusst. Meine Eltern haben mich aber immer unterstützt. Ich weiß nicht, warum ich schon so früh diesen Wunsch hatte, denn es gab da keine Vorbilder, meine Mutter ist Grundschullehrerin, mein Vater Journalist.

EINSTELLUNG ZUM BERUF

Es begegnen einem Schicksale, die man nicht leicht wegsteckt. Trotzdem würde ich mich wieder für den Beruf der Kinderärztin entscheiden, auch wenn er viele Nachteile hat. Toll ist, dass man total eng mit Menschen zusammen arbeitet, das war mir immer sehr wichtig. Ich wollte nie so einen Schreibtischjob haben. Wenn die Kinder wirklich schwer krank sind, ist es viel schwieriger als bei Erwachsenen. Aber das Gute ist ja, dass die meisten doch schnell wieder gesund werden, anders als alte Menschen, die chronische Erkrankungen

haben und in kurzen Abständen immer wieder in die Klinik kommen. Bei Kindern sind es ja oft Krankheiten, die man heilen kann, so dass sie nach ein paar Tagen quietschvergnügt nach Hause gehen. Das ist toll! Mit Kindern arbeiten macht einfach Spaß, auch wenn man manchmal die Doofe ist, zum Beispiel, wenn man einem Kleinkind Blut abnehmen muss. Das hat dann Angst und will das nicht, aber überwiegend sind Kinder ja nicht nachtragend, das ist schön. Mit den Eltern ist es wechselhaft, sie machen sich viele Sorgen und sind meistens viel kritischer, wenn es um ihr Kind geht, als wenn es um sie selbst geht. Aber überwiegend kommen wir gut zurecht. Deshalb würde ich mich wieder – trotz Wochenendarbeit, Nachtdiensten und der menschlichen Katastrophen, mit denen man sich auseinandersetzen muss – dafür entscheiden. Es gibt auch viel Positives.
Ich bin jemand, die sich tief in etwas hineindenkt, eher so 150-prozentig. Dadurch fällt es mir manchmal schwer, mich zeitlich zu begrenzen. Wenn ich viele PatientInnen habe, finde ich es anstrengend, Sachen links liegen zu lassen und nicht zu beachten. Da ich das nicht so gut kann, mache ich viele Überstunden. Was mir leichter fällt, ist der Umgang mit speziellen Krankheitsbildern. Ich habe Lust, mich reinzubeißen, nachzulesen und eine Struktur zu entwickeln, wie man weitermachen kann. Zum anderen kann ich, zumindest sagen das andere, in Notfallsituationen einen kühlen Kopf bewahren. Wie es in mir aussieht, ist immer noch eine andere Sache, aber ich schaffe es gut, nach außen hin klar und ruhig zu bleiben, Anweisungen und eine Struktur zu geben.

ERFAHRUNG ALS FRAU IM BERUFSALLTAG

Es spielt schon eine große Rolle, dass ich eine Frau bin. Es gibt in der Kinderheilkunde viele Frauen, aber eher in den AssistenzärztInnenpositionen. Im oberärztlichen Bereich dünnt das doch sehr stark aus, dann sind es – bei einer Allgemeinverteilung mit 80 Prozent Frauenanteil – plötzlich nur noch etwa 20 Prozent Frauen. Eine mögliche Schwangerschaft spielt da mit hinein. Bei meiner ersten Stelle in Altona hatte ich einen männlichen Kollegen, der dort gemeinsam mit mir als „Arzt im Praktikum" gearbeitet hat. Es gab eine Anschlussstelle, auf die wir uns beide beworben haben. Mir wurde gesagt, dass das Team sich mehrheitlich für mich entschieden hätte, ich sei qualifizierter. Aber sie würden mich doch nicht nehmen, denn sie bräuchten einen Mann – ich könne ja schwanger werden. Diese Erfahrung finde ich sehr aussagekräftig zum Thema „Gleichstellung der Frau im Beruf". In Vorstellungsgesprächen wird man, auch wenn es nicht erlaubt ist, doch immer gefragt, wie die Familienplanung aussieht.
Auch für die PatientInnen spielt die Tatsache, dass ich eine Frau bin, eine nicht unerhebliche Rolle. Bei der Visite höre ich oft: „Und wann kommt der Arzt?" Es wird immer noch erwartet, dass das ein Mann ist. Das gilt besonders auch für andere

Kulturkreise: Wir haben viele muslimische Väter unser PatientInnen, die – weil es dort ja auch so üblich ist, dass die Frauen zu Hause bleiben oder etwas Pflegerisches machen – das auch nicht so gern haben, wenn eine Frau ihnen erzählt, was aus ärztlicher Sicht zu tun ist. Ich hab' auch schon mal gesagt: „Es gibt heute Nacht auf dieser Station nur einen Arzt und der bin ich, wenn Sie einen Mann wollen, müssen Sie bis zum Morgen warten, falls ein männlicher Kollege dann auch Dienst hat!" *(lacht)*.

Karriere und Kinder

Mein Mann Fabian und ich haben uns überlegt, dass wir uns die Elternzeit teilen wollen. Zunächst wollten wir jeweils sieben Monate nehmen. Dann haben wir uns ein Modell überlegt, das finanziell etwas nachteilig ist, aber ansonsten perfekt für uns: Fabian und ich nehmen nun parallel Elternzeit und arbeiten jeder jede zweite Woche voll. Ich arbeite immer in den geraden Wochen und Fabian in den ungeraden. Der andere ist Vollzeit bei Johanna. Auch die Nächte sind aufgeteilt, wer gerade nicht arbeitet, kümmert sich nachts um Johanna. Das fanden wir schön, weil wir beide das ganze erste Jahr etwas von ihr haben, nicht einer die ersten und der andere die zweiten sechs Monate. Bisher klappt das sehr gut. Johanna macht da fantastisch mit, sie ist ganz zufrieden bei beiden. Ich finde es auch gut, weil ich weiß, dass sie bei ihrem Papa ist und nicht bei einem Fremden. Für meine doch auch Flexibilität erfordernden Arbeitszeiten ist das ebenfalls sehr gut, sonst hätte man die Kita-Schließzeit immer im Nacken. Wir sind froh, dass das so geklappt hat, und man muss an dieser Stelle auch die Forschungsabteilung der Firma PHILIPS als sehr fortschrittlichen Arbeitgeber erwähnen. Nächstes Jahr soll Johanna in die Krippe kommen.

„Mein Mann und ich teilen uns die Elternzeit für Johanna. Wir wollten beide das ganze Jahr etwas von ihr haben. Darum arbeiten wir abwechselnd jede zweite Woche voll und sind in der anderen Woche immer ganz für Johanna da."

ZIELE

Ich habe zur Zeit nicht vor, eine weitere Zusatzausbildung zu machen, sondern möchte mich in meinen gewählten Feldern noch vertiefen. Bei uns wird eine neue Station gebaut, eine Aufnahmestation. Dafür wurde mir gerade die Oberarztstelle angeboten und ich werde annehmen. Das ist der geplante nächste Meilenstein. Als Oberärztin ist man nicht jeden Tag an vorderster Front, sondern wird eher zu Besprechungen dazugeholt. Dadurch hat man Zeit, in der Ambulanz und eben auch in seinem Schwerpunkt, bei mir Diabetesambulanz, zu arbeiten. Das ist so ähnlich wie in einer Arztpraxis, die PatientIn bleibt nicht über Nacht; es geht um chronisch Erkrankte, die regelmäßig kommen.

RATSCHLÄGE

Durchhalten für das große Ziel!

Das Studium macht nicht wirklich Spaß, das ist theoretisches Lernen fern der Praxis. Auch sollte man sich vorher klar machen, dass es kein Nine-to-Five-Job ist.
Ich würde raten, schon während des Studiums soviel wie möglich in der Klinik zu hospitieren, mitzulaufen und zu versuchen, Sachen selbst zu übernehmen, denn das Studium bereitet einen nicht auf den Alltag vor und zeigt einem auch nicht das erforderliche Handling: Wie lege ich Braunülen (Katheter), wie nehme ich Blut ab? Jobben in einer Arztpraxis ist auch eine gute Möglichkeit, dadurch verdient man zusätzlich noch ein wenig Geld.

Spezialisiere dich!

Die Spezialisierung ist sicherlich wichtig, die macht man erst nach dem Facharzt, der in der Kinderheilkunde fünf Jahre dauert. Es ist schon sinnvoll, so etwas zu machen. Man muss es nicht, man kann sich auch so in einer Praxis niederlassen, aber es ist zuträglich. In der Klinik ist es noch wichtiger; und wenn man eine höhere Position anstrebt, wird eine Spezialisierung schon erwartet. Wenn man das nicht macht, kommt man nicht weit.

Konzentriere dich auf die Situation!

Eigenschaften, die du mitbringen solltest, sind Belastbarkeit und Multitasking. Selbstverständlich musst du auch ein Stück weit Enthusiasmus mitbringen, weil du sonst keine Lust hast, die Nachteile, die ich schon erwähnte, in Kauf zu nehmen. Du solltest außerdem in der Lage sein, zu filtern und dich nur auf ein Problem zu zentrieren, dich abzugrenzen. Ein einigermaßen gutes Gedächtnis solltest du auch haben, weil man im Studium viel auswendig lernen muss. Ganz wichtig ist eine Menge Sozialkompetenz, denn man ist ständig mit Leuten in Kontakt. Jede ÄrztIn sollte in jeder Hinsicht viel Fingerspitzengefühl mitbringen; auf einer Kinderstation ist das besonders wichtig. Da kann es von Vorteil sein, wenn zudem ein wenig „handwerkliches Geschick“ vorhanden ist, um die zarten Kleinen zum Beispiel beim Blutabnehmen nicht mehr als nötig zu belasten.

@ Wie werde ich Ärztin und im Facharzt Kinderärztin?

Weitere Informationen findest du auf:

http://berufenet.arbeitsagentur.de
In der Suchmaske *„Ärztin“* oder *„Kinderärztin“* eingeben.

(Junior-) Producerin bei einem deutschen Fernsehfilmproduzenten

„Während des Drehens gibt es keine Acht-Stunden-Tage, denn das Projekt steht an erster Stelle. Private Dinge werden in dieser heißen Phase hinten angestellt."

MEDIEN-BETRIEBSWIRTIN (BA)

Julia Nemitz

Geburtsjahr	1981
Abitur	2000
Studium	Duales Studium zur Medienbetriebswirtin sowie Ausbildung zur Kauffrau für audio-visuelle Medien
Privates	Fitness, Filme/Kino, Karaoke

BESCHREIBUNG DES BERUFS

Junior-ProducerInnen suchen Stoffe und Geschichten, die sich für eine Verfilmung eignen. Sie sind die MediatorInnen zwischen den AutorInnen, die das Drehbuch schreiben, den **ProduzentInnen** sowie den Finanziers. Zudem ist man mitverantwortlich, dass das Budget eingehalten wird und der Film dramaturgisch stimmig und in höchster Qualität umgesetzt wird.

Aufgabenbereich und Verantwortung

Junior-ProducerIn ist ein Projektmanagementberuf, in dem Kreativität, dramaturgisches Knowhow, Organisationstalent und teilweise auch betriebswirtschaftliche Kenntnisse erforderlich sind. Als Junior-Producerin erledige ich den gleichen Job wie die **ProducerIn**, stehe jedoch nicht in letzter Verantwortung für das Projekt. Der Prozess des Filmemachens hat drei große Phasen: die Entwicklungsphase, die Produktion/der Dreh und die Postproduktionsphase. Der Arbeitsalltag ist von Phase zu Phase sehr unterschiedlich. Aber auch innerhalb der Phasen weiß ich morgens nicht, wie der Tag verlaufen wird, denn er steckt voller Überraschungen.

Der Tagesablauf in der Entwicklungsphase

In der Entwicklungsphase suchen wir Stoffe, die wir verfilmen können, beispielsweise Krimis, romantische Komödien etc. Ideen dafür entwickle ich entweder selbst oder ich recherchiere nach interessanten wahren Begebenheiten oder geeigneten Romanen. Auf Grundlage des Gelesenen schreibe ich für meine Produzentin Lektorate, also eine Inhaltsangabe sowie eine dramaturgische Bewertung. Daneben erörtere ich, was an der Geschichte geändert werden müsste, um sie filmisch umsetzen zu können. Manchmal bleibt nur die Grundgeschichte übrig. In diesem Fall muss sehr viel verändert werden, was natürlich Spaß macht, weil man dann gemeinsam mit der AutorIn dramaturgisch und kreativ an einer Geschichte arbeitet. Schließlich schätze ich ein, für welche Art der Veröffentlichung (Kino oder TV) sich die Geschichte eignet. In dieser Phase sitze ich oft und lange am Schreibtisch und mache nichts anderes als lesen, lesen, lesen. Da muss man wirklich wissen, ob man das kann. Das viele Sitzen fällt mir sehr schwer, das muss ich zugeben.

Der Tagesablauf in der Drehphase

Während des Drehs ist der Tagesablauf komplett anders als in der Entwicklungsphase, weil man ständig in Aktion ist. Morgens fährt man ans Set, kümmert sich um die SchauspielerInnen und spricht mit der RegisseurIn über den anstehenden Drehtag. Manchmal muss spontan etwas am Drehbuch geändert werden, damit der Dreh weiterlaufen kann, zum Beispiel bei Wetterumschwüngen.

__BA__ steht für Bachelor, der meistens den ersten akademischen Grad eines gestuften Studiums an einer Universität oder (Fach-)Hochschule darstellt. Die Regelstudienzeit beträgt drei bis vier Jahre. Ein Master kann im Anschluss an den Bachelor oder nach einigen Jahren Berufserfahrung erlangt werden.

Oft gibt es in Filmprojekten eine __Junior-ProducerIn__, einen __ProducerIn__ und eine __ProduzentIn__. Als BerufseinsteigerIn kann man als Junior-ProducerIn anfangen. Die ProducerIn übernimmt bei ähnlichen Grundaufgaben mehr Verantwortung. Die ProduzentIn steht in der Gesamtverantwortung, vor allem für die Beschaffung der Projekte und deren Finanzierung. Der Unterschied der Position sind die Hierarchiestufen.

Während des Filmdrehs ist man für alle Abteilungen AnsprechpartnerIn, bei Fragen zur kreativen Umsetzung des Filmes wie beispielsweise in Sachen Casting und Kostüme. Als Junior-ProducerIn ist man MitentscheiderIn und arbeitet eng mit den RegisseurInnen und allen anderen Abteilungen zusammen. Die Aufgabe besteht darin, alles zu überblicken und darauf zu achten, dass der Film nach den Vorstellungen der ProduzentIn umgesetzt wird. Allabendlich schaut man Muster – also das gedrehte Material – des jeweiligen Tages an. Dabei ist es egal, wie spät es ist. Während des Drehalltags gibt es keine Acht-Stunden-Tage, denn das Projekt steht an erster Stelle. Private Dinge werden in dieser heißen Phase hinten angestellt.

Der Tagesablauf in der Postproduktionphase

In der Phase nach dem Dreh können alle Tätigkeiten vorausschauend geplant werden, es herrscht nicht dieselbe Hektik wie beim Dreh. Die technische Bearbeitung des Films steht jetzt im Vordergrund: der Schnitt, die Vertonung und die Titelgestaltung für den Vor- und Abspann. Wenn der Film fertig ist, versucht man die Filme bei Festivals zu platzieren. Die Festivals sind ein schöner Abschluss: Man freut sich, den Film auf der großen Leinwand zu sehen und anschließend bei den Empfängen darauf anzustoßen.

RÜCKSCHAU

Elternhaus

Ich bin in einem kleinen Dorf in Nordrhein-Westfalen in einem sehr behüteten Elternhaus mit zwei älteren Brüdern aufgewachsen. Für mich war es normal, dass beide Eltern gearbeitet haben. Meine Mutter war als Physiotherapeutin tätig und mein Vater hat eine Werkstatt für Lebenshilfe mit aufgebaut, in der Menschen mit Behinderungen arbeiten. Dementsprechend habe ich sehr sozial eingestellte Eltern.

Schule

In der Schule lagen mir schon immer Sprachen, besonders Deutsch und Englisch. Mathematik und Erdkunde waren nichts für mich. Zurückblickend haben mich Geschichten und Novellen schon immer sehr interessiert sowie Fächer, in denen ich meine Kreativität und künstlerische Ader ausleben konnte. Etwas zu organisieren und für die Gemeinschaft zu tun, hat mir ebenfalls sehr viel Spaß gemacht, so dass ich im Laufe meiner Schulzeit fünfmal zur Klassensprecherin und zweimal zur Schulsprecherin gewählt wurde. Ich habe schon immer gern Entscheidungen getroffen und noch nie Probleme gehabt, vor Menschen zu reden. Die Schule hat mir grundsätzlich Spaß gemacht, wobei ich während der Pubertät ein schwieriger Fall war und schlechter in der Schule wurde, bis ich in die Oberstufe kam. Dort konnte ich – neben meinem SchülerInnenaustausch in Irland – endlich meine Lieblingsfächer als

Hauptfächer nehmen: Deutsch und Englisch. Mathe musste ich leider wählen und Sozialwissenschaften wurde mein mündliches Abiturprüfungsfach. Obwohl ich Biologie sehr interessant fand, hatte ich dennoch zu viel Respekt vor der Genetik, die in der Abiturprüfung eine große Rolle spielen würde. Rückblickend würde ich mich doch für Bio entscheiden, da man einfach mehr aus der Schule mitnimmt, wenn man ein Fach interessant findet. Erst im Laufe des Studiums habe ich gelernt, dass man sich in Themen „reinfuchsen" kann, wenn man es wirklich will, sogar auch in Mathe. Mein Abi war gut, aber nicht überdurchschnittlich. Sehr gut wurde ich erst im Studium.

Praktika, Jobs und der Weg ins Studium

Seit meiner Kindheit schlägt mein Herz für das Filmemachen und ich würde mich als Filmfreak bezeichnen. Das habe ich von meiner Mutter geerbt, mit der ich leidenschaftlich gern zusammen Filme angesehen habe; so war mir mein Berufswunsch schon früh klar. Da mein Vater aus Kiel stammt, habe ich mich schon immer dem Norden verbunden gefühlt. Deshalb habe ich mich für Hamburg entschieden. Einen Tag nach meinem 19. Geburtstag bin ich mit zwei Koffern hingefahren und konnte bei einem Bekannten unterkommen. Mein erstes Geld habe ich mit diversen Kellnerjobs verdient, bis ich ein Praktikum bei einer Image- und Lehrfilmproduktion bekam. Dort sammelte ich sechs Monate lang meine ersten Erfahrungen in einem Bürojob und erledigte überwiegend administrative Tätigkeiten. Anschließend fand ich meine erste **Praktikumsstelle am Set**. Es war von Anfang an aufregend, direkt am Ort des Geschehens zu sein und live beim Filmdreh mitzuwirken. So viele Menschen, so viele Eindrücke, alles neu und ich war da, wo ich hinwollte. Das war toll!

Es war klar, dass ich studieren wollte, und so stellte sich für mich die große Frage, ob ich ein spezifisches Filmstudium oder ein allgemeines BWL-Studium wählen sollte. Die Filmbranche ist nicht unbedingt eine sichere Branche, in der jede sofort einen Job bekommt. Daher habe ich mich für den Mittelweg entschieden, falls ich später doch noch einmal wechseln möchte, und habe Medienbetriebswirtschaft als **dualen Studiengang** belegt. Innerhalb von drei Jahren habe ich die Ausbildung zur **Kauffrau für audiovisuelle Medien** und gleichzeitig einen Bachelor in Medienbetriebswirtschaftslehre abgeschlossen. Ich fand es richtig, schon von Anfang an den Fuß in einer Firma zu haben. Die praktische Phase im Betrieb und das Bachelorstudium in der Akademie fanden im 4-wöchigen Wechsel statt. Anschließend wurde ich von meinem Ausbildungsbetrieb übernommen.

*Beim **Setpraktikum** fängt man meistens in der Aufnahmeleitung an, die dafür sorgt, dass der Dreh organisatorisch einwandfrei ablaufen kann. Als PraktikantIn sperrt man Straßen ab, sorgt für Ruhe während des Drehs, bringt SchauspielerInnen von der Maske zum Drehort und baut täglich den Set-Tisch auf. Man muss Wohnmobil fahren und viel schleppen, ist dafür aber immer hautnah dabei.*

*Das **duale Studium** kann beispielsweise an der HSBA Hamburg School of Business Administration zur MedienbetriebswirtIn gemacht werden. Der duale Studiengang Medienbetriebswirtschaft verschafft ein praxisbezogenes betriebswirtschaftliches Studium mit spezieller Ausrichtung auf die Medienbranche und eine gleichzeitige zielgerechte Ausbildung im Unternehmen.*

*Als **Kauffrau für audiovisuelle Medien** wird man im kaufmännischen und organisatorischen Bereich eines Medienunternehmens ausgebildet. Die Aufgaben umfassen u.a. die Erstellung einer Kalkulation einer laufenden Produktion, Rechte und Lizenzvereinbarungen und die Organisation eines Drehs (Personal, technische Ausrüstung etc.).*

EINSTELLUNG ZUM BERUF

Ich arbeite im Team und bin beim Entstehungsprozess des Filmes hautnah dabei. Manchmal muss ich mich sehr schwierigen Fragen oder Konflikten stellen und versuchen,

einen Konsens zwischen allen Abteilungen herzustellen. Bei der Arbeit mit KünstlerInnen ist Sensibilität, Einfühlungsvermögen und Diplomatie von hoher Bedeutung. Aber die Abwechslung und Herausforderungen machen den Job spannend. Leicht fällt mir, mit Menschen umzugehen, kreativ zu denken, zu organisieren und zu strukturieren. Ich sorge gern für gute Stimmung und mag es zu motivieren.
Filmproduktionsfirmen sind nicht so strikt in den Vorgaben wie industrielle Firmen, wo ein Werdegang klarer eingefordert wird. Sogar Quereinstiege sind möglich. ProducerInnen haben Unterschiedliches studiert: die einen Literaturwissenschaften oder Germanistik, die anderen BWL. Eine literarische Affinität sollte man jedoch mitbringen, da es bei dem Job darum geht, Geschichten zu erzählen. Man sollte sich dessen bewusst werden, dass es eine beliebte Branche ist und es seine Zeit dauert, bis man karrieretechnisch weiterkommt. In der Medienbranche wird generell schlechter bezahlt als in der Industrie. Für mich war es immer wichtiger, meine Ideale zu verwirklichen als viel Geld zu verdienen. Da es schon immer mein absoluter Traum war, beim Film zu arbeiten, habe ich alles dafür getan und darauf hingearbeitet, diesen zu verwirklichen.

„Ich arbeite im Team und bin beim Entstehungsprozess des Filmes hautnah dabei. Manchmal muss ich mich sehr schwierigen Fragen oder Konflikten stellen und versuchen, einen Konsens zwischen allen Abteilungen herzustellen."

Das solltest du an Fähigkeiten mitbringen

Während der verschiedenen Phasen des Filmemachens gibt es manchmal sehr viel und dann wieder weniger zu tun. Du kommst von einer Extremsituation in die andere. Du musst spontan, **plietsch** und empathisch sein. Du musst Entscheidungen treffen können und Verantwortung übernehmen wollen. Entscheidend finde ich die Leidenschaft für den Film oder generell fürs Geschichtenerzählen. Multitasking ist eine der wichtigsten Eigenschaften. Das ist möglicherweise der Grund, weswegen viele Frauen Producerin werden. Sie mögen die kreative und organisatorische Arbeit.

i ***plietsch*** *ist ein norddeutsches Wort für aufgeweckt, pfiffig, gewitzt.*

Auch musst du gut mit Menschen umgehen können, selbst wenn du unter starkem Druck stehst. Es gibt viele Konfliktsituationen, die man lösen muss, so dass ein gutes Selbstbewusstsein oder ein „dickes Fell" – gerade als Frau – von Vorteil ist.

ERFAHRUNG ALS FRAU IM BERUFSALLTAG

In meiner Firma arbeiten 90 Prozent Frauen, so dass es für mich Normalität ist, dort als Frau tätig zu sein. Bei den RegisseurInnen gibt es noch immer deutlich mehr Männer als Frauen. Ich habe durch meine Berufserfahrung festgestellt, dass Frauen emotionaler sind und die Männer rationaler. In manchen Situationen ist das eine besser und in manchen das andere. Ich finde schon, dass es ein Job ist, der für beide Geschlechter gleich funktioniert. Du musst tatsächlich alles gut können und ein bisschen AllrounderIn sein. Da gibt es bei jedem Menschen Stärken und Schwächen, egal, ob du Mann oder Frau bist. Vieles ist eine Frage der Diplomatie und der Menschenkenntnis, was keine Geschlechter-, sondern eine Charakterfrage ist.

ZIELE

In einer Filmproduktion gibt es wenige Hierarchiestufen. Ich bin jetzt Junior-Producerin, der nächste Schritt ist Producerin und in letzter Instanz Produzentin. Es gibt aber auch ähnliche Jobs, die man bei einem **Filmverleih** machen kann. Diese Option finde ich auch sehr spannend. Ich glaube schon, dass ich Kinder haben möchte, aber es gibt noch keine konkreten Pläne. Mein zukünftiger Ehemann und ich haben uns gerade ein Reihenhaus in Hamburg gekauft. Ich fände es toll, wenn wir uns hier irgendwann ein Einzelhaus leisten könnten. Ich möchte irgendwann einmal Fallschirm springen und viele interessante Orte der Welt sehen. Am Ende des Lebens will ich einmal um die Welt gereist sein. Nicht auf einmal – aber in ganz vielen tollen Urlauben über die Jahre hinweg.

*Ein **Filmverleih** beliefert Kinos mit Filmkopien oder Datenträgern und stellt damit ein wichtiges Bindeglied zwischen der Produktion des Films und dem Konsum in den Kinos dar. Die gesamte Vermarktung des Filmes wird vom Verleih übernommen.*

RATSCHLÄGE

Verfolge deine Ziele!

Wenn dich etwas antreibt, solltest du dem nachgehen. Es ist wichtig, auf dein Bauchgefühl zu hören! Wenn es mal zäher wird und nicht alles so funktioniert, wie du es dir erträumt hast, solltest du nicht gleich aufgeben. Wenn du hart an einer Sache arbeitest, kommst du weiter. Ich habe gelernt, dass der schwierige Weg der bessere war, auch wenn ich das erst Jahre später realisiert habe. Wenn du für etwas wirklich kämpfen musst, bedeutet es dir am Ende viel mehr, am Ziel angekommen zu sein.

Gönne dir selber mal ein Lob!

Dieser Rat hat mir im Leben viel gebracht, da es mir schon immer schwer fiel anzuerkennen, was ich gut gemacht habe.

Also klopf dir ab und zu auf die Schulter und sag: „Das hast du gut gemacht!". Das finde ich immer noch schwer, aber es ist wichtig!

Schnuppere in den Arbeitsalltag hinein!

Meine Empfehlung ist, nicht sofort eine Ausbildung oder ein Studium zu beginnen, sondern erst einmal Einblicke in verschiedene Berufe zu bekommen und verschiedene Praktika zu absolvieren. Wenn möglich, solltest du sogar in zwei bis drei verschiedene Berufe hineinschnuppern, die dich interessieren. Man hat oft eine Vorstellung von einem Beruf, der Arbeitsalltag sieht aber eventuell ganz anders aus. Der größte Bestandteil eines Berufes ist der Arbeitsalltag, und daher solltest du wissen, worauf du dich einlässt.

Außerdem solltest du Lebenserfahrung sammeln und die Dinge unternehmen, die du schon immer machen wolltest, bevor du in einen Job einsteigst. Beispielsweise gibt dir ein „Work and Travel" in Australien wichtige Lebenserfahrungen, bei denen du sehr viel über dich selbst lernst. Eine Auslandserfahrung stärkt das Selbstvertrauen und ist ein wichtiger Schritt zum Erwachsenwerden. Die Sprachkenntnisse, die du dabei gewinnst, sind auch nicht zu unterschätzen!

Alle, die beim Film sind, haben mit einem Praktikum am Set angefangen – das ist der normale Einstieg. Ich finde es wichtig, am Set einzusteigen, um einen Überblick über alle Berufe, die es beim Film gibt, zu bekommen. Je nachdem, ob du mal Regisseurin, **Requisiteurin** oder Schauspielerin werden willst. Es gibt technische, betriebswirtschaftliche oder künstlerische Berufe rund um den Film und all diese Möglichkeiten solltest du erst einmal kennen lernen.

*Die **RequisiteurIn** arbeitet beim Film oder Theater. Sie ist verantwortlich für die Beschaffung von allen beweglichen Ausstattungsgegenständen, beispielsweise Möbeln, Geschirr, Geräten, Einrichtungsgegenständen aller Art. Sie sollte wissen, wie die Gegenstände zu früheren Zeiten eingesetzt wurden und heute eingesetzt werden.*

Folge deiner Vision!

Bleib dir selber treu. Ich finde es wichtig, eigene Ziele diszipliniert zu verfolgen, denn Ziele und Werte machen einen Menschen aus. Es tut einfach gut, eine Vision zu haben, die du verwirklichen willst. Beim Filmemachen ist das genauso: Du musst die Vision des Films haben, um ihn fertigstellen zu können, denn jeder Film ist etwas Besonderes, für das es sich zu kämpfen lohnt.

@ Wie werde ich Producerin?

Weitere Informationen findest du auf:
http://berufenet.arbeitsagentur.de
In der Suchmaske *„Producerin"* oder *„Film"* eingeben.

„Schon während des Studiums hat mich motiviert, dass auf der Grundlage meiner Forschungsergebnisse Vorteile für viele Menschen entstehen.“

DIPLOM-PHYSIKERIN

Neeke Rothe

Geburtsjahr	1987
Abitur	2007
Studium	Bachelor- und Masterstudium in Physik
Promotion	ab 2013
Privates	Reiten, Klettern

BESCHREIBUNG DES BERUFS

Ich bin an der Uni Rostock angestellt, um im Bereich „Zeitaufgelöste Analyse an **Laserplasmen**" zu promovieren. Ich hatte zuvor ein ähnliches Masterarbeitsthema, an das ich mit der Promotion anschließen konnte. Das Thema ist im Bereich der Laseroptik angesiedelt. Ich mache Grundlagenforschung, aber es gibt auch Kooperationsforschungsprojekte, beispielsweise im Bereich der **Stent**-Forschung. Untersucht wird dort beispielsweise die Optimierung des Ausschneidens von Stents mittels Laser. Dafür ist die Materialbearbeitung, in der ich forsche, der Hintergrund. Mittelbar legt meine Forschung also die Grundlage, um Menschen später medizinisch helfen zu können. Momentan arbeite ich sehr viel am Computer, da ich ein Computerprogramm schreibe, welches die vorgängigen Ergebnisse meiner Masterarbeit auswerten soll. Dieses Programm brauche ich, um weiter forschen zu können. Die etwas „trockene" Programmierarbeit hat aber bald ein Ende, sobald das Programm so läuft wie der Professor, mein **Post-doc** und ich uns das vorstellen. Vor allem mit dem Post-doc arbeite ich zusammen, bei Problemen und Fragen wird auch mein Professor miteinbezogen.

Während der Promotion werde ich vor allem im Labor sein, wo ich meine eigentliche Forschung vorantreibe. Dort gibt es einen **gepulsten Femtosekunden-Laser**, mit dem lenke ich zwei Teilstrahlen mit Optiken – beispielsweise Spiegeln – so, dass ich die Laserstrahlen auf einen Punkt zusammenführe. Der eine regt das Material (momentan Metallfolie) mit einem Puls an, dabei entsteht das Plasma. Der andere tastet das erzeugte Plasma ab. Damit erzeuge ich ein Bild auf einer Kamera, das ist mein Messwert. Dieses Plasma schaue ich mir dahingehend an, wie es sich zeitlich entwickelt. Ich ändere den zeitlichen Abstand zwischen dem Anrege- und Abfrage-Puls und kann den Entstehungs- und Entwicklungsprozess zeitlich analysieren. Genau darum geht es: Ziel ist, dass man den zeitlichen Entstehungsprozess des laserinduzierten Plasmas anschauen und nachvollziehen kann. Dies ist nötig, um das Wissen bei der Materialbearbeitung mit extrem kurzen Pulsen einfließen zu lassen und diese zu optimieren. Erste Messungen in diesem Bereich durchzuführen, war Teil meiner Masterarbeit. Während der Promotion optimiere ich die Genauigkeit der Messergebnisse und erweitere sie. Durch das neue Computerprogramm werden die Ergebnisse präziser und die Daten dadurch besser auswertbar. Ich habe als Doktorandin auch noch einen Lehrauftrag, den ich dieses Semester noch nicht wahrnehmen muss, das kommt aber noch, vor allem im Bereich „Übungen". Zu jeder Vorlesung gibt es bei uns noch eine so genannte Übung, in der die Vorlesung und Fragestellungen besprochen und praktische Versuche angewandt werden. Daneben macht man während des Physikstudiums Praktika im Labor. Es ist ein zusätzlicher Kurs, in dem pro Semester bestimmte Versuche angeboten werden, die zu

i ***Laserplasmen*** *sind Plasmen, die durch hochenergetische Laserpulse erzeugt werden. Laserlicht ist eine bestimmte elektromagnetische Welle, die exakt eine Wellenlänge besitzt (monochramatische Welle).*

i ***Plasma*** *ist der 4. Aggregatzustand, der ein gasähnlicher Zustand ist. Im Allgemeinen ein Gemisch aus neutralen und geladenen Teilchen. Beispielsweise die Sonne befindet sich im Plasmazustand. Auf der Erde finden sich u.a. in Blitzen natürliche Plasmen.*

i ***Stent*** *ist ein medizinisches Implantat, dass in Hohlorgane eingebracht wird, um sie offen zu halten. Es handelt sich um ein kleines röhrenförmiges Gittergerüst aus Metall oder Kunststoff.*

i *Wenn man im Anschluss an die Promotion an der Universität arbeitet, ist man zunächst* ***Post-doc****. Als solcher forscht man hauptsächlich in seinem Spezialgebiet und betreut die DoktorandInnen des Lehrstuhls.*

i *Ein* ***gepulster Femtosekunden-Laser*** *erzeugt kurze Laserpulse, die eine Pulslänge im Femtosekunden-Bereich besitzen und somit sehr hohe Energien in kurzen Zeitskalen erzeugen können. Eine Femtosekunde (fs) entspricht 0,000000000000001 Sekunden.*

den restlichen Vorlesungen passen. Das sind für PhysikstudentInnen unserer und der meisten anderen Universitäten Pflichtpraktika. Oft gibt es für ChemikerInnen, MedizinerInnen und StudentInnen anderer Fachbereiche, die auch Physik-Kurse belegen, ebenfalls solche Praktika. Da werden Grundversuche gemacht, die man kennen muss, wie beispielsweise **gekoppeltes Pendel**, **Millikan-Versuch** und Aufbau eines **HeNe-Lasers**. Diese werde ich als Doktorandin betreuen, daneben werde ich in die Korrektur von Klausuren aus den Lehrveranstaltungen meines Professors einbezogen, das ist eine typische Aufgabe während der Promotion. Die DoktorandInnen haben manchmal noch Gruppensitzungen oder Seminare, in denen man fachspezifisch diskutieren kann. Das ist recht praktisch, aber das Angebot hängt von den ProfessorInnen und der Universität ab. Alle, die ein ähnliches DoktorandInnen-Thema haben, treffen sich, tauschen sich aus und unterstützen sich gegenseitig bei der Lösung fachlicher Problemlagen. Dort geht es ganz offen zu, man kann sagen: „Das funktioniert bei mir nicht, habt ihr Ideen?"

i ***Gekoppeltes Pendel***: *Zwei Pendel sind mit einer Feder verbunden, somit findet ein Energieaustausch zwischen beiden Pendeln statt.*

i ***Millikan-Versuch***: *Bestimmung der Elementarladung mittels Öltröpfchen. Erstmals durchgeführt 1910 von dem amerikanischen Physiker R. A. Millikan.*

i *Ein* ***Helium-Neon (He-Ne)-Laser*** *ist ein Gaslaser mit einer Wellenlänge von 623 Nanometern (nm), der rotes Licht aussendet. Ein nm entspricht 10^{-9} Metern.*

RÜCKSCHAU

Elternhaus

Meine Mutter ist zahnmedizinische Verwaltungsangestellte, mein Vater selbstständiger Fotokaufmann. Die Familie nahm gar keinen Einfluss darauf, dass ich Physikerin geworden bin, hat mich aber bei allem unterstützt. Meine Mutter hat immer gesagt, sie wisse nicht, woher ich dieses Zahlenverständnis habe, weil keines meiner Elternteile so ist. Meine Mutter ist eher sprachlich veranlagt, mein Vater ist zwar technisch versiert, aber auch nicht in Richtung Physik. Meine Mutter sagt, in dem Bereich sei ich etwas aus der Familie gefallen *(lacht)*.

Vorbilder

Vorbilder hatte ich nie und habe auch jetzt keine, da habe ich mich nie an irgendjemandem orientiert. Ich bin immer danach gegangen, was ich für mich wollte.

Schulzeit und der Weg ins Physikstudium

In der Schule hatte ich Spaß: Ich bin wohl eine der wenigen SchülerInnen, die gern zur Schule gegangen ist. Natürlich hat man immer mal Phasen, in denen das anders ist, LehrerInnen, die man nicht mag. Mein Interesse lag von Anfang an bei Mathe und den Naturwissenschaften. Deutsch und Sprachen waren eher ein Kampf für mich. Ich hab' früher sehr viel Sport gemacht, habe, als ich acht Jahre alt war, angefangen mit dem Reiten. Als ich auf dem Gymnasium war, bin ich mit ungefähr 13 Jahren in den Leistungssport gewechselt. Ich war jeden Tag drei bis vier Stunden im Stall, hatte ein eigenes Pferd und bin zum Schluss bei den deutschen Meisterschaften geritten. Das ging bis zum Ende der zwölften Klasse so, entsprechend geringer fiel die Aufmerksamkeit für die Schule aus. Sport und Reiten waren einfach wichtiger. Trotzdem bin ich ganz gut in der Schule mitgekommen, mit relativ wenig Aufwand, kann man sagen. Meine Mutter hat mir mal erzählt, dass ich nach meiner ersten Physikstunde gesagt habe, das möchte ich später mal machen. Das war schon sehr eindeutig *(lacht)*. Ich hatte aber auch einfach tolle LehrerInnen, die mich in der Oberstufe sehr gefördert und motiviert haben, in diese Richtung zu gehen. Vor allem Herr Sander, mein Mathelehrer in der Oberstufe, der in der Mittelstufe mein Physiklehrer war. Er hat mich sehr geprägt und unterstützt. Nach dem Abi stand ich vor der Frage, ob ich Mathe oder Physik studieren solle, und ich war nicht ganz sicher, ob ich das Studium schaffen könne. Mein Abi war nicht das beste. Daher habe ich mir überlegt, als Optikerin zu arbeiten. Als Schülerin hatte ich bereits Praktika beim Optiker gemacht. Laserphysik hat mich schon immer interessiert, und es gibt ja die Augenlaser, mit denen man die Stärken medizinisch bearbeiten kann. Deshalb hatte ich mich für ein Schülerpraktikum bei einem Optiker entschieden. So verfestigte sich mein Wunsch, in dieser Richtung beruflich zu arbeiten. Der erwähnte Mathelehrer hat mir dann nochmals sehr gut zugesprochen, dass ich doch Physik nehmen solle, da mir Mathe wahrscheinlich doch zu trocken wäre und dass ich das auch packen würde. Und so ist es dann auch gekommen.

Praktikum und Erasmussemester in Schweden

Nach dem Bachelor bin ich mit dem **Erasmus-Programm** für ein Semester nach Umeå in Schweden gegangen. Einer der Gründe war, dass in Schweden die gesamten Vorlesungen auf Englisch gehalten werden. Englisch war keines meiner besten Fächer, aber im Studium, für den Master oder auch jetzt, brauche ich es. Ohne Englisch geht gar nichts, alle Fachbücher sind auf Englisch. Wir haben auch sehr viele internationale KollegInnen, mit denen meist Englisch geredet wird. So gesehen herrschten für mich in Schweden optimale Bedingungen. Ich habe eine Menge dazugelernt. Es hat mir sehr viel Spaß gemacht, das Land und die Leute kennen zu lernen. Ich habe Masterkurse belegt und auch einige Prüfungen abgelegt und anerkennen lassen, aber ich habe dann doch hier in Rostock den kompletten Master wiederholt. Somit habe ich zwar ein Semester mehr gebraucht, aber ich würde es immer wieder so machen. Ich kann das jeder empfehlen. Ich wäre auch gern länger geblieben, das war aber spontan leider nicht mehr möglich.

i ***Erasmus-Programm:*** *Das Programm unterstützt StudentInnen, um ein bis zwei Semester im europäischen Ausland studieren zu können.*

Der Weg in die Promotion

Ich habe ein **Masterthema** bekommen, das in sich nicht abgeschlossen ist. Bei diesem Thema kann man noch viel tiefer forschen. Dadurch hat sich die Promotion angeboten, aber es hängt ja auch davon ab, ob Stellen frei sind, und davon,

i *Das* ***Masterthema*** *war: „Zeitaufgelöste Transmissions- und Beugungsexperimente an Laserplasmen." Bei der Masterarbeit lag der Schwerpunkt auf der Konstruktion des Versuchsaufbaus und den ersten Messungen. Bei der Promotion werden diese Messungen vertieft.*

welche Möglichkeiten die ProfessorInnen haben. Das Ergebnis meiner Masterarbeit legte dar, dass noch sehr viel Forschungsbedarf bestünde. Ich hatte meinen Professor schon darauf angesprochen, mich aber gleichzeitig auch nach anderen Stellen umgesehen. Doch als das Angebot meines Professors kam, bin ich gern geblieben, natürlich auch deshalb, weil das Thema gerade sehr spannend war.
Als klar war, dass ich an der Uni Rostock eine Promotionsstelle bekommen würde, hatte ich noch etwa zwei Monate Leerlauf. Wie so oft im Universitätsbetrieb war die Stelle nicht gleich frei, die Gelder nicht sofort da. Dadurch konnte ich zwischen dem Physikstudium und der Promotion noch ein Praktikum bei einem Laser-Hersteller machen. Dort habe ich das Arbeiten in der freien Wirtschaft kennen gelernt: Laser-Hersteller bekommen Anfragen für einen bestimmten Laser mit speziellen Anforderungen für den späteren Einsatzbereich oder wollen ihre bestehenden Laser verbessern und weiterentwickeln. Dann wird daran geforscht und entwickelt.

EINSTELLUNG ZUM BERUF

Mir gefällt das selbstständige Arbeiten beim Forschen. Ich kann meine eigenen Ideen und Interessen einbringen und sagen, das interessiert mich, da möchte ich jetzt tiefer einsteigen, das möchte ich verstehen und eigene Lösungen finden. Zugrunde liegt die Haltung, die Welt verstehen zu wollen, und dass andere von meiner Forschung ebenfalls profitieren. Auf der Grundlage des Wissens, das ich durch meine Forschung zugänglich mache, kann man neue Technologien und Methoden in der Medizin entwickeln. Es gibt mir ein gutes Gefühl, dass meine Arbeit für andere Menschen nützlich ist, dass Vorteile für viele Menschen entstehen. Das hat mich schon während des Studiums motiviert.
Ein Nachteil meiner Arbeit ist, dass ich sehr viel Zeit am Schreibtisch verbringe. Das ist nicht das, was ich gern möchte, denn ich bin gern draußen, ich bewege mich gern.
Am liebsten bin ich im Labor, die Arbeit ist spannend und sehr abwechslungsreich. Wenn man im Labor mit Lasern arbeitet, muss es meistens dunkel sein, was zwar nicht immer angenehm ist, aber trotzdem macht es Spaß. Die meisten Labore sind zudem auch noch klimatisiert, weil Laser unter gekühlten Bedingungen am stabilsten laufen. Gegen die Kälte helfen dicke Socken und ein Pullover zum Überziehen. Wenn man zehn Stunden im dunklen Labor hockt, kein Lichtstrahl von draußen hereinkommt, und das noch bei niedrigen Temperaturen, dann wünscht man sich doch ab und an mal Sonne und Strand *(lacht)*. Aber die Aufgabe an sich macht mir Spaß und ich weiß, wofür ich es tue.
Wenn man in die Forschung möchte, sollte man eine gewisse Neugierde mitbringen. Herausfinden wollen, wie etwas funktioniert, und immer weiter und tiefer ins Detail gehen. Gerade bei Physik braucht man die Fähigkeit zum logischen Denken.

Man sollte Spaß an Mathematik mitbringen, denn sie ist ein sehr großer Teil der Physik. Auf jeden Fall sollte man Geduld und Ausdauer haben, denn ein Versuch funktioniert nicht immer so, wie man sich das vorstellt. Da muss man einfach genügend Ehrgeiz haben. Stolz bin ich darauf, dass ich das so durchgezogen habe. In der Schule war ich nie eine der Besten, auch wenn ich mit relativ wenig Aufwand durch die Schulzeit gekommen bin. Am Anfang des Studiums hatte ich deshalb Probleme, denn ich musste lernen, dass ich nicht so einfach durch das Studium kommen werde, wie das beim Abitur der Fall war. Physik ist ein sehr hartes Studium, das muss man einfach sagen. Ein StudentInnenleben, wie man das immer so schön hört, hat man die ersten drei Semester nicht. Dementsprechend bin ich froh, dass ich von Anfang an wusste, was ich machen wollte und durchgehalten habe. Ich bin in meinem Bereich, der Laseroptik, sehr glücklich und werde da auch bleiben. Ich freue mich, dass ich sagen kann: „Ich habe keine Umwege gemacht."

„Wenn man zehn Stunden im dunklen Labor hockt, kein Lichtstrahl von draußen hereinkommt, und das noch bei niedrigen Temperaturen, dann wünscht man sich doch ab und an mal Sonne und Strand. Aber die Aufgabe macht Spaß und ich weiß, wofür ich es tue."

ERFAHRUNG ALS FRAU IM BERUFSALLTAG

Es stimmt, dass Physik ein sehr männerdominierter Studiengang ist. Ich hatte sehr viel Glück in meinem Jahrgang: Während des **Bachelors** waren wir fast dreißig Prozent Frauen. Man muss allerdings ergänzen, dass wir im gesamten Studiengang nur vierzig Leute waren. Davon ist ein Drittel dann natürlich auch nicht mehr so viel. Im Masterstudiengang waren wir sogar fünfzig Prozent Frauen, aber wenn nur zwanzig Leute den Master machen, relativiert sich das. In absoluten Zahlen relativiert es sich, aber von den Prozentzahlen her waren wir einer der Jahrgänge mit den meisten Frauen. Normalerweise sind es wesentlich weniger Frauen

*i Wenn man einen **Bachelor** abgeschlossen hat, ist dies ein eigenständiger und abgeschlossener Studienabschluss. Im Anschluss oder mit einer Praxisunterbrechung kann der Master erworben werden. Eine Promotion ist ohne Master nicht möglich. Der Master verleiht dieselben Berechtigungen wie das bisherige Diplom oder der Magisterabschluss der Universitäten.*

– ich verstehe überhaupt nicht, warum das so ist. Ich würde mich freuen, wenn es sich ändern würde, denn es gibt keinen Grund, warum mehr Männer Physik studieren als Frauen. Man sollte es definitiv versuchen und keine Angst haben. Physik bringt ganz viele Vorurteile mit sich – das weiß jeder, der die TV-Serie **Big Bang Theory** kennt. Ich kann jedoch jeder Frau dazu raten. Bei uns ergab sich noch eine witzige Korrelation: Es waren im ersten Semester über 80 Studierende. Alle Frauen haben das Studium komplett durchgehalten, alle Abbrecher waren Männer. Dadurch hat sich auch die Frauenquote gesteigert. Frauen neigen dazu, sich zu unterschätzen, doch gerade, wenn man Physik studieren möchte, sollte man das nicht tun. Es ist kein „Männer-Fach"!

Ich bin klein und zierlich, dazu noch leicht blond und sehe erheblich jünger aus, als ich bin. Deshalb hatte ich schon mit einigen Vorurteilen zu kämpfen: „Die Kleine, die kann das nicht" und: „Was willst Du denn hier?" Ich fand es immer gut, wenn alle mich unterschätzen und dann herauskommt: „Leute, ich bin aber nicht zu unterschätzen!" Und dass ich, obwohl weiblich, zart und blond, noch lange keine Hilfe brauche. Vorurteile aufzubrechen und zu widerlegen, hat mir schon immer viel Spaß bereitet. Ich kann dann auftrumpfen und sagen: „Das hättest du nicht gedacht."

Um Familienplanung mache ich mir noch nicht so viele Gedanken. Priorität haben meine Promotion und der Weg in die Wirtschaft. Wenn es später in der Wirtschaft keine Vereinbarkeit von Familie und Beruf gibt, weil man sehr viel reisen muss, lange und starre Arbeitszeiten hat, wäre die Rückkehr an die Universität in die Lehre auch eine Option. Dort ist der Tagesablauf besser zu planen, es gibt mehr Flexibilität als in der Wirtschaft. Aber wirklich drüber nachgedacht habe ich noch nicht.

The Big Bang Theory *(engl. „Die Urknalltheorie") ist eine US-amerikanische Sitcom von Chuck Lorre und Bill Prady. Hauptdarsteller der Comedy-Serie sind unter anderem Physiker.*

ZIELE

Ich möchte nach der Promotion auf jeden Fall in die Wirtschaft gehen, weil mir an der Universität der Kundenkontakt, der Publikumsverkehr fehlt. Man sitzt im Büro oder im dunklen Labor, das ist nicht das, was ich ein Leben lang täglich machen möchte. Ich möchte nicht immer allein arbeiten, sondern später in der Wirtschaft zwar forschungsorientiert tätig sein, aber mit Kundenkontakt. Was ich nicht ausschließen will, ist, dass ich irgendwann wieder zurück an die Universität gehen werde. Man rechnet etwa drei Jahre für eine Promotion, aber das wäre schon sehr hart. Ich würde mir dafür bis zu vier Jahre Zeit geben. Gerade im experimentellen Bereich gibt es Faktoren wie diesen: Funktionieren die Messungen überhaupt so, wie ich sie haben möchte? Und wenn sie nicht funktionieren, dann verzögert sich das Ganze natürlich.

RATSCHLÄGE

Keine Angst, die eigenen Ziele zu verfolgen!

Man sollte keine Angst vor Physik haben, Frauen sind da genauso gut wie Männer, vielleicht sogar besser. Meine Grundschullehrerin hat immer zu mir gesagt, dass man seine Ziele verfolgen soll, egal, was andere darüber denken. Und auch dann, wenn man Umwege in Kauf nehmen muss. Das macht nichts, solange man sein Ziel im Auge behält, denn das ist die Hauptsache.

@ Wie werde ich Physikerin?

Weitere Informationen findest du auf:
http://berufenet.arbeitsagentur.de
In der Suchmaske *„Physikerin"* eingeben.

Links:
www.cybermentor.de

Einkäuferin bei einem internationalen Reiseveranstalter

„Ich mag Positionen, in denen ich unabhängig bin: Die Arbeit muss gemacht werden, aber wo und wann ist mir überlassen."

MAGISTRA DER SOZIAL- UND WIRTSCHAFTS-WISSENSCHAFTEN

Julia Pohn

Geburtsjahr	1982
Abitur	2001
Studium	Studium Wirtschaft und Recht an der Wirtschaftsuniversität in Wien
Privates	Reisen, Kochen, Lesen, Aerobic

BESCHREIBUNG DES BERUFS

Aufgabenbereich und Verantwortung

Ich arbeite bei einem großen internationalen Reiseveranstalter als Hoteleinkäuferin.

Meine Aufgabe ist es, Verträge in Italien mit Hotels abzuschließen, so dass KundInnen meines Reiseveranstalters dort ihren Urlaub verbringen können. Ich bin für folgende Gebiete Italiens verantwortlich: Emilia-Romagna, Marken, Abruzzen, Apulien, Kalabrien, Kampanien, Teile von Latium, Veneto, Lombardei, Sardinien, Südtirol und Trentino. Um diese Verträge abzuschließen, reise ich direkt in das betreffende Gebiet. Ich verlängere bereits bestehende Verträge, vorausgesetzt Qualität und Standard der Unterkunft haben sich nicht verschlechtert. Läuft ein Gebiet gut, versuche ich neue Hotels ins Portfolio aufzunehmen. Läuft ein Gebiet oder ein Hotel schlecht, muss überlegt werden, die Produktpalette zu verändern oder das Hotel aus dem Programm zu streichen.

Jahreszyklus

Das Arbeitsjahr teilt sich in einen Winter- und in einen Sommereinkauf. Jeweils ein Jahr im Voraus werden Verträge für die kommende Saison ausgehandelt. Zu Beginn schauen wir uns anhand der Buchungszahlen an, welche Hotels gut und welche schlecht laufen. Neben den aktuellen politischen und klimatischen Bedingungen leiten wir daraus ab, welche Region wir ausbauen und wo wir unser Engagement verkleinern. In den Regionen, die ausgebaut werden müssen, beginne ich mit dem sogenannten Scouting: Ich prüfe, welche Hotels noch nicht bei uns im Programm sind. Dann schreibe oder rufe ich diese Hotels an. Bei den ItalienerInnen ist es immer besser, wenn du sie anrufst, weil du oft keine Antwort auf eine unpersönliche E-Mail bekommst. Wenn ich potentielle PartnerInnen habe, fahre ich zuerst hin und erkläre ihnen, worum es bei einem **Vertrag** mit dem Reiseveranstalter geht. Wenn sie einverstanden sind, mache ich mit den Hoteliers gleich vor Ort einen Vertrag. Wenn sie Bedenkzeit brauchen, besuche ich den Hotelier zu einem späteren Zeitpunkt noch einmal. Die Einkaufssaison beginnt für den Winterkatalog Ende Januar und für den Sommerkatalog Ende Juni; sie dauert jeweils rund drei Monate. In dieser Zeit bin ich viel unterwegs. Dann verlängere ich neben den neuen auch die bestehenden Verträge. Ich fahre zu jedem einzelnen Hotel für die Vertragsverhandlungen für das kommende Jahr. Wenn ich alle Verträge mit den Hotels für das nächste Jahr aktualisiert habe, ist im Winter meine Arbeit abgeschlossen, da die Redaktion für den Winterkatalog in der Zentrale im Ausland stattfindet. Im Sommer gibt es einen eigenen Katalog, der in Österreich produziert wird. Jede EinkäuferIn ist für das Gebiet verantwortlich, in dem sie die Verträge geschlossen hat. Ich schaue, wie viele Hotels ich habe, und mache einen Seitenplan, welches Hotel auf welche Seite im Katalog kommt.

i *Der **Vertrag** wird zwischen Reiseveranstalter und Hotel geschlossen. Darin sind Preise und Saisonzeiten festgelegt sowie die Hotelzimmer, die für den Reiseveranstalter buchbar sind. Wenn zum Beispiel ein Hotel 40 Zimmer hat und der Reiseveranstalter einen Vertrag mit diesem Hotel macht, geschieht dies nur über ein bestimmtes Kontingent – beispielsweise drei Zimmer. Diese drei Zimmer müssen für den Reiseveranstalter immer bis zu einem bestimmten Zeitpunkt buchbar sein. Wenn eine Verfallsfrist von 14 Tagen vereinbart wurde, kann der Reiseveranstalter die drei Zimmer bis zu 14 Tage vorher an Gäste verkaufen. Erst wenn die Zimmer nicht auf diesem Weg verkauft wurden, kann der Hotelier selbst darüber verfügen.*

Die Seiten gestalte ich mit der hauseigenen Software. Die Texte schreibe ich; die Fotos mache entweder auch ich selbst oder ich bekomme sie vom Hotelier. Falls ich selbst fotografiere, habe ich qualitativ gute und individuelle Fotos. Wenn ich die Fotos vom Hotelier nehme, kann es sein, dass sie sich von der Konkurrenz nicht abheben, da dann ja in anderen Katalogen das gleiche Hotelbild zu finden ist. Wir haben eine Grafikabteilung, die die Layouts für den Katalog erstellt, mit dieser arbeiten wir intensiv zusammen. Ebenso ist die Zusammenarbeit mit dem Verkauf sehr eng, da wir gemeinsam die Preise der Unterkünfte für die EndkundInnen festlegen. Diese Aufgabe ist sehr wichtig und setzt eine ausgezeichnete Marktkenntnis und genaue Konkurrenzanalyse voraus. Denn ist der Katalog samt Preisen erst einmal gedruckt, ist es zu spät für Änderungen, selbst wenn die Konkurrenz das gleiche Hotel günstiger anbietet. Wenn alle EinkäuferInnen die Seiten fertiggestellt haben, geht der Katalog in Druck und wird bei den Reisebüros verteilt. Ende November, Anfang Dezember ist der allgemeine Buchungsstart für die KundInnen. In den Monaten zwischen Winter- und Sommereinkauf sind oft Fachmessen, beispielsweise in Mailand oder Rimini. Dort pflege ich bestehende Geschäftsbeziehungen und knüpfe neue Kontakte. Man trifft sich und redet über die Saison. Viele potentielle Partner, die auf der Suche nach einem Reiseveranstalter sind, sind ebenfalls auf den Messen vertreten. Über das Jahr verteilt bin ich etwa 40 Prozent in Italien unterwegs, vor allem von Januar bis April und Juni bis September, den Rest des Jahres im Büro: Ich arbeite dort in einer Abteilung mit allen EinkäuferInnen zusammen; für jede Region gibt es eine andere EinkäuferIn. Im Ausland bin ich meist allein unterwegs.

RÜCKSCHAU

Elternhaus

Meine Mutter war medizinisch-technische Fachkraft bei einer Gesundheitsbehörde. Sie hat bis zu meiner Geburt Vollzeit gearbeitet. Sie war nur kurzzeitig zu Hause und arbeitete danach Vollzeit. Vier Jahre später ist mein Bruder zur Welt gekommen und meine Mutter ist vier Jahre zu Hause geblieben. Danach hat sie wieder in Teilzeit angefangen. Mein Vater hat eine Diskothek betrieben, doch nun verpachtet er diese und ist im Immobilienbereich tätig. Mein Bruder ist handwerklich sehr begabt und hat den sprichwörtlich grünen Daumen, er arbeitet als Facharbeiter bei einer Haus- und Gartenbesorgerfirma.

Schule und Berufseinstieg

Nach der **Volksschule** bin ich für vier Jahre aufs Gymnasium gegangen. Mit vierzehn wollte ich meine **Matura** auf der Tourismusschule – einem Internat – machen. Montags bis freitags habe ich dort gelebt, bis ich 19 Jahre alt war; am Wochenende bin ich nach Hause gefahren.

*In Österreich wird die Grundschule **Volksschule** genannt; das Abitur heißt **Matura**.*

Nach der Matura habe ich als Flugbegleiterin gearbeitet. Einmal Wien, einmal Paris, einmal London – das wollte ich immer schon ausprobieren. Aber ich wusste von Anfang an, dass das nicht fürs ganze Leben ist, weil mir die Arbeit als Flugbegleiterin nicht genügend Herausforderung bietet, zu wenig Verantwortung und immer dieselben Abläufe im Flieger. Ich wollte nicht so früh am Endpunkt meines Bildungsweges angekommen sein.

Im Jahr 2002 habe ich mit einem fünfjährigen Studium begonnen. Nach dem Abi hatte ich keinen Berufswunsch. Wirtschaft und Recht hatten sich am Anfang für mich interessant angehört und ich habe gedacht, dass das ein Studium mit den größten Perspektiven ist, daher entschied ich mich dafür. Im Jahr 2006 habe ich mein Auslandssemester über **Erasmus** in Neapel gemacht. Ich mochte die Sprache und wollte nach Italien. Ich wollte nicht wie die „normale" BWL-StudentIn nach Amerika oder England. Es gab mehrere Unis zur Auswahl und ich habe nicht meine erste Präferenz, Rom, bekommen, sondern meine zweite: Neapel. Am Anfang war ich sehr schockiert von den Lebensbedingungen vor Ort, aber das wurde schnell anders. Neapel ist wirtschaftlich nicht sehr stark und es gibt hohe Kriminalitätsraten. Seit Jahren gibt es Probleme mit der Müllentsorgung. Aber die Stadt ist wunderschön. Nach einer Woche und unzähligen tränenreichen Telefonaten in die Heimat hatte ich Neapel bereits ins Herz geschlossen. Seitdem fliege ich zweimal jährlich in diese Stadt zurück. Die Liebe zu Italien entwickelte sich schon in meiner Kindheit, weil ich dort oft mit meiner Familie im Urlaub war. Während meiner Ausbildung an der Tourismusschule musste man jeweils im Sommer ein zweimonatiges Praktikum in einem touristischen Betrieb machen. Auch da hat es mich nach Italien – an den Comer See – verschlagen. Auf der Schule gab es einen Sprachzweig, den ich mit Englisch, Italienisch und Französisch belegt habe. Während meines Studiums habe ich immer mit Nebenjobs Geld dazuverdient. Damals wollte ich kein unentgeltliches Praktikum in einem renommierten Betrieb machen. Da jedoch 2006/2007 die Chancen für alle Absolventen von Wirtschaftsstudiengängen schlecht standen, habe ich vor Ende des Studiums ein bezahltes Praktikum bei einer Steuer- und Wirtschaftsprüfungskanzlei absolviert. Das Jobangebot, das sie mir im Anschluss gemacht haben, habe ich angenommen, weil ich nach dem Studium nicht arbeitslos sein wollte. Mich hätten mehr die kreativen Bereiche wie Marketing oder Touristik interessiert, aber mit meinen Schwerpunkten Wirtschaft und Recht standen die Chancen schlecht. Ich fand Wirtschaft und Steuern anfangs durchaus interessant und dachte, dass der Spaß vielleicht noch kommt.

Bei der Steuer- und Wirtschaftsprüfungskanzlei habe ich dann eineinhalb Jahre gearbeitet. Doch diese ewigen Gesetzesbücher und das Lückenfinden habe ich auf Dauer nicht ausgehalten. Was ich im Studium gelernt hatte, konnte ich überhaupt nicht anwenden! Eine Zeitlang habe ich gedacht:

i ***Erasmus** ist ein Stipendienprogramm der Europäischen Union. Man kann als StudentIn ein bis zwei Semester an einer europäischen Hochschule studieren und Studienleistungen anerkennen lassen.*

„Das ist halt so im Leben, du musst arbeiten und das macht keinen Spaß. Und irgendwann kommt der Zeitpunkt, wo ich mich damit abfinden werde, dass das so ist." Aber nach eineinhalb Jahren hab' ich mich entschieden, dass ich doch raus möchte. Es war eigentlich ein Schritt zurück, als ich mich nach abgeschlossenem Studium als Reiseleiterin beworben habe. Ich hab's trotzdem gemacht, denn ich wollte wieder im Tourismus arbeiten und habe einen Vertrag für ein halbes Jahr auf Sardinien bekommen. Als Reiseleiterin bist du für die Gäste verantwortlich, sobald sie bei dir im Urlaubsgebiet sind. Du begrüßt sie am Flughafen und setzt sie in den richtigen Transferbus, besuchst sie im Hotel und erzählst ihnen etwas über das Urlaubsgebiet, verkaufst Ausflüge und hilfst bei der Rückreise, damit sie sicher wieder zu Hause ankommen. Als Reiseleiterin bekommt man jede Saison einen neuen Vertrag und ein neues Zielgebiet zugeteilt.

In der nächste Saison hätte ich die Möglichkeit gehabt, nach Neapel zu gehen, mein Lieblingsgebiet. Doch was hätte ich in der Wintersaison gemacht? Daher habe ich mich zeitgleich in Salzburg als Einkäuferin beworben. Ich musste mich entscheiden zwischen dem Einsatz in Neapel, für ein halbes Jahr, oder diesem soliden längerfristigen Job als Einkäuferin für Italien. Ich habe mich für den Einkauf entschieden. Weil ich bereits Reiseleiterin bei dem gleichen Reiseveranstalter war, hatte ich bessere Chancen, die Stelle zu bekommen. Man kannte mich im Unternehmen schon. Meinen Traum, in Neapel zu arbeiten, kann ich teilweise dadurch verwirklichen, dass ich den Einkauf für die Region mache. Ich bin nicht ständig dort, sondern beruflich nur einmal im Jahr etwa eine Woche, um Verträge zu machen. Das ist der Unterschied zur Reiseleitung, man lebt nicht dort.

Die Erfahrung im Ausland war für mich enorm wichtig. Das ist aber eine Frage der persönlichen Vorlieben. Ich habe Freundinnen, die sind nie ins Ausland gegangen. Für sie war es im Gegensatz zu mir nie wichtig. Ich möchte keine einzige Zeit missen von meinen bisherigen Stationen. Als ich damals die Reiseleitung gemacht habe, war ich bereits mit meinem Partner zusammen. Trotzdem habe ich mich dafür entschieden. Erstens, weil es nur sechs Monate waren und ich wusste, dass es ein Ende hat und ich wieder nach Hause komme. Zweitens war ich mir sicher, dass wir das schaffen. Es war zwar nicht einfach, aber hat mich trotzdem in meiner beruflichen Laufbahn weiter gebracht. Sonst hätte ich den jetzigen Job der Einkäuferin nicht machen können. Ein gewisses Risiko, meine Beziehung aufs Spiel zu setzen, war natürlich dabei. Aber ich wollte es unbedingt machen, es wäre sonst stets in meinem Hinterkopf geblieben. Und wenn irgendwann diese Beziehung scheitern würde, hätte ich bereut, mich damals gegen diese Chance entschieden zu haben. Wenn man jung ist, legt man Beziehungen immer viel zu sehr in die Waagschale, weil man denkt: „Ich muss zu Hause sein bei meinem Freund, wir lieben uns so.

Nein, ich kann jetzt nicht ein halbes oder ein ganzes Jahr ins Ausland gehen." Aber die Zeit vergeht so schnell, und man ist wieder um eine Erfahrung reicher. Eine gute Beziehung hält das aus!

EINSTELLUNG ZUM BERUF

Mir gefällt der Beruf als Einkäuferin, weil er ein Gleichgewicht zwischen Zuhause und Ausland bietet. Ich kann ein privates Leben hier in Österreich haben und trotzdem immer wieder weg sein. Das wäre nicht so, wenn ich ständig in Italien wäre. Dann hätte ich keine Beziehung mehr zu Österreich, meiner Heimat. Als Einkäuferin lernst du immer wieder neue Leute kennen und das ist abwechslungsreich. Die Büroarbeit ist fertig, wenn der Katalog gedruckt wird, dann hast du Außendienst, wo du unterwegs bist, Hotels suchst und Verträge machst. Wenn du im Außendienst bist, kannst du deinen Tagesablauf gestalten, wie du möchtest. Natürlich schaust du, dass du so viele Termine wie möglich am Tag hast, aber wenn du sagst „Ich brauche eine Pause, ich möchte mich an den Strand legen", dann machst du das auch mal. Du brauchst auf jeden Fall viel Geduld mit den VertragspartnerInnen und großes Verhandlungsgeschick. Du musst dich auf jeden Partner neu einstellen. Der eine ist ganz unkompliziert und unterschreibt denselben Vertrag wie im Vorjahr; und ein anderer klagt darüber, dass alles teurer wird und besteht auf neue Vertragsbedingungen. Du brauchst viel Einfühlungsvermögen, denn jeder Mensch ist anders und mit jedem musst du anders verhandeln. Mit Geduld meine ich, dass es bei den italienischen Hoteliers sein kann, dass du an einem Tag nur einen Vertrag machst: Du kommst an, man tauscht sich darüber aus, wie es denn geht und was läuft, dann musst du dir das ganze Hotel anschauen – und wenn es

„Du brauchst Einfühlungsvermögen, jeder Mensch ist anders und mit jedem musst du anders verhandeln."

50 Zimmer in einem Hotel gibt und alle Zimmer gleich sind, zeigt dir der Hotelier trotzdem jedes dieser Zimmer. Danach gibt es Mittagessen und irgendwann nach dem Kaffee kommt ein Vertragsgespräch zustande. Deswegen braucht man viel Zeit. Es gibt Hoteliers, mit denen du ein freundschaftliches Verhältnis hast. Da ist immer alles super und man kann mit ihnen reden; die Zusammenarbeit klappt ganz einfach. Es gibt auch die anderen, mit denen du eine reine Geschäftsbeziehung hast.
Man sollte das italienische Lebensgefühl verstehen, dabei kamen mir natürlich meine Auslandsaufenthalte in Italien zugute. Die Sprache sollte man beherrschen, denn die ItalienerInnen integrieren dich viel eher, wenn du ihre Sprache sprichst. Als Reiseleiterin habe ich viel Italienisch gesprochen und für den Gast verhandelt, wenn beispielsweise das Zimmer doch nicht gut war. Gerade als Einkäuferin, die für Verträge zuständig ist, eignest du dir einen fachspezifischen Wortschatz an. Dafür habe ich nicht noch zusätzlich tausend Sprachkurse gemacht, sondern das kommt ab einem gewissen Sprachniveau mit der Zeit wie von selbst. Jede Saison kommen wieder ein paar Wörter hinzu, die ich mir merke und einbringe.
Wenn du gerne reist, andere Kulturen magst und viel unterwegs sein willst, ist der Beruf der Einkäuferin in der Touristikbranche für dich das Richtige.

ERFAHRUNG ALS FRAU IM BERUFSALLTAG

Meine Erfahrungen zeigen nicht, dass Männer in den Berufen, die ich bisher ausgeübt habe, bevorzugt worden sind. Es ist im jetzigen Beruf so, dass ich natürlich mit einem Hotelier als Frau besser zusammenarbeiten kann, als wenn ich ein Mann wäre. Eine junge und dynamische Frau kann mit einem älteren Hotelier sicher besser verhandeln als ein Mann. Andererseits ist es sicher auch so, wenn eine Frau das Hotel führt und ein sympatischer Einkäufer kommt. Mein Beruf wird sowohl von Frauen als auch von Männern ausgeübt, es ist ungefähr fifty-fifty. Männer verdienen nicht mehr als Frauen, denn es geht nach Dauer der Betriebszugehörigkeit. Bei uns sind viele dabei, die schon 50 oder 60 Jahre alt sind und die Zielgebiete und jedes Hotel sehr gut kennen. Und die verdienen natürlich mehr als ich nach vier Jahren.

Work-Life-Balance

Der Beruf der Einkäuferin bietet tolle Möglichkeiten, flexibel zu arbeiten. Die Arbeit muss gemacht werden, aber wo und wann du sie machst, ist egal. Du bist unterwegs im Ausland, musst aber auch immer mal ins Büro, um deine Verträge abzugeben. Aber Texte schreiben, recherchieren und telefonieren – das alles kannst du von zu Hause aus mit Computer und Telefonanlage erledigen. Bei manchen Veranstaltern ist es möglich, die Büro- und Planungsarbeit komplett im Homeoffice zu machen.

ZIELE

Ich bin momentan zufrieden mit meinem Beruf. Ich möchte vielleicht noch häufiger von zu Hause aus arbeiten. Ich möchte möglichst unabhängig sein. Nicht bei jedem Reiseveranstalter übernimmt die EinkäuferIn auch die Katalogproduktion. Bei manchen macht das alles eine AssistentIn beziehungsweise eine eigene Abteilung. Die haben wir nicht. Ich möchte noch mehr reisen und mich mehr um das Produkt kümmern und weniger um die administrativen Dinge wie die Katalogentstehung. Am Ende möchte ich schon die fertigen Katalogseiten sehen und mitentscheiden, aber ich muss nicht hundertprozentig an diesem Prozess beteiligt sein.
Es ist ja heutzutage nicht mehr so, dass man den erlernten Beruf in derselben Firma sein ganzes Leben lang ausübt. Heutzutage ist es möglich, dass du bei der einen Firma anfängst und sich dann eine andere Firma für dich interessiert, weil du dir gewisse Fähigkeiten angeeignet hast. Wenn man wechselt, lernt man immer neue und andere Dinge dazu, man lernt neue Leute kennen und vielleicht arbeitet man später mit anderen Produkten. Ich kann mir vorstellen, dass ich irgendwann mal Einkäuferin für andere Länder werde. Mich würden auf jeden Fall Fernziele interessieren, die Karibik oder Asien. Als EinkäuferIn bist du ziemlich flexibel, insofern sind wir unsere eigene ChefIn. Am Ende muss der Katalog mit guten Hotels vorliegen. Du kannst selbst entscheiden, wie und wann du das machst. Wenn du nur ein Gebiet hast, kannst du auch durchgängig vor Ort sein und dir in dem Zielland eine Wohnung nehmen und den ganzen Sommer dort bleiben. Ich kann das nicht machen, weil ich ja für die ganze Küste verantwortlich bin. Ich könnte mir nicht in Apulien eine Wohnung nehmen und immer nach Calabrien fliegen. Bei mir ist es besser, wenn ich immer zurückkomme, aber das ist meine eigene Einteilung. Es gibt keine festen Reise-**Budgets**, doch ist klar, dass meines in Süditalien größer ist, weil ich hinfliegen, ein Hotel und einen Mietwagen nehmen muss – ganz anders, als wenn ich Südtirol betreue und jedes Wochenende mit dem Dienstwagen nach Hause fahren kann.
Meine privaten Ziele: Kinder haben und heiraten, aber nicht in den nächsten fünf Jahren. Nach einer Geburt würde ich langsam wieder einsteigen und Teilgebiete übernehmen.

*i Auf geschäftlichen Reisen ist es üblich, dass der Arbeitgeber die Kosten der Reise übernimmt. Das heißt: Flugkosten, Hotelkosten, Mietwagen, Verpflegungskosten etc. Dafür gibt es meist ein bestimmtes **Budget**.*

RATSCHLÄGE

Rein in die Praxis - Studium nicht als Selbstzweck!

Wenn man einen bestimmten Beruf schon vor Augen hat, würde ich eher auf berufliche Erfahrung setzen als auf Schulbildung. Wenn ich von Anfang an gewusst hätte, dass ich Einkäuferin werden möchte, hätte ich nie studiert, sondern viel mehr Zeit im Ausland als Reiseleiterin verbracht. So wirst du auch schon mit den praktischen Problemen konfrontiert, die später auf dich zukommen.

Ein Studium würde ich nur machen, wenn ich wüsste, dass ich zum Beispiel Steuerberaterin oder Ärztin werden möchte. Dafür brauche ich das Studium. Aber sonst würde ich ein Studium nie wieder machen. Was du lernst, ist so weit vom täglichen Leben entfernt, dass es einen eigentlich nicht weiter bringt. Ich würde auf jeden Fall raten, soviel wie möglich auszuprobieren – jede Möglichkeit, jedes Praktikum, das man angeboten kriegt –, um so bald wie möglich in das Berufsleben reinzuschnuppern und auch schon mit 14 Jahren Ferienjobs machen, weil du einfach schon so viel mitbekommst und aufnehmen kannst.

Anderen zuhören!

Bei der Steuerberatung haben meine KollegInnen immer gesagt: „Julia, das ist nicht der richtige Job für dich, die ganzen Zahlen, die ganzen Gesetze. Du musst viel mehr raus unter Leute, du kannst mit denen so gut umgehen." Man sollte auch Leuten zuhören, die einen zwar nicht so gut kennen wie FreundInnen und Familie, die aber trotzdem merken, ob dir dein Job Spaß bringt oder nicht.

Nutze die Zeit nach dem Abi!

Familienplanung würde ich solange hintenan stellen, bis du weißt, was du tatsächlich beruflich machen möchtest. Es ist natürlich eine persönliche Entscheidung, aber wenn ich jetzt schon Mutter wäre, hätte ich meine Karrierelaufbahn inklusive der Auslandsaufenthalte wohl eher nicht machen können. Ich könnte nicht den ganzen Sommer unterwegs sein. Durch meine langjährige Berufserfahrung kann ich mittlerweile beurteilen, wie ich mir die Reisen einteilen werde, wenn ich ein Kind habe.

@ Wie werde ich Hoteleinkäuferin?

Weitere Informationen findest du auf:
http://berufenet.arbeitsagentur.de
In der Suchmaske *„Touristik"* eingeben.

„Fotografie bedeutet vor allem Kommunikation mit dem Menschen. Beim Porträtieren muss man eine Haltung haben und gleichzeitig die Durchlässigkeit, auf alles, was einem vom Gegenüber dargeboten wird, einzugehen."

SELBSTSTÄNDIGE FOTOGRAFIN UND KÜNSTLERIN

Bettina Flitner

Geburtsjahr	1961
Abitur	1980
Studium	Studium an der Deutschen Film- und Fernsehakademie Berlin

BESCHREIBUNG DES BERUFS

Ich bin freiberufliche Fotografin und Künstlerin. Der Schwerpunkt meiner Arbeit sind Porträts. Ich muss mich auf den Menschen, den ich porträtieren will, gut vorbereiten, indem ich möglichst viel über ihn in Erfahrung bringe. Die Herausforderung ist, der Persönlichkeit der Porträtierten gerecht zu werden. Wie ich zu den Ideen komme, ist sehr unterschiedlich. Entweder bekomme ich einen Auftrag oder ich setze meine Ideen auf eigene Faust um. Mein Arbeitsalltag ist sehr unterschiedlich und vielfältig. Ich arbeite oft an längeren Projekten und habe eine Vorplanzeit von drei bis sechs Monaten, bevor die fotografische Umsetzung anfängt. In einem großen Projekt habe ich immer viel zu organisieren. Dazu gehört, dass ich alle Termine unter einen Hut bekomme, die verschiedenen Aufnahmeorte möglichst zeitsparend miteinander verbinde, sodass ich keine unnötigen Fahrt- und Reisezeiten einkalkulieren muss. Wenn ich beispielsweise zwei Termine in Finnland habe, ist es sinnvoll, diese auf einer Reise zu erledigen. Für meine Arbeit ist also sowohl das Kreative als auch das Organisatorische von großer Bedeutung. FotografIn ist ein Ausbildungsberuf. Es gibt FotografInnen, die eine Ausbildung gemacht haben, und solche, die AutodidaktInnen sind, sich also ihr Wissen rund um die Fotografie selbst angeeignet haben. Zu denen gehöre ich. Wer eine richtige Ausbildung macht, hat den Vorteil, systematischer zu lernen, MitschülerInnen zu haben, sich austauschen zu können. AutodidaktInnen probieren dagegen vieles selbst aus und kommen dabei unweigerlich auf ganz neue Ideen. Sie laufen nicht Gefahr, das Gleiche wie alle anderen zu machen, sondern haben so die Chance, ihren eigenen Weg zu finden.

Tagesablauf

Einen Alltag im Sinne eines „klassischen" Tagesablaufs habe ich nicht. An einem Tag habe ich einen Fototermin, an einem anderen bereite ich eine Fotoausstellung vor. An einem dritten Tag schaue ich mir einen Ort an, an dem ich fotografieren möchte. Oder ich beantworte Fotoanfragen von Zeitungen, die das eine oder andere Foto, das sie auf meiner Website entdeckt haben, für einen Artikel benutzen möchten und vieles mehr. Sofern ich ein Projekt habe, bei dem ich Menschen porträtiere, gibt es eine typische Vorgehensweise. Ich mache mir ausführliche Gedanken, was der Kern des Projektes ist. Worauf kommt es inhaltlich an? Was ist wichtig? Danach geht es an die visuelle Umsetzung. Wie kann ich etwas am besten erzählen? Wie kann ich das am besten in ein visuelles Konzept übersetzen? Dann kommen schon die ersten Layout-Ideen. Wie kann es später präsentiert werden? Wenn alles steht, geht es um die praktische Umsetzung. Dafür muss ich zu Beginn oft eine Menge Termine koordinieren. Die Porträtierten sind häufig Menschen mit wenig Zeit. Der erste Termin für ein neues Projekt ist immer sehr wichtig. Denn jetzt kann ich zum

ersten Mal überprüfen, ob mein Konzept, das ich mir für die Serie überlegt habe, tatsächlich aufgeht. Wenn nicht, kann ich hier noch korrigieren. Beim ersten Termin wird also immer noch vieles ausprobiert. Ich versuche daher, den ersten Termin für ein neues Projekt immer mit einer Person zu machen, die etwas mehr Zeit hat. Also nicht gerade die Bundeskanzlerin, die ich auch schon porträtiert habe. Unter Umständen wird das Konzept dann noch einmal verändert. Ich arbeite manchmal mit Foto-AssistentIn, manchmal ohne. Mir ist es aber beim Porträtieren am liebsten, wenn ich mit dem zu fotografierenden Menschen allein bin. Denn es entsteht eine Kommunikation zwischen uns, die durch einen Dritten gestört werden kann. Ich treffe mich nicht „einfach so" mit jemandem. Wenn es eine Person ist, die bekannt ist und in der Öffentlichkeit steht, kann ich mich gut vorbereiten. Ich möchte mir vor dem Treffen ein Bild machen und eine Haltung zu der Person haben. Ich versuche, so viel wie möglich über den Menschen zu erfahren. Natürlich google ich die Person, ich lasse mir von ihr selbst Material über sich schicken. Wenn es eine Biographie gibt, lese ich diese vorher. Bei einer Schriftstellerin lese ich einige ihrer Bücher.
Ich fahre immer ein paar Stunden vor dem eigentlichen Fototermin an den Ort, wo ich die Person treffen werde, und sehe mich in der Umgebung um. Ich erkunde sie und suche nach passenden Stellen für das Foto. Danach bin ich bereit für den Fototermin. Ich habe zu diesem Zeitpunkt bereits eine Idee des Fotos im Kopf. Wenn der Mensch dann vor mir steht, merke ich schnell, was passt und was nicht. Fotografieren bedeutet vor allem Kommunikation mit dem Menschen. Aufnehmen, was er sagt und wie er es sagt. Sehen, wie er sich bewegt. Das alles muss in ein gutes Porträt einfließen. Manchmal ist die Person ganz anders, als ich sie mir vorgestellt habe. Dann muss ich so offen sein, meinen vorher gefassten Plan fallen zu lassen und etwas ganz anderes zu machen. Wenn es um die Person und ihren Beruf geht, dann muss ich das visuell übersetzen. Ich muss mir Gedanken darüber machen, wie man den Beruf und die Persönlichkeit darstellt. Das Porträtieren dauert eine bis zwei Stunden. Digitale Bilder verwende ich nur, wenn ich auf **Reportage** bin. Bei den hochwertigen Porträts verwende ich eine Mittelformatkamera und entwickle weiterhin Filme, weil die Qualität der Bilder besser ist.

*Die **Reportage** ist ein Tatsachenbericht, der dramaturgisch aufbereitet ist und die LeserInnen am Geschehen teilhaben lässt.*

PROJEKTE

Die Staatsbibliothek und ich

Für einen Auftrag der Staatsbibliothek in Berlin habe ich 25 Personen des öffentlichen Lebens mit den Schätzen der Staatsbibliothek fotografiert. Die Literaturnobelpreisträgerin Herta Müller mit einer Handschrift des deutschen Schriftstellers Heinrich von Kleist (1777-1811). Den ehemaligen Bundespräsidenten Richard von Weizsäcker mit einem Schachbuch aus dem 16. Jahrhundert.

Den Moderator Günther Jauch mit einem Lexikon. Da muss ich mir immer etwas Neues einfallen lassen.

Porträts von „Frauen mit Visionen"

Die Idee, eine Porträtreihe von Frauen in Europa zu machen, kam mir im Jahr 1999 mit 38 Jahren. Ich wollte einige der vielen interessanten und erfolgreichen Europäerinnen porträtieren. Ein schöner Nebeneffekt: Ich konnte Europa bereisen und kennen lernen. Das Ergebnis ist eine Ausstellung und ein Buch mit 49 Porträts von außergewöhnlichen Frauen aus Kultur, Wissenschaft, Wirtschaft und Politik. Es sind Frauen, die in ihren eigenen Ländern bekannt bis berühmt und auf ihrem Gebiet oft weltweit anerkannt sind. Sie geben den Ton an, wie die englische Dirigentin Sian Edwards. Sie setzen die Männer schachmatt wie die Ungarin Judit Polgár, die beste Schachspielerin der Welt. Sie greifen nicht nur nach den Sternen, sondern fliegen gleich selber hin wie die französische Astronautin und heutige Forschungsministerin Claudie Haigneré. Ich hatte festgestellt, dass es von sehr vielen Frauen, selbst international bekannten, kaum gute und professionelle Fotos gab. Das war für mich der Anstoß zu diesem Projekt. Ich fand, es sollte professionelle und ausdrucksstarke Porträts geben, und habe es einfach gemacht. Ich habe mit dem Projekt angefangen und das Bundesministerium für Frauen und Jugend überzeugt, einen Teil dieses sehr aufwändigen Projektes mitzutragen. Ich musste eine Menge vorfinanzieren. Aber so ist das eigentlich bei allen Projekten, die aus einer eigenen Idee entstehen. Man muss einfach anfangen, es zu machen. Wenn man erst darauf wartet, dass man alles bezahlt kriegt, wird nie etwas daraus.

Porträts von Rechtsradikalen

Eine Arbeit, die eine große Kontroverse ausgelöst hat, war das Porträtieren von Rechtsradikalen. Ich habe vier glatzköpfige Männer in ein Auto steigen sehen und bin einfach aus Neugier hinterhergefahren. In Marzahn-Hellersdorf in Berlin sind sie ausgestiegen, und ich habe zu meiner Überraschung festgestellt, dass dort viele so aussehen. Ich wollte wissen, ob die wirklich alle „rechts" sind. Ich habe sie angesprochen und gefragt, was sie denken. Drei Wochen lang habe ich jugendliche Rechtsradikale auf der Straße angesprochen. Es gab nur ganz wenige Mädchen oder Frauen, und diese waren in der Regel Mitläuferinnen. Sie waren dabei, weil ihr Freund „rechts" war. Ich habe ihre Antworten aufgeschrieben, pointiert gekürzt und unter die Bilder gesetzt. Ich habe nie mit den Jugendlichen diskutiert, sondern sie einfach reden lassen. Denn genau das wollte ich ja: eine unkommentierte Sicht mit all ihren Widersprüchen und manchmal sich selbst entlarvenden Absurditäten. Meine eigene Sicht hätte da nur gestört. Aber das kann gerade in diesem Falle sehr anstrengend sein, diesen Wust an antisemitischen und frauenfeindlichen Sprüchen zu hören, ohne dagegen zu halten. Irgendwann konnte und wollte ich das dann nicht mehr hören. Ich habe nach drei Wochen das Projekt beendet und auf der Art Cologne, dem Internationalen Kunstmarkt in Köln, ausgestellt. Da waren die Bilder überlebensgroß und bedeckten flächendeckend einen ganzen Raum. Die Diskussion in der Öffentlichkeit war groß. Ich stellte die Fotos mit den Kommentaren der Jugendlichen aus – und ließ sie meinerseits unkommentiert. Die Frage an mich war, warum ich nicht gesagt habe, dass ich dagegen bin. Aber ich wollte ja, dass die Menschen darüber diskutieren. Ich wollte nicht gleich Stellung beziehen, sondern bewirken, dass die Besucher die Bilder und Kommentare in ihrer Härte erst einmal aufnehmen und sich entrüsten und Anstoß daran nehmen. Die Mehrheit hat die Idee anschließend verstanden, denn ich habe durch meine Arbeit die erwünschte Diskussion ausgelöst. Eine schöne persönliche Erfahrung auf der Ausstellung war die Unterhaltung mit einer Frau aus Israel. Sie kam ganz aufgebracht zu mir und fragte, warum ich nicht schreibe, dass ich mich von den Aussagen der Rechtsradikalen distanziere. Dann besichtigte sie die Art Cologne – die Kunstmesse – und kam am Ende des Tages zurück. Sie habe jetzt erst begriffen, dass ich genau das wolle, sagte sie. Dass man eben keine vorgefertigte Meinung präsentiert bekommt, sondern sich mit dem Thema selbst auseinandersetzen muss.

RÜCKSCHAU

Mein Vater ist Jurist und meine Mutter war Kindergärtnerin. Es war in meiner Familie immer klar, dass ich einen Beruf haben werde. Ich bin eher eine "Vater-Tochter". Mein Vater hat mich und meine Schwester immer viel gefördert und erwartet, dass wir beruflich etwas werden.

Schule

Mir hat die Schule Spaß gemacht. Ich war zuerst auf einer **Waldorfschule** und dann für das Abitur auf einer **Montessori-Schule**. Dort wird vieles gefördert und man lernt spielerisch. Ich bin mittlerweile viel gereist in Länder, in denen Mädchen gar nicht in die Schule gehen dürfen. Daher weiß ich, dass es ein Privileg ist, in die Schule zu gehen und zu lernen, so wie es bei uns möglich ist. Die Schule ist die Spielwiese, bevor es richtig losgeht. Ich weiß aber nicht, ob der Lernstoff immer der richtige ist. Ich finde, der Lehrplan sollte mehr Praktisches beinhalten, mehr auf das Leben vorbereiten. Früher in der Schule mochte ich sehr gerne Sport, Kunst und Italienisch. Heute interessieren mich die Naturwissenschaften mehr.

i ***Waldorf- und Montessori-Schulen*** *sind private Schulen mit einer jeweils umfassenderen pädagogischen Gesamtausrichtung als staatliche Schulen.*

Berufsweg und Fotografie „nebenbei"

Mit 18 Jahren bin ich für zehn Tage mit einer geliehenen Kamera ins Kloster gegangen, um die Nonnen zu fotografieren und herauszufinden, warum sie dort leben und wie das

Zusammenleben funktioniert. Es war am Anfang noch nicht klar, was ich mit den Fotos mache. Ich habe die Nonnen einfach gefragt, ob ich bei ihnen zehn Tage leben und sie fotografieren darf.
Ich habe zunächst eine Ausbildung als **Cutterin** absolviert und bin danach zur Deutschen Film- und Fernsehakademie Berlin des Westdeutschen Rundfunks gegangen. Ich konnte mir damals noch nicht vorstellen, die Fotografie hauptberuflich zu machen. Bei einem Praktikum in der Dramaturgie im Theater habe ich einen Statisten, mit dem ich mich gut verstanden habe, zum Spaß fotografiert. Das hat mich interessiert. Früher waren es kleinere Projekte, die ich noch nicht so ernst genommen habe.

*Eine **Cutterin** stellt die gedrehten Filmausschnitte durch Schnitt und Zusammenfügen in dramaturgisch korrekte Reihenfolge.*

Innere Stimme versus gesellschaftlicher Druck

Dass ich Fotografin werde, war nicht klar und in diesem Punkt musste ich mich gegen viele kritische Stimmen durchsetzen. Ich hatte bereits einige Filme selber produziert. Diese waren erfolgreich und liefen sogar auf den Internationalen Filmfestspielen Berlin (Berlinale). Das hat die Entscheidung für die vergleichsweise unsichere Fotografie nicht leichter gemacht.
Mein Vater fand meine Entscheidung, Fotografin zu werden, am Anfang nicht gut. Ich musste dafür kämpfen, vor allem innerlich. Ich habe mich schwer getan, das zu wagen. Mit 28 Jahren habe ich mich dazu entschlossen, mir eine Frist zu setzen und es die folgenden drei Jahre zu versuchen. Ich sagte mir: „Wenn du es bis 30 schaffst, davon zu leben, dann bleibst du Fotografin. Wenn nicht, dann musst du dir etwas anderes suchen." Es hat geklappt. Heute wird es akzeptiert. Wenn der Erfolg kommt, kommt auch die Anerkennung und die kritischen Stimmen lassen sich überzeugen.

Bettina Flitner mit Kindern in einem Massai-Dorf in Kenia.

„Ich kann mir keinen schöneren Beruf als den der Fotografin vorstellen. Durch die Kamera darf ich alles fragen und erforschen."

EINSTELLUNG ZUM BERUF

Für mich ist mein Beruf der schönste der Welt. Ich kann mir keinen besseren vorstellen. Die Fotografie ist eigentlich nur ein Vorwand, unter dem man in fremde Welten eintauchen kann. Man darf alles erforschen und fragen. Ich kann alles herausfinden und habe spannende Einblicke, die mir sonst nicht gewährt würden. Durch die Kamera habe ich immer einen Grund, Menschen anzusprechen. Ich empfinde das meistens nicht als Arbeit. Die Freiberuflichkeit bringt finanziell wenig Sicherheit mit sich. Dafür bin ich unabhängig und arbeite auf eigene Verantwortung. Es macht mich glücklich, dass das, was ich mir vorgenommen habe, auch gelungen ist. Ich habe mir selber ausgesucht, was ich machen möchte. Mein Erfolg ist ein Zusammenspiel aus meiner Arbeit, Leidenschaft, Talent und auch Glück. Ich bin wirklich froh, dass ich so leben kann. Bei meiner Arbeit ist mir wichtig, dass ich etwas Neues schaffe und den von mir fotografierten Menschen gerecht werde. Wenn ich der Überzeugung bin, dass es etwas geben müsste, dann mache ich es selber. Beispielsweise habe ich in meinem Buch „Frauen mit Visionen" die Genforscherin Christiane Nüsslein-Volhard, **Nobelpreisträgerin** für Medizin porträtiert: Es gab kein professionelles, öffentliches Foto von ihr, obwohl sie schon eine international anerkannte Forscherin war. Eigentlich unvorstellbar. Das hat im Grunde mein systematisches Porträtieren von weiblichen Persönlichkeiten ausgelöst, denn dieses Problem betraf viele Frauen, wie ich im Laufe meiner Recherchen feststellte. Häufig gab und gibt es weiterhin keine ernstzunehmenden guten Fotos. Und deshalb habe ich damit begonnen.

*Der **Nobelpreis** wird einmal jährlich an Menschen vergeben, die der Welt den größten Nutzen gebracht haben, und zwar in den Bereichen der Physik, Chemie, Physiologie oder Medizin, Literatur und für Friedensbemühungen.*

Eigenschaften, die ihr mitbringen solltet

Für den Beruf als Fotografin und Künstlerin solltet ihr Offenheit, Leidenschaft für den Beruf, Neugierde auf Menschen und die Welt sowie Mut mitbringen. Die Fähigkeit, sich in eine Atmosphäre „einsickern" zu lassen und sich unsichtbar zu machen. Beim Porträtieren muss man eine Haltung haben und gleichzeitig die Durchlässigkeit, auf alles, was einem vom Gegenüber dargeboten wird, einzugehen.

ERFAHRUNG ALS FRAU IM BERUFSALLTAG

Inwieweit es eine Rolle spielt, eine Frau zu sein, kommt ganz auf die Themen an, die man bearbeitet. In der Architekturfotografie oder der Werbung gibt es zwischen dem Blick von männlichen und weiblichen Fotografen vermutlich keinen Unterschied. Aber wenn ich meinen Blick auf Menschen und ihre Beziehungen zueinander richte, ist dieser Blick von meinem eigenen Erleben geprägt. Und das ist bei einer Frau nun mal anders als bei einem Mann. Auch reagieren die Menschen auf Fotografinnen und Fotografen unterschiedlich.

Ein Vorteil ist, dass viele Menschen weniger Angst vor einem weiblichen Fotografen haben. Nachteilig ist wiederum, dass man sich in manchen Kulturen als weiblicher Fotograf kaum frei bewegen kann.

VORBILDER

Vorbilder sind für mich Frauen, die mutig ihren Weg gehen und unabhängig von eigenen Interessen handeln. Die sagen, dass sich etwas ändern muss, und für dieses Ziel kämpfen sie. **Ayan Hirsi Ali, Anita Roddick** und **Alice Schwarzer** sind nur wenige Beispiele. Bei meiner Reise durch Europa habe ich nach Frauen gesucht, die Vorbildcharakter haben. In der Kunst sehe ich vor allem Diane Arbus (1923-1971), Duane Hanson (1925-1996), Barbara Kruger (*1945) und Jim Goldberg (*1953) als Vorbilder an. In der Fotografie sind es ebenfalls die amerikanischen FotografInnen, die ich schätze.

i ***Ayan Hirsi Ali*** *ist eine niederländische Politikerin, Frauenrechtlerin und Islamkritikerin somalischer Herkunft.*
Anita Roddick *(1942 - 2007) war die Gründerin und langjährige Lenkerin von „The Body Shop". Sie gilt als Pionierin des ethischen Einzelhandels und setzte sich für Umwelt- und Tierschutz sowie Menschenrechte ein.*
Alice Schwarzer *ist die Herausgeberin der Zeitschrift Emma und eine der bekanntesten Vertreterinnen der deutschen Frauenbewegung.*

ZIELE

Auch in Zukunft möchte ich spannende Projekte umsetzen und die Welt zum Nachdenken anregen.

RATSCHLÄGE

Lasst euch nicht von jedem Gegenlüftchen umwehen!

Ihr solltet nicht gleich zurückweichen, wenn ihr mal kritisiert werdet. Lasst euch nicht von anderen Meinungen umwerfen. Es ist nicht notwendig, jede Kritik anzunehmen. Welche ihr annehmt und welche nicht, entscheidet nur ihr selbst. Lasst euch nicht entmutigen und kleinreden, wenn es mal anders läuft als geplant. Umwege können zum Ziel führen.

Nehmt euch und euren Beruf ernst!

Oft ist es bei Mädchen so, dass sie alles andere vergessen, wenn sie verliebt sind. Man sollte aber immer sich selbst ernst nehmen – und das, was man machen möchte.
Eine Beziehung heißt ja nicht, dass man sich selber aufgeben muss. Man kann dann immer noch Kompromisse machen. Aber wenn man von vornherein die eigenen Bedürfnisse und Vorstellungen zurückzieht, fällt man schnell hintenüber. Stellt nicht die Beziehung und das Private über alles. Vergesst euch selber nicht. Es wäre schade, denn auf diese Weise gehen so viele tolle Talente verloren. Ich rate euch, leidenschaftlich für den Beruf einzustehen. Ohne Leidenschaft könnt ihr nichts wirklich gut machen.

@ Wie werde ich Fotografin?

Weitere Informationen findest du auf:

http://berufenet.arbeitsagentur.de
In der Suchmaske *„Fotografin"* eingeben.

Links:

www.bettinaflitner.de

„Mir fällt es leicht, Entscheidungen zu fällen und Konflikte anzusprechen. Was ich nicht wirklich leiden kann, sind unsinnige Hierarchien."

DIPLOM-INGENIEURIN DER NACHRICHTENTECHNIK

Birgit Mensing

Geburtsjahr	1964
Abitur	1983
Studium	Diplom-Ingenieurwesen
Privates	Sport, Bauen, Reisen Verheiratet, drei Töchter

BESCHREIBUNG DES BERUFS

Als **Diplom**-Ingenieurin bin ich inzwischen Leiterin einer Technologieabteilung bei Europas größtem Telekommunikationsunternehmen. Da ich seit 25 Jahren im Berufsleben stehe, habe ich viele Aspekte meines Berufsfeldes kennengelernt und vor allem ausprobiert. Das war mir innerhalb der Firma, der Deutschen Telekom, immer möglich, was vor allem der Größe des Konzerns geschuldet ist. „Jeder Weg beginnt mit einem Schritt", lautet mein Motto, mit dem ich dem Berufsleben jeden Tag begegne. Ich setze mir selber Herausforderungen, damit ich eine kontinuierliche Weiterentwicklung erfahren kann und nicht stillstehe. Mich durchzusetzen, dabei einen guten Umgang mit den MitarbeiterInnen und KundInnen zu pflegen – das sind für mich die größten Herausforderungen im Beruf. Als Führungskraft habe ich den Vorteil, Dinge zu bewegen und zu verändern, und das sorgt bei mir für eine optimale Motivation. Nachteil: Du bist nicht immer beliebt und musst auch unpopuläre Entscheidungen treffen und umsetzen. Mein Berufsfeld ist geprägt von ständigen technischen Entwicklungen, deren Auswirkungen in der gesamten Gesellschaft zu bemerken sind und insbesondere das Kommunikationsverhalten der Menschen wesentlich verändern. Wie sehr sich die Technik seit meinem Studium verändert hat, sieht man an den Computern. Aus den mechanischen Speichermedien – den Lochkarten – und großen Schränken sind mittlerweile Laptops und Spielkonsolen geworden. Das Berufsfeld Nachrichtentechnik befasst sich mit den Medien, die für die menschliche Kommunikation benötigt werden.

*Es gibt heute statt **Diplom**studiengängen nur noch Bachelor- und Masterstudiengänge.*

RÜCKSCHAU

Schule

Ich habe das Gymnasium in Uelzen besucht. Mit einer Rechtschreibschwäche belastet, war es sehr schnell klar, dass Deutsch und Fremdsprachen nicht meine Freunde wurden. Mit Begeisterung verfolgte ich die naturwissenschaftlichen Fächer und liebte Kunst und Sport. Da die Schule mir nicht wirklich leicht fiel, stellte ich schon sehr früh Überlegungen an, was ich später mal beruflich machen könnte.

Elternhaus und erste Berufswünsche

Ich schaute mich zuerst natürlich im privaten Bereich um: Meine Mutter hatte eine Ausbildung als medizinisch-technische Assistentin absolviert und mein Vater war Kaufmann. Beide Berufsbilder hatten Punkte, die mich interessierten, aber auch viele Dinge, die mich abschreckten. Ich musste etwas finden, bei dem ich basteln, bauen, Rätsel lösen, organisieren, improvisieren und mich bewegen kann. Zunächst wollte ich zur Schutzpolizei, doch die stellten damals in Niedersachsen noch keine Mädchen ein. In der zehnten Klasse habe ich mein Praktikum in der Dekorationsabteilung eines

Kaufhauses gemacht. Super war das. Ich habe vor allem in der Dunkelkammer mit Fotos gearbeitet und konnte meine Kreativität voll ausleben. Es galt, die Werbeseiten für die nächste Zeitungsausgabe zu erstellen. Also war die Überlegung, eine Malerlehre zu machen und danach Kunst und Design zu studieren. Aber mein Zeugnis ließ zu, dass ich Abitur machte. Irgendwie haben meine Eltern über einen Nachbarn Kontakt zur Deutschen Bundespost hergestellt und ich konnte dort ein Schülerpraktikum absolvieren. Ich traf auf ein Berufsfeld, das sich in viele verschiedene Richtungen vertiefen ließ, die mir alle Spaß machten. Ich beschäftigte mich ab dem Zeitpunkt mit dem Studiengang der Nachrichtentechnik. Die Lektüre des Berufsberatungsheftes vom Arbeitsamt war sehr hilfreich, aber auch beängstigend, denn nach den Anforderungen, die dort beschrieben wurden, würde ich das erste Semester nicht überleben.

Studium und Berufserfahrung

Mein Vater, technisch völlig unbegabt, sprach mir Mut zu und gewährte mir ein „Probesemester" der Nachrichtentechnik. Ich sollte es probieren und, wenn es nicht klappte, zu einem anderen Fach wechseln. Obwohl ich auf meiner Schule wegen Lehrermangel nur ein Jahr Physik hatte und keinerlei weitere elektrotechnischen Kenntnisse vorzeigen konnte, lief das erste Semester auf der kleinen Fachhochschule der Deutschen Telekom hervorragend. Das Studium machte Spaß und war so vielseitig, dass alle meine Interessen abgedeckt wurden. Zusätzlich war die Fachhochschulausprägung eine gute Alternative zu der sonst sehr trockenen theoretischen Stoffvermittlung an den Universitäten. Wir waren 40 Studierende, davon zwei Frauen. Der niedrige Frauenanteil zog sich durch meine gesamte Fachhochschulzeit und bescherte uns bei manchen Dozenten Pluspunkte, aber bei einigen auch Minuspunkte. Zum Glück hielt es sich die Waage. Das Studium beschäftigte sich mit den drei großen Richtungen **Übertragungs-/ Vermittlungstechnik**, **Regelungs- und Hochfrequenztechnik**. Nach sechs Semestern konnte ich mir ein Diplomarbeitsthema aussuchen, welches ich am Fritz-Haber-Institut der Max-Planck-Gesellschaft, einer der führenden Deutschen Forschungsorganisationen, durchgeführt habe. Dieses Institut bot mir außerdem die Möglichkeit, die ersten selbstständigen Schritte in meinem Berufsfeld zu gehen. Ein Jahr blieb ich und sammelte meine Erfahrungen im Forschungsumfeld und in der Entwicklung von Messgeräten. Das war Elektrotechnik im vollen Praxiseinsatz: Schaltpläne erstellen, **Platinen** designen, ätzen, fädeln und löten. Es war ein tolles Jahr mit einem Arbeitsklima, das vor Internationalität, Kreativität, Wissen und Rätsellösen nur so knisterte. 1988 – mit 24 Jahren – habe ich mich entschlossen, zum Arbeitgeber **Deutsche Bundespost** zu wechseln. Nach dem Durchlaufen des Beamtenvorbereitungsdienstes hatte ich das Glück, meinen Dienst bei der so genannten Datenentstörung aufnehmen zu können.

*Die **Übertragungstechnik** beschäftigt sich mit der Art und Weise, wie Signale (beispielsweise Sprache oder Daten) über unterschiedliche Medien wie zum Beispiel Kupferkabel oder Glasfasern von einem Sender zu einem Empfänger übertragen werden können.*

*Die **Vermittlungstechnik** ermöglicht das Zusammenschalten des Senders mit unterschiedlichen Empfängern. Beispiel: Durch die Wahl einer Rufnummer verbindet mich die Vermittlungstechnik mit dem entsprechenden Teilnehmer im Telefonnetz.*

*Die **Regelungstechnik** ist eine Ingenieurwissenschaft, die alle in der Technik vorkommenden Regelungsvorgänge behandelt. Sie ist ein Teilgebiet der Automatisierungstechnik, die selbständig ablaufende Vorgänge im Wesentlichen durch Messen, Steuern und Regeln ermöglicht. Die Regeltechnik findet im Haushalt bei Heizungsregelungen oder im Bügeleisen Anwendung. Komplexere Regelungen finden sich beispielsweise im Autopiloten in der Luftfahrt.*

*Die **Hochfrequenz** ist in der Elektrotechnik die Bezeichnung für Frequenzen über den hörbaren Schallwellen. Ein Einsatzgebiet dieser Technik ist beispielsweise die Funkübertragung bei Radio und Fernsehen.*

Ausgerüstet mit einem Dienstwagen, Werkzeug und Messgeräten fuhr ich jeden Tag zu unseren Kunden und sorgte für die Einrichtung oder Entstörung von Datenübertragungsleitungen. Die Augen wurden meistens groß, wenn ich als Frau um die Ecke kam, und das eine oder andere besorgte Gesicht zeigte sich: „Schafft die das auch wirklich?“ Nun stellte sich schnell heraus, dass ich ein gutes Händchen für die Kunden und die technischen Herausforderungen habe, sodass mein Ruf so gut war, dass ich explizit angefordert wurde. Die Außendienstzeit gab mir die Möglichkeit, meine Kreativität, mein Organisationsvermögen und den Umgang mit verschiedenen Menschen auszuleben und darin zu wachsen. Nachteil: Einen geregelten Feierabend konnte man nicht erwarten. Zusätzlich war ich Servicekraft auf einer Herbei-Ruf-Liste, die mir einen Einsatz rund um die Uhr und auch am Wochenende bescheren konnte. Sechs Jahre später war die Zeit gekommen, Schraubendreher und Messgerät den Rücken zu kehren und in den technischen Vertrieb zu wechseln. Hier wurden technische Konzepte entwickelt, Präsentationen, Kalkulationen und Vertragsentwürfe erarbeitet, um sie unseren Kunden vorzulegen. Projektgespräche und viel Verhandlungsgeschick waren die besonderen Herausforderungen dieser Phase. Meine Kommunikationsfreude und die Fähigkeit, Probleme sachlich und analytisch zu betrachten, brachten mir schnell die Anerkennung meiner KollegInnen und Vorgesetzten. So war es schließlich konsequent, dass ich über die anfängliche stellvertretende Leitung der Abteilung meinen weiteren Weg als Führungskraft eingeschlagen habe.

__Platinen__ werden auch Leiterplatten genannt. Sie bestehen aus elektrisch isolierendem Material mit daran haftenden, leitenden Verbindungen. Nahezu jedes elektronische Gerät enthält mindestens eine der meist grünen Leiterplatten.

Die __Deutsche Bundespost__, die behördlich organisiert war, wurde 1994 privatisiert. Aus ihr gingen die Deutsche Post, Deutsche Telekom und Deutsche Postbank hervor.

EINSTELLUNG ZUM BERUF

Ich habe mich für den richtigen Studiengang und den richtigen Arbeitgeber entschieden. Ich kann meine Kreativität, meine Organisationsfähigkeiten und meine Entscheidungsfreude jeden Tag anwenden. Als Führungskraft kann ich zusätzlich als Unternehmerin unterwegs sein und im Sinne des Konzerns Wertschöpfung gemeinsam mit meinen MitarbeiterInnen erzielen. Besonders zufrieden bin ich, wenn ein Plan funktioniert, wenn Ziele erreicht werden und es mir gelingt, verschiedenartige Menschen in Projekten erfolgreich zusammenzubringen. Mir fällt es leicht, Entscheidungen zu fällen und Konflikte anzusprechen. Was ich nicht wirklich leiden kann, sind Formalismus und unsinnige Hierarchien. Als Eigenschaften und Stärken sollte man Neugierde, keine Angst vor technischen Zusammenhängen und Menschen haben. Des Weiteren sollte man bereit sein, Verantwortung zu übernehmen, denn nur so werden Entscheidungen gefällt. Wer mehr den Drang zur Technik verspürt, kann entsprechend in die Entwicklungsabteilungen der Firmen gehen. Wer kontaktfreudiger ist, sollte den Weg in den Vertrieb gehen. Der dritte Bereich ist der so genannte Querschnitt.

Damit sind Bereiche wie das **Controlling** und der Einkauf gemeint, bei denen durchaus Techniker zum Einsatz kommen.

Controlling *ist das Steuern, Koordinieren und Kontrollieren von Prozessen mittels Kennzahlen zur Unterstützung der Geschäftsführung im Unternehmen.*

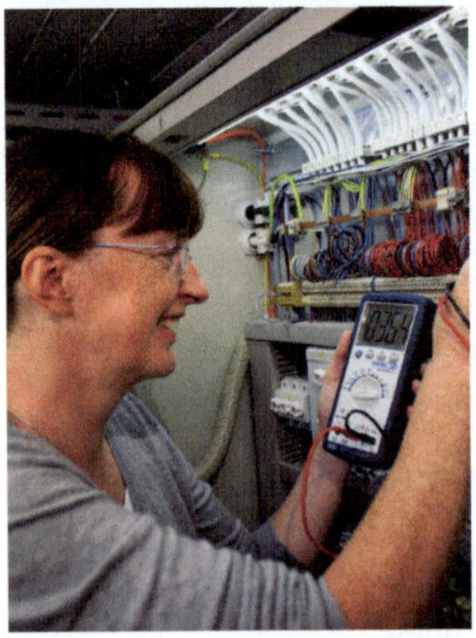

„Bei den Kundengesprächen in dieser Branche kann ‚frau' davon ausgehen, dass am Anfang eine supertechnische Frage gestellt wird."

ERFAHRUNG ALS FRAU IM BERUFSALLTAG

Natürlich hat es eine besondere Rolle gespielt, dass ich eine Frau bin. Wenn ich bei der Vorlesung mal fehlte, fehlten ja gleich fünfzig Prozent der Frauen und somit fiel es immer auf. Vor- und Nachteile gab es immer. Im Studium waren die Dozenten den Frauen gegenüber nicht immer positiv gestimmt. Bei meinen Außendiensteinsätzen kam sehr häufig die Frage, ob ich das überhaupt könne. Meine persönlichen Highlightsprüche: „Der Kollege ein Bier und das Mädel eine Brause?", „Sollen wir männliche Verstärkung rufen?", „Kommen Sie auch mal alleine?". Bei den Kundengesprächen kann „frau" davon ausgehen, dass am Anfang eine supertechnische Frage gestellt wird. Löst „frau" diese, geht das Gespräch wieder zur sachlichen Rede über. In meiner Servicezeit haben die Kollegen mir und meiner Kollegin einen Playboy auf den Schreibtisch gelegt, mit der passenden Nummer von einem Bunny und auf unsere geschockten Gesichter gehofft. Die haben wir nicht gezeigt, sondern gelacht. Am nächsten Tag haben wir uns mit dem Playgirl gerächt, was die Männer echt getroffen hat. Je mehr Erfahrungen ich sammeln konnte, desto leichter fiel es mir natürlich, auf diese Dinge zu reagieren. Wichtigste Regel: nicht aufregen oder ärgern. Humor haben, nicht alles auf die Goldwaage legen, aber Grenzen aufzeigen. Aufgrund meiner Leistung kam die Anerkennung sehr schnell. Bei den **Bautrupps** hatte sich mein Ruf bald herumgesprochen. Einmal lehnte ich mich gerade über meinen Kofferraum und suchte nach meinem Material, als ich einen kräftigen Schlag auf den Rücken bekam. Ich drehte mich um und ein Kollege strahlte mich an und meinte: „Dufte, du bist ja ooch wieder dabei!"

Die ***Bautrupps*** *sind bei uns die KollegInnen, die die Kabel einziehen, Antennen- und Übertragungstechnik montieren.*

Bei aller Liebe zu meinem Beruf stand für mich fest, dass ich Familie haben wollte. Im Alter von 29 Jahren brachte ich unsere erste Tochter zur Welt und sie krempelte unser Workaholic-Leben komplett um. Sechs Monate nach der Entbindung habe ich meine Vollzeittätigkeit wieder aufgenommen und nun war Logistik gefragt. Wer bringt sie in die Kindertagesstätte? Wer holt sie ab? Wann passen die Arztbesuche rein? Wer bleibt zu Hause, wenn das Kind krank ist? Wer kann bei Unfällen reagieren? Geschafft haben wir das nur durch die flexible Arbeitszeit, die wir beide hatten, und dem Betreuungsnetzwerk aus Nachbarn und anreisenden Eltern. Knapp vier Jahre später wurde unsere zweite Tochter geboren und wir mussten wegen des Wegfalls der so genannten Liegekrippen die Zeit bis zum Kitaeintritt mit einem Erziehungsurlaub meines Mannes überbrücken. Auch bei unserer dritten Tochter bin ich nicht lange zu Hause geblieben. Sie wurde erst von einer Tagesmutter betreut, bevor sie die gleiche Kita besuchte wie unsere beiden anderen Töchter. Für mein Umfeld war es nicht nachvollziehbar, dass ich trotz Kindern voll arbeiten ging. Meine Eltern haben es aber akzeptiert und unterstützen mich noch heute kräftig dabei, beides zu vereinbaren. Mein berufliches Weiterkommen wurde durch die Kinder durchaus unterbrochen, aber meine erste Position als Leiterin einer Abteilung wurde am Ende für mich sogar freigehalten.

ZIELE

Mein Ziel ist es, mehr als hundert MitarbeiterInnen zu führen und den Spaß an der Arbeit nie zu verlieren. In zehn Jahren möchte ich einen Betrieb im Ausland aufbauen.

RATSCHLÄGE

Setzt euch mutige Ziele!

Fangt mit kleinen an, erreicht sie und setzt euch neue Ziele. Seid mal mutig und springt in unbekannte Gewässer! So könnt ihr euch weiterentwickeln und die Arbeit wird immer interessant und motivierend sein. Nach fünf Jahren werdet ihr euch kaum noch wiedererkennen.

Bildet Netzwerke!

Einen Ratschlag, den ich erhalten habe und den ich selber gerne weitergebe: Nur ein Netzwerk wird dir bei deiner Karriereplanung helfen. Das heißt: Kontakte knüpfen und pflegen. Durch Leistung alleine wird man nicht sichtbar.

@ Wie werde ich Ingenieurin?

Weitere Informationen findest du auf:

http://berufenet.arbeitsagentur.de
In der Suchmaske „Ingenieurin Elektrotechnik" oder „Ingenieurin Nachrichtentechnik" eingeben.

„Ich wollte die Zusammenhänge zwischen Politik und Wirtschaft verstehen. Mich hat immer das große Ganze interessiert.“

MASTER OF SCIENCE IN ECONOMICS

Sibille Duss

Geburtsjahr	1982
Abitur	2003
Studium	Volkswirtschaftslehre an der Universität Bern und Hamburg
Privates	Springreiten, Joggen, Lesen, allgemeines Interesse am Tagesgeschehen aus Politik, Wirtschaft und Kultur

BESCHREIBUNG DES BERUFS

Ich bin **Ökonomin** bei einer Bank in der Schweiz im **Research** der Vermögensverwaltung. Es geht in meiner Arbeit um Wirtschaftsprognosen. Mein Schwerpunkt ist die **Konjunkturforschung** auf **Makroebene** in der Schweiz. Vor allem untersuche ich die konjunkturelle Entwicklung der verschiedenen Schweizer Branchen. Manche Daten erheben wir selber durch Befragungen, beispielsweise von Unternehmen. Die meisten Daten kommen von den Statistikämtern oder internationalen Datenbanken. In unserem Team werden Daten wie beispielsweise Arbeitslosigkeit, **Bruttoinlandprodukt** und **Inflation** ausgewertet und analysiert. Wir gehen den folgenden Fragen nach: Wie hat sich die Wirtschaft der Schweiz im Vergleich zu den Vorjahren entwickelt? Wie unterscheiden sich die Branchen voneinander? Wie ist die wirtschaftliche Entwicklung im Vergleich der **Kantone**? Wie sieht die wahrscheinliche wirtschaftliche Entwicklung in der Zukunft aus? Von unseren Analysen leitet die Bank Anlagestrategien der verwalteten Vermögen und Empfehlungen für KundInnen ab. Wenn das Geld nicht von der Bank selbst verwaltet wird, können die KundInnen selber entscheiden, wo und wie sie ihr Geld anlegen. Wir machen unser Anlagewissen für sie transparent. Neben dieser Arbeit bin ich auch immer wieder verantwortlich für kleinere Projekte wie die Erstellung einer statistischen Broschüre, welche die Schweiz in Zahlen widerspiegelt. Sie enthält Fakten und Zahlen über die Schweizer Wirtschaft im Zeitverlauf und im Vergleich der Kantone untereinander. Wie hat sich die Bevölkerungszahl entwickelt, wie hoch ist die Verschuldung, wie hoch sind die Steuereinnahmen? Solche und viele weitere Zahlen werden hier dargestellt. Ich arbeite in einem Großraumbüro mit etwa hundert KollegInnen. Es gibt verschiedene Fachgebiete: Europäische Ökonomie, Währungen, Immobilien. Daneben gibt es noch Teams, die sich um die Publikationen oder um die externe Kommunikation kümmern. Der Austausch zwischen den KollegInnen ist sehr wichtig, denn wir können unsere Prognosen nicht isoliert machen. Da gibt es gegenseitige Abhängigkeiten.

Der Tagesablauf

Den Hauptteil meines Tages verbringe ich am PC und beschäftigte mich mit verschiedenen Zahlen. Diese Zahlen stellen wir in Grafiken und Zeitreihen dar und schreiben Erklärungen und Einschätzungen zu den Entwicklungen in den vergangenen Jahren. An einem typischen Tag beantworte ich zunächst E-Mails, die ich über Nacht erhalten habe. Unsere gesamte Abteilung ist weltweit tätig, da kann es gut vorkommen, dass Mails über Nacht gesendet werden. Neben sehr vielen täglichen administrativen Arbeiten gibt es immer wieder Themen, die ich vertieft analysiere. Um ein Thema genauer zu bearbeiten, ist sehr viel Lesearbeit nötig. Häufig enden solche Analysen in einem kurzen Bericht,

*AbsolventInnen eines Studiums der Wirtschaftswissenschaften bezeichnet man als **ÖkonomInnen.***

***Research** bedeutet, dass man zu einem Thema forscht, recherchiert und analysiert, das heißt alle Informationen aus seriösen Quellen zusammenträgt.*

*Die **Konjunkturforschung** geht davon aus, dass es gewisse Muster in der wirtschaftlichen Entwicklung eines Landes gibt, welche man als Konjunktur bezeichnet. Vereinfacht geht man davon aus, dass es Aufschwungs-, Boom-, Abschwungs- und Tiefphasen in der Entwicklung einer Volkswirtschaft gibt.*

*Die **Makroökonomie** untersucht gesamtwirtschaftliche Märkte und Zusammenhänge. Beispiele für Untersuchungsgegenstände sind gesamtwirtschaftliches Einkommen, Konsum und Investitionen, Arbeitsmarkt, Preisniveau von Volkswirtschaften. Die Mikroökonomie hingegen beschäftigt sich mit den Beziehungen einzelner Wirtschaftssubjekte wie Haushalte/Individuen und Unternehmen.*

*Das **Bruttoinlandsprodukt (BIP)** gibt den Gesamtwert aller Güter (Waren und Dienstleistungen) an, die innerhalb eines Jahres innerhalb der Landesgrenzen einer Volkswirtschaft zum Endverbrauch hergestellt wurden.*

***Inflation** bezeichnet eine allgemeine Erhöhung der Preise, man bekommt weniger für sein Geld.*

*Die Schweiz besteht aus 26 **Kantonen.***

den wir dann auf unserem **Intranetportal** (das auch für unsere Kunden zugänglich ist), auf unserer Homepage oder in Zeitungen publizieren.
Daneben gibt es aber auch immer wieder Ad-hoc-Arbeiten wie das Beantworten von Anfragen der KundenberaterInnen, beispielsweise für eine europäische Rangliste des Bruttoinlandsproduktes pro Kopf. Die Ergebnisse unserer Analysen werden oft auf Veranstaltungen für unsere Kunden präsentiert. Manchmal halte ich auch Vorträge vor Schulklassen oder StudentInnen, wo wir beispielsweise über die Konjunkturaussichten der Schweiz oder über **Wechselkurse** referieren. Die Präsentationen sind extrem vielfältig und immer an das jeweilige Publikum und Thema angepasst.

*Ein **Intranetportal** ist wie das Internet ein Rechnernetz, das jedoch nicht öffentlich zugänglich ist.*

*Ein **Wechselkurs** ist der Preis einer Währung ausgedrückt in einer anderen. Beispiel: Wieviel Euro muss ich für einen Schweizer Franken zahlen?*

RÜCKSCHAU

Elternhaus

Ich habe zwei Brüder (ein Zahnarzt, ein Elektroingenieur) und eine Schwester (Studentin der Sozialen Arbeit). Mein Vater ist Zahnarzt. Meine Mutter ist Grundschullehrerin, aber seit dreißig Jahren nicht mehr im Beruf tätig. Mittlerweile ist sie Hausfrau und nebenamtlich in der Politik tätig, zudem macht sie viel ehrenamtliche Arbeit.

Schulzeit und Profi-Reiten

Abgezeichnet hat sich meine jetzige Tätigkeit überhaupt nicht. Ich bin bis nach der **Matura** der festen Überzeugung gewesen, dass ich Profi-Reiterin werde. Nichtsdestotrotz bin ich gern in die Schule gegangen. Sie fiel mir vor allem die ersten neun Jahre ausgesprochen leicht. Mathe und Physik mochte ich sehr. Physik war später am Gymnasium mein Lieblingsfach. Ich mochte auch Deutsch, Geschichte und Geographie. Tendenziell lagen mir aber eher die naturwissenschaftlichen Fächer als die Sprachen, mit denen stand ich immer etwas auf Kriegsfuß.

__Matura__ wird in der Schweiz und in Österreich das Abitur/die allgemeine Hochschulreife genannt.

Mit dem Reiten habe ich mit sieben Jahren angefangen, mit 12 Jahren hatte ich mein erstes eigenes Pony, mit 14 Jahren das erste eigene Pferd, danach zwei. Jede freie Minute, wenn ich nicht gelernt habe, war ich im Sattel oder im Stall. Mit zwölf ging ich zu meinem ersten Turnier, dann mit vierzehn war ich während der Turniersaison an fast jedem Wochenende unterwegs. Ich bin einfach reingewachsen in diesen Sport. Manchmal kam wegen diesem sportlichen Engagement die Schule etwas zu kurz. Ab der neunten Klasse besuchte ich das Sportgymnasium, da ging es mit dieser Doppelbelastung leichter. Dort wird der Stundenplan um ein paar Stunden pro Woche reduziert. Dadurch dauerte der Weg zur Matura aber ein Jahr länger. Die durch die Reduktion der Schulstunden gewonnene Zeit konnten wir unserem Sport widmen. Meine Eltern haben mich im Sport immer unterstützt, wollten aber, dass ich zuerst das Abitur mache. Damit ich auf etwas aufbauen könnte, wenn es mit dem Profi-Sport nicht klappt. Nach dem Abitur war ich ein Jahr Bereiterin in einem Pferdehandelsstall. Da ich zu dieser Zeit immer noch mit dem Gedanken gespielt habe, ganz auf den Reitsport zu setzen, war das eine gute Auszeit. Nach diesem Zwischenjahr war mir aber klar, dass ich an der Uni ein Studium beginnen werde, denn ich habe gemerkt, dass ich im Reiten nicht gut genug bin. Über das Amateurniveau hinaus hätte es wohl nie gereicht und schlussendlich wollte ich das Reiten nicht auf diesem Level professionell ausüben. Das war ein ausschlaggebender Punkt. Der zweite war, dass ich in einem Umfeld aufgewachsen bin, in dem bei Tisch über Politik, Wirtschaft und Kultur geredet wurde. Nach einem halben Jahr habe ich das sehnlichst vermisst. Durch die Fokussierung auf den Sport werden viele andere Sachen ausgeblendet. Nach einem halben Jahr schaute ich am Abend wieder regelmäßig die Hauptnachrichten, weil ich sonst keine Ahnung mehr hatte, was in der Welt geschah. Zu diesem Zeitpunkt war ich froh, dass meine Eltern auf die Matura bestanden haben und ich auch eine Alternative zum Reitsport hatte.

Vorbilder

Ich kann mich nicht erinnern, dass ich als Jugendliche Vorbilder hatte.

Studium der Volkswirtschaftslehre

Mich hat das Fach Volkswirtschaftslehre schon am Gymnasium interessiert. Erstens hat mich das Soziale daran interessiert: Es ist eine Sozialwissenschaft, in der viele Bereiche des täglichen Lebens ineinanderfließen. Zweitens hat es eine analytische Richtung, die mir sehr entgegenkam. Ganz besonders haben mich die großen Zusammenhänge interessiert. Beispielsweise nützt es gesamtwirtschaftlich nichts, wenn in konjunkturell schwierigen Zeiten ein Unternehmen saniert wird, indem die Hälfte der Arbeitnehmer entlassen werden; denn sie werden dadurch arbeitslos und belasten den Sozialstaat. Oder auch, dass in öffentlichen Diskussion häufig über Verteilung gesprochen wird, aber vernachlässigt wird, dass es ohne Wirtschaftswachstum weniger zu verteilen gibt. Oder auch die politischen Hintergründe. Wie politische Entscheidungen – beispielsweise die **CO²-Abgaben** – Einfluss auf die Wirtschaft haben.

*Die **Volkswirtschaftslehre** (VWL), auch Nationalökonomie oder Sozialökonomie, ist Teilgebiet der Wirtschaftswissenschaft. VWL beschäftigt sich mit menschlichem Handeln unter ökonomischen Bedingungen. Sie untersucht Zusammenhänge bei der Erzeugung und Verteilung von Gütern und Produktionsfaktoren (Arbeitskraft, Kapital/Geld und Boden).*

*Durch eine staatliche **CO²-Abgabe** werden umweltschädliche Produkte teurer, damit diese weniger nachgefragt werden.*

Studium im Nachbarland

Ich bin in einem kleinen Dorf in der Schweiz aufgewachsen, in dem die meisten EinwohnerInnen unsere Familie kannten. Ich wollte ins Ausland, einfach mal weg von zu Hause. Deshalb habe ich ein Jahr in Hamburg studiert. Meine Eltern unterstützten mich in diesem Vorhaben. Diesen Aufenthalt organisierte ich selbständig, da ich nicht im Rahmen eines Austauschprogramms nach Hamburg gegangen bin. Ich meldete mich selbst an und musste durch eine ziemliche Bürokratiemühle, die ich sicherlich unterschätzt habe. Aber es hat sich gelohnt und am Schluss wurde ich als Studentin angenommen. Das Studium in Hamburg hat sich auch mit den besuchten Vorlesungen in Bern ergänzt. In Hamburg besuchte ich viele Vorlesungen über Wirtschaftspolitik und **Entwicklungsökonomie**, die in der Schweiz wahrscheinlich nicht angeboten werden.

Der Weg zur Konjunkturforschung

In die Konjunkturforschung kam ich durch Zufall. Ich hatte eine Bekannte, die in meinem jetzigen Team arbeitete. Sie rief mich eines Tages an und sagte, dass sie ziemlich kurzfristig eine PraktikantIn für drei Monate suchen. In dieser Funktion sollte ich helfen, die statistische Broschüre, für die ich heute selbst verantwortlich bin, zu veröffentlichen. Als ich am Ende des Studiums angelangt war, stand dieses Projekt wieder auf der Tagesordnung. Da mir das Arbeitsumfeld beim ersten Mal zugesagt hatte, habe ich mich auf die Stelle beworben und wurde wieder angestellt. Danach hatte ich im selben Unternehmen sechs Monate lang eine befristete Stelle, die kurzfristig frei geworden war. Im Anschluss wurde ich als Ökonomin für Schweizer Branchen fest angestellt.

EINSTELLUNG ZUM BERUF

Ich mag den Austausch mit meinen KollegInnen, das Diskutieren. Die verschiedenen Meinungen, die teilweise aufeinanderprallen, die vielen Denkansätze. Mich reizt auch der analytische Teil meiner Arbeit, mich wirklich in ein Thema zu verbeißen. Schreiben gehört nicht zu meinen Lieblingsaufgaben, aber es gehört eben dazu. Es gefällt mir, sehr gut informiert zu sein, über die wirtschaftliche Entwicklung und politischen Beschlüsse Bescheid zu wissen und viel zu lesen, damit ich die Zahlen in den richtigen Kontext setzen und im Zusammenhang interpretieren kann.

Welche Fähigkeiten sollte man mitbringen?

Analytisches und logisches Denkvermögen, das ist wichtig. Wir arbeiten mit Zahlen, daher ist eine sehr hohe Affinität zu Zahlen Voraussetzung. Mathematik und Statistik gegenüber sollte man ebenfalls nicht abgeneigt sein.

*Die **Entwicklungsökonomie** untersucht Entwicklungsunterschiede einzelner Volkswirtschaften. Es wird nach wirtschaftlichen und politischen Gründen dafür gesucht.*

„Wir arbeiten mit Zahlen. Es gefällt mir, die Zahlen in den richtigen Kontext zu setzen und im Zusammenhang zu interpretieren."

ZIELE

Je mehr ich weiß, desto mehr weiß ich, dass ich nichts weiß, so sagt man und das empfinde ich auch so. Die Themen der Volkswirtschaftslehre sind breit gefächert, ausgelernt hat man nie. Ich möchte immer weiter lernen, Zusammenhänge, Konzepte, das große Bild verstehen. Mein Ziel ist, mit wachsendem Wissen und zunehmender Erfahrung mehr Verantwortung zu übernehmen. Ich wünsche mir, dass meine Work-Life-Balance im Gleichgewicht bleibt. Da ich neben der Arbeit an drei, vier Abenden immer noch ein, zwei Pferde reite, ist meine Zeit neben der Arbeit ziemlich ausgebucht. Es braucht manchmal Opfer von mir und auch von meinem privaten Umfeld. Dazu gehört, dass ich mindestens eine Woche Vorlauf brauche, um Aktivitäten nach der Arbeit zu planen. Auch am Wochenende bin ich während der Turniersaison noch ziemlich ausgebucht. Aber neben meiner Arbeit im Büro ist der Reitsport auch ein guter Ausgleich. Ich kann nicht einfach dem „inneren Schweinehund" nachgeben, wenn mein Pferd im Stall wartet und raus muss.

ERFAHRUNG ALS FRAU IM BERUFSALLTAG

Es fing schon beim Studium an: VLW wird mehrheitlich von Männern studiert. Bei einzelnen Fächern ist die Verteilung 50/50. Aber es gab auch Fächer, wo ich fast allein unter Männern war. Das waren eher Fächer mit einem hohen Anteil an Mathematik und Statistik. Mir war klar, dass im Beruf auch weniger Frauen sind. Durch den hohen Männeranteil ändert sich sicher das Arbeitsumfeld. Ich habe keine Probleme in der Zusammenarbeit mit meinen männlichen Kollegen. Es kann aber durchaus sein, dass man sich anders behaupten muss. In einem solchen Beruf muss man damit klarkommen, dass man als Frau noch in der Minderheit ist. Dies bedeutet, dass die Arbeitskultur männlich geprägt sein und der Wettbewerb untereinander im Vordergrund stehen könnte. Man muss sich klar positionieren können und die eigenen Stärken zu vermarkten wissen. Dies fällt Frauen vielfach schwer, davon sollten sie sich aber nicht abschrecken lassen. Ich finde es schade, wenn Frauen sich von der Wahl dieser spannenden Fachrichtungen abhalten lassen, denn die Arbeit ist erfüllend. Und je mehr Frauen vertreten sind, desto einfacher wird es für uns alle. Ich denke nicht, dass es bei meiner Einstellung eine besondere Rolle gespielt hat, dass ich eine Frau bin. Der Vorteil bei mir war, dass ich bereits erfolgreich im Team gearbeitet hatte. Darum bekam ich durch mein Praktikum diese Stelle.

RATSCHLÄGE

Praktische Erfahrungen sammeln!

Berufserfahrung ist wichtig und Praktika sind der beste Weg dazu. Selbst wenn man fünf Jahre studiert, hat man am Schluss keine Ahnung, wie der berufliche Alltag im Einzelnen aussehen wird. Ich hatte das Glück, dass ich nach dem ersten Praktikum sagen konnte, dass mir meine Studienrichtung auch im Berufsalltag zusagt. Sicher war auch das Zwischenjahr zwischen Studium und Matura gut. Die Arbeit als Bereiterin unterschied sich komplett von meiner heutigen Tätigkeit. Nichtsdestotrotz war das eine Lebensschule, die ich nicht missen möchte.

Schwimm gegen den Strom!

Ich habe erst so richtig realisiert, dass ich einen männerdominierten Studiengang gewählt habe, als ich schon mittendrin war. Ich kann dir nur raten, dich nicht um soziale Zwänge und Konventionen zu kümmern, sondern dich am Schluss für das zu entscheiden, was dich wirklich interessiert. Auch wenn es vielleicht nicht das ist, was jede Zweite macht: Gegen den Strom zu schwimmen, ist zwar manchmal anstrengend, aber es ist auch befreiend! Folge daher deinem Talent, deiner Neugierde und Passion und lass dich nicht von Vorurteilen abschrecken oder entmutigen!

@ Wie werde ich Volkswirtin?

Weitere Informationen findest du auf:
http://berufenet.arbeitsagentur.de
In der Suchmaske *„Volkswirtin"* eingeben.

Vorstand der Berliner Verkehrsbetriebe

„Mein Tagesablauf besteht zu einhundert Prozent aus Kommunikation und Entscheidungen.“

PSYCHOLOGIN

Dr. Sigrid Evelyn Nikutta

Geburtsjahr	1969
Abitur	1988
Studium	Psychologie
Promotion	2006 - 2009
Privates	Freizeit verbringe ich mit meinen vier Kindern, meinem Mann und unseren FreundInnen.

BESCHREIBUNG DES BERUFS

Ich bin Vorstandsvorsitzende und Vorstand im Betrieb der Berliner Verkehrsbetriebe (BVG), dem größten Deutschen Nahverkehrsunternehmen. Gemeinsam mit meinen beiden Vorstandskollegen führe ich somit mehr als 13.000 MitarbeiterInnen. Zu unserem Unternehmen gehören alle Bus-, U-Bahn- und Straßenbahnlinien und übrigens auch sechs Fähren. Mein Tagesablauf besteht zu einhundert Prozent aus Kommunikation und Entscheidungen. Tagsüber habe ich eng getaktet einen Termin nach dem anderen. Im 30-Minuten-Takt springe ich von einem Thema zum nächsten. Die KollegInnen berichten, wir diskutieren und entscheiden. Zwischendurch sind die Telefonate mit LieferantInnen, anderen Verkehrsunternehmen, PolitikerInnen, Verbänden, KundInnen und KollegInnen eingeplant, die etwas weiter entfernt sind. Dank meiner sehr guten MitarbeiterInnen bleibt das alles trotzdem sehr übersichtlich und ich finde auch immer wieder Zeit, um in Ruhe zu überlegen, Unterlagen zu sichten und Zahlen zu kommentieren. Im obersten Management gibt es die klassische Trennung zwischen Privat- und Arbeitsleben nicht mehr. Wir arbeiten als Verkehrsbetrieb rund um die Uhr, entsprechend bin ich auch rund um die Uhr im Job. Dennoch ist es sehr wichtig, dass man darauf achtet, immer wieder auch Zeit für Familie und FreundInnen zu haben. Im Prinzip ist meine Kernarbeitszeit von etwa 7.30 Uhr morgens bis etwa 18.30 Uhr. Ich achte darauf, am Abend und insbesondere an den Wochenenden Zeit für meine Familie zu haben. So weit die Theorie – in der Praxis bin ich auch abends häufig unterwegs. Es ist wichtig, dass ich unser Unternehmen in Berlin vertrete und dafür werbe. Ich arbeite tatsächlich viel, doch es macht mir auch viel Spaß. Ein Unternehmen zu führen ist mit sehr viel Verantwortung verbunden. Umso wichtiger ist es, ein gutes Team um sich herum zu haben. So besprechen wir gemeinsam alle meine Termine und achten darauf, sie möglichst effektiv auf den Tag zu verteilen. Die Termine mit GeschäftspartnerInnen, MitarbeiterInnen, politischen VertreterInnen und der Presse finden überwiegend in der Kernarbeitszeit statt. Manchmal macht es aber auch Sinn, sich erst am Abend zu treffen, weil dann die GesprächspartnerInnen auch mehr Zeit mitbringen und keiner von uns noch einen Anschlusstermin hat.
Im Urlaub kann ich abschalten und verbringe die Zeit mit meinem Mann und meinen vier Kindern. Die Wochenenden gehören überwiegend meiner Familie. Auch wenn ich frei habe, nehme ich mir täglich eine Stunde Zeit, um E-Mails zu lesen und zu beantworten. Ebenso lese ich viel Zeitung. So bin ich immer auf dem neuesten Stand. Dadurch kann die Erholung auch nach dem Urlaub anhalten und ich werde von keiner Informationsflut erschlagen.

RÜCKSCHAU

Elternhaus

Meine Familie ist ganz kurz nach meiner Geburt von Ostpreußen nach Deutschland gezogen. Aufgewachsen bin ich in Ostwestfalen und hier bin ich zu Hause. Mein Vater ist von Beruf Schlosser und meine Mutter **Küsterin**. Für meine Eltern war immer klar, dass ihre Kinder – ich habe noch einen jüngeren Bruder – eine gute solide Ausbildung haben sollten. Es gab aber keinen übertriebenen Ehrgeiz. Dass ich studiert habe, lag an meiner eigenen Motivation – und auch jeder weitere Schritt meiner beruflichen Entwicklung. Ich bin auch wirklich stolz darauf, dass ich alles ganz allein erarbeitet habe.

*Als **Küsterin** ist man Angestellte der Kirche. Neben vielen organisatorischen und technischen Aufgaben rund um das Kirchenhaus und die Gottesdienste ist eine geistliche Verbundenheit mit dem Glauben wichtig.*

Schule

Ich war eine gute Schülerin, besonders mochte ich Mathematik und Fremdsprachen. Ich wollte immer eigenständig sein und alles, was wir in der Schule durchnahmen, sofort verstehen. Und weil ich auch eigentlich niemanden fragen wollte, habe ich mir mit Disziplin und einer guten Portion Ehrgeiz auch fast alles selbst erarbeitet.

„Eine Frau sollte nicht nur für sich selber, sondern auch für ihre Familie sorgen können."

Studium

Schon in der Schule war mir klar, dass ich Psychologie studieren würde, um mit diesen Erkenntnissen dann in der Wirtschaft zu arbeiten. So habe ich an der Universität Bielefeld Arbeits-, Betriebs-, und Organisationspsychologie studiert. In meiner Studienzeit zwischen 1988 und 1993 eine eher ungewöhnliche Kombination. Während des Studiums habe ich Praktika in der Wirtschaft gemacht und ein bis zwei Tage in der Woche in einer mittelständischen Unternehmensgruppe in Bielefeld gearbeitet. Diese Arbeit war extrem wichtig für mich: Einerseits habe ich damit mein Studium finanziert, andererseits habe ich einen fundierten Einblick in die Spielregeln der Wirtschaft bekommen.

Berufliche Entwicklung und berufsbegleitende Promotion

Nach dem Studium ging ich in das mittelständische Unternehmen, in dem ich schon während des Studiums gearbeitet hatte, und wurde die Assistentin des geschäftsführenden Gesellschafters. Jetzt sah und lernte ich, was es heißt, ein Unternehmen gesamtverantwortlich und allein zu führen. Es gab viel zu tun und ich habe sehr viel gelernt. Nachdem ich nun schon einige Zeit die Aufgaben und Bedingungen des Mittelstandes kennengelernt hatte, wollte ich dann doch Erfahrungen in einem Großunternehmen sammeln. Also wechselte ich 1996 zur Deutschen Bahn und war dort als Psychologin zunächst für die Aus- und Weiterbildung der MitarbeiterInnen zuständig. Doch mein Ziel war es, eines Tages **Gesamtverantwortung** in einem Unternehmen zu haben, wie jetzt bei der BVG. Um meine Chancen dafür zu erhöhen, habe ich mir gezielt Wissen über die Branche und natürlich auch über die spezielle Technik angeeignet. Als ich 2007 die Produktionsleitung des Transportbereichs Ganzzugverkehr bei der Deutschen Bahn im Schienengüterverkehr in Mainz übernahm, trug ich mit 38 Jahren die Verantwortung für den Einsatz von über 6.000 MitarbeiterInnen und 1.700 Lokomotiven. „Nebenbei" verfasste ich meine **Doktorarbeit** und erwarb 2009 mit 40 Jahren meinen Doktortitel. Während der ganzen Zeit habe ich Vollzeit gearbeitet und hatte bereits Kinder. Warum ich die Doktorarbeit geschrieben habe? Weil es eine Herausforderung war und es Freude macht, wissenschaftlich zu arbeiten. Weil mich das Thema interessierte und, ja, auch weil ich diesen akademischen Grad erreichen wollte. Dann kam schon die nächste spannende Aufgabe. Sie brachte mich 2010 nach Polen. Hier hatte ich meinen ersten Vorstandsposten und war als Vorstand für Produktion im Güterverkehr der Bahn für die sichere und effiziente Durchführung der Transporte, die Lokomotiven und Güterwagen sowie deren Instandhaltung zuständig. Das Spektrum der Arbeit war sehr breit und täglich gab es neue, unvorhergesehene Ereignisse. Ich konnte kein Polnisch und habe mir mit viel Energie zumindest Grundkenntnisse der polnischen Sprache angeeignet.

Vorbilder

Als Kind war meine Oma mein Vorbild. Sie hatte einen schrecklichen Krieg miterlebt. Da die Männer fast alle fort waren, mussten die Frauen für sich selber und ihre Familien sorgen. Und es hat keiner gefragt, ob sie es können. Diese Erfahrungen haben meiner Oma gezeigt, was sie alles kann, und sie hat dieses ganz eigene Selbstbewusstsein an mich weitergegeben. Meine Eltern haben mir vermittelt, dass ich alles schaffen kann, wenn ich es will. Sie haben es vorgelebt. Für mich war die Gleichberechtigung im Job durch mein Elternhaus vollkommen selbstverständlich. Als Studentin habe ich die Personalchefin des Unternehmens, in dem ich einen

*Die **Gesamtverantwortung** zu übernehmen, bedeutet die letzte Entscheidungsgewalt zu haben und die Verantwortung und Konsequenzen für diese zu tragen.*

*Eine **Doktorarbeit** ist eine eigenständige wissenschaftliche Forschungsarbeit in schriftlicher Form. Viele Doktoranden arbeiten Teilzeit wegen des hohen Zeitbedarfs. Die Fragestellung, die Frau Dr. Nikutta untersucht hat, lautete „Mit 60 im Management - Vorstand oder altes Eisen?"*

Im zweiten Weltkrieg übernahmen die Frauen die Arbeitsplätze eingezogener Männer in Industrie und Ausbildung. Viele Männer sind im Krieg gefallen oder kamen verwundet zurück. Es mussten daher die Frauen oftmals die Familie versorgen und nach dem Krieg die Städte wieder aufbauen.

Studentenjob hatte, bewundert. Sie war eine sehr erfolgreiche Frau mit Familie. Somit habe ich früh gesehen, dass „alles" geht. Ich wollte selber nie eine Entweder-oder-Entscheidung zwischen einer Familie mit Kindern und meiner Karriere treffen. Ich wollte beides. Bei dieser Frau habe ich gesehen, dass man Kinder haben kann, eine Ehe und Karriere machen. Der Inhaber dieses Mittelstandunternehmens hat mir beigebracht, was es heißt, verantwortlicher Unternehmer zu sein. Gute finanzielle Ergebnisse, gute Qualität der Produkte, aber auch die Fürsorge für die MitarbeiterInnen standen bei ihm im Vordergrund.

EINSTELLUNG ZUM BERUF

Mir war sehr früh klar, dass ich Gesamtverantwortung in einem Unternehmen übernehmen will. Ich habe mich in meiner gesamten Berufslaufbahn weiterentwickelt und mir dazu nötiges Wissen angeeignet. Und da ich in der Produktionssparte des Güterverkehrs bessere Aufstiegs- und Entwicklungsmöglichkeiten gesehen habe, bin ich aus den Bereichen Personal und Bildung dorthin gewechselt. Jetzt bei der BVG habe ich die Gesamtverantwortung, die ich mir immer gewünscht hatte. Ich habe hier die herausragende Chance, ein traditionsreiches Unternehmen mit meinen eigenen Ideen mitzugestalten. Hier kann ich wichtige Entscheidungen treffen und für das Unternehmen und seine vielen MitarbeiterInnen Weichen für die Zukunft stellen. Im oberen Management zu arbeiten, fordert viel und ist kein „Sonntagsspaziergang". Der systematische Aufbau einer Karriere ist immer auch mit persönlichen Einschränkungen verbunden. Ich bin sehr zielstrebig und diszipliniert und habe mich laufend weitergebildet. Diese Eigenschaften sind sehr wichtig, wenn man eine dann auch gut bezahlte Führungsposition erreichen will. Der Weg dahin ist nicht immer gerade und es läuft nicht immer rund. Manchmal muss man Umwege in Kauf nehmen. Für mich war immer klar, dass ich an die Spitze eines Unternehmens wollte und ich wollte auch entsprechend gut verdienen. Dazu muss man auf der einen Seite gut ausgebildet und qualifiziert sein und auf der anderen Seite muss man sich durchsetzen können und Verantwortung übernehmen wollen.

ERFAHRUNG ALS FRAU IM BERUFSALLTAG

Ich glaube schon, dass es inzwischen in den meisten Köpfen angekommen ist, dass Frauen genauso gut und innovativ Unternehmen leiten, Verantwortung übernehmen und MitarbeiterInnen führen können wie Männer. Aber unverkennbar gibt es immer noch die Vorstellung, was typisch männlich und was typisch weiblich ist. Das, was einer Frau schnell die Attribute „herrisch" oder gar „zickig" einbringt, gilt bei einem Mann, der „weiß, was er will", als kompetentes Durchsetzungsvermögen. Darum muss man als Frau gleich von Anfang an klar machen, dass man in der Lage ist, den Job auszufüllen und dass man diesen Job auch will. Das geht auch. Am Anfang irritiert das noch den einen oder anderen, doch danach wird es akzeptiert. Ich weiß, wovon ich rede – ich habe es erlebt, und auch, dass es akzeptiert wird.

Karriere und Kinder

Es ist schade, dass es noch immer zu wenige weibliche Vorbilder gibt, die es schaffen, Karriere zu machen und gleichzeitig Kinder zu haben. Wenn ein Mann Vater von vier Kindern ist und ein Unternehmen leitet, fragt keiner: „Vier Kinder, wie schafft er das nur?" Aber bei einer Frau ist das immer die allererste Frage. Und so ist das, was bei einem Mann als „normal" gilt, leider bei einer Frau immer noch eine ganz andere Geschichte. Die Selbstverständlichkeit fehlt. Frauen haben nach meinem Empfinden öfter das Gefühl, sich entscheiden zu müssen – zwischen Beruflichem und Privatem, zwischen Karriere und Familie. Mir war früh klar, dass ich erfolgreich im Beruf sein möchte. Gleichzeitig wollte ich Kinder. In meiner Wahrnehmung ist das absolut normal. Bei uns hat mein Mann, der beruflich ebenfalls erfolgreich ist, sich dazu entschieden, einen größeren Schwerpunkt auf die Kindererziehung zu legen und hat für jedes unserer Kinder ein Jahr Elternzeit genommen.

In Frankreich und den skandinavischen Ländern ist es üblich, dass Mütter arbeiten. In diesen Ländern gibt es eine bessere Betreuung von Kindern als hierzulande – und es ist gesellschaftlich akzeptiert. Die Frauen bekommen mehr Kinder, trotzdem ist der Gehaltsnachteil der Frauen und Mütter gegenüber den Männern kleiner als in Deutschland.

ZIELE

Die Berliner Verkehrsbetriebe sind ein wirklich tolles Unternehmen, Qualität und Leistung stimmen. Das Verkehrsangebot ist hervorragend. Aber nichts ist so gut, dass man es nicht noch besser machen könnte. Ich will erreichen, dass mein Unternehmen auch nach Auslaufen des derzeitigen Verkehrsvertrages mit dem Land Berlin im Jahr 2020 wieder mit dem Betrieb aller Bus-, U-Bahn- und Straßenbahnlinien und auch der Fähren betraut wird. Im Spannungsfeld zwischen Wirtschaftlichkeit und Mobilität als Daseinsvorsorge für die Hauptstadt Deutschlands ist dies eine gewaltige Herausforderung, der ich mich sehr gern stelle.

RATSCHLÄGE

Bleibt konsequent

Ihr müsst euch darüber im Klaren sein, was ihr wollt. Werdet nicht das, was alle in eurem Umfeld werden wollen! Informiert euch rechtzeitig darüber, in welchen Berufen und Branchen Nachwuchs gebraucht wird. Es sind mehr, als ihr denkt. Ein Tipp für die Mädchen: Schaut euch bei den technischen Berufen um!

Wenn man sich wohlüberlegt für etwas entschieden hat, sollte man daran festhalten und konsequent darauf hinarbeiten. Es ist nicht gut, sich alles offen zu halten und deshalb Entscheidungen hinauszuzögern. Ihr solltet selbst entscheiden, was ihr wollt, doch solltet ihr nicht zu unentschlossen sein.

Kommuniziert eure beruflichen Ziele

Wenn ihr ins Berufsleben startet, solltet ihr deutlich machen, dass ihr einen Führungsanspruch habt. Ihr müsst klarmachen, dass ihr euch beruflich entwickeln möchtet. Euer Privatleben gehört nicht in die berufliche Kommunikation. Wenn man bei der Arbeit ständig von der Familienplanung erzählt, dann glauben die anderen, dass man ohnehin demnächst aus dem Unternehmen aussteigt und nicht bei der Sache ist. Die Konsequenz ist, dass man keine Verantwortung übertragen bekommt.

Haltet durch!

Wenn ihr viel erreichen und aufsteigen möchtet, dann solltet ihr immer wissen, dass es Rückschläge gibt und leider nicht immer alles so läuft, wie man sich erhofft hat. In sehr vielen erfolgreichen beruflichen Biografien gab und gibt es Rückschläge. Manchmal bekommt jemand anderes die Beförderung, den Job, das Lob, das man selbst gerne hätte und es wird auch nicht immer erkannt, was man eigentlich geleistet hat. Lasst euch davon nicht abschrecken. Das ist bei Männern genauso, es ist unabhängig vom Geschlecht. In meiner Wahrnehmung reagieren Frauen auf Misserfolge tatsächlich sensibler. Ich rate euch zu akzeptieren, dass es dazugehört und keine persönliche Niederlage ist. Hört bei einem Hindernis und Widerständen nicht auf, sondern macht einfach weiter und glaubt fest an euch. Dann tun es die anderen bald auch.

@ Wie werde ich Psychologin?

Weitere Informationen findest du auf:
http://berufenet.arbeitsagentur.de
In der Suchmaske *„Psychologin"* eingeben.

Gesamtleiterin des CJD Braunschweig und Salzgitter

„Um ein Ziel zu erreichen, muss man oft verschiedene Wege ausprobieren. Das klappt nur mit Hartnäckigkeit, man nannte das früher Dickköpfigkeit.“

SCHULLEITERIN UND EHEMALIGE LEHRKRAFT

Ursula Hellert

Geburtsjahr	1953
Abitur	1971
Studium	Philosophie, Germanistik, Geschichte und Theologie
Privates	Lesen („Lesen ist wie atmen“), Musik hören (Passion für die Oper, klassische Musik, Popmusik in der Jugend: Sergeant Pepper's, die Beatles) und ansonsten draußen leben: raus in die Natur, raus unter Leute! Geschieden, 3 Töchter

BESCHREIBUNG DES BERUFS

Ich bin Leiterin eines sogenannten Verbundes im **CJD** mit ganz unterschiedlichen Einrichtungen: Grundschule, Gymnasium, International School, Internat, Jugendhilfe, Musische Akademie, Werkstatt für Menschen mit Behinderung, Tagesförderstätte, Wohnheim für Menschen mit Behinderung. Und ich bin Herausgeberin des Magazins „denkbar anders" beim CJD. Bis vor ein paar Jahren habe ich auch noch als Lehrkraft am Gymnasium und an der International School, insbesondere auch in Hochbegabtenklassen, unterrichtet. Des Weiteren bin ich als Fortbilderin, Referentin und Coach für Schulen tätig.

Wir im CJD Braunschweig schreiben alle unsere Schulkonzepte selbst und bieten seit 25 Jahren Hochbegabtenförderung an. Hinzu kommen in der Leitungsfunktion vielerlei **Personal- und Organisationsentwicklung**saufgaben.

Ich bin vor allem die „Konzeptfrau". Dazu gehört sehr viel Denk- und Analysearbeit. Wirklich sinnvoll ist Schule nur, wenn eine Pädagogik aufgebaut wird, die zukunftsweisend und in diesem Sinne innovativ ist. Neben der praktischen Erfahrung, die ich habe, muss ich immer „State of the Art" sein. Das heißt, ich muss an den neuesten Erkenntnissen der Pädagogik und Psychologie dranbleiben. Daher nenne ich es „reflektierte Erfahrung", auf der wir unsere Konzepte aufbauen. Inzwischen habe ich den Ruf als Expertin in bestimmten Bereichen erworben und bin im In- und Ausland als solche für Schulen und auf Kongressen tätig. Entwicklungsarbeit mit ganzen Schulen und **Kollegien** gehört auch dazu. Besonders spannend wird es, wenn es um komplette Neugründungen geht. Mein gutes Image fällt als Konsequenz auch auf die eigene Einrichtung zurück.

Das CJD ist stark von Fördergeldern abhängig und so müssen wir für die Durchführung neuer Projekte Fürsprecher finden sowie Netzwerke nutzen. Sinn der Netzwerkpflege ist es, dass ich über kontinuierlichen Einsatz zu jedem Thema, auf das ich im Arbeitsalltag stoße, eine AnsprechpartnerIn in Wirtschaft, Politik oder Gesellschaft und Stiftungen präsent habe. Dazu muss man auch von Zeit zu Zeit einfach voneinander hören und wissen, was die anderen machen. Am besten ist es, wenn tatsächlich eine Win-Win-Situation entsteht. Ein Beispiel: Meine Kontakte zu der Volkswagen AG öffnen mir manche Tore auf der Suche nach einem offiziellen chinesischen Partner, den ich für unsere International School brauche, um auch chinesische Kinder aufnehmen zu können. VW wiederum profitiert von mir als Bildungsexpertin. Wir möchten innovative Projekte umsetzen, die Dinge verändern und weiterentwickeln, aber aufgrund von knappen Budgets in sozialen Non-Profit-Einrichtungen muss das alles ohne oder mit ganz wenig Ressourcen für Innovation gelingen. Entwicklung wird zusätzlich zur normalen Arbeit gemacht und schlägt sich entsprechend in Arbeitszeit nieder. Unentgeltlich, versteht sich.

*i Das **CJD** (Christliches Jugenddorfwerk Deutschlands gemeinnütziger e. V.) ist ein sozialer Verein mit über 150 Einrichtungen in Deutschland. Seine Arbeit orientiert sich am christlichen Menschenbild. Unter dem Motto „Die Chancengeber" ist er in vielen gesellschaftlichen Bereichen von der Kinder- und Jugendarbeit, Bildungsarbeit, Behindertenförderung und Migrationsarbeit bis zur Senioren- und Altenhilfe tätig. Das CJD Braunschweig ist eine Einrichtung mit vielfältigen Angeboten zur schulischen und musischen Bildung.*

*i Die **Personalentwicklung** hat zum Ziel, die Kompetenzen der MitarbeiterInnen an die jetzigen und zukünftigen Anforderungen der Arbeitsstelle anzupassen. Das geschieht beispielsweise durch Fortbildungen, die mit der MitarbeiterIn geplant werden. Bei der **Organisationsentwicklung** geht es darum, die Strukturen und Arbeitsabläufe in der Organisation zu verbessern.*

*i **Kollegien** sind eine Form der Gruppenarbeit, bei der die GruppenteilnehmerInnen nicht die gesamte Arbeitszeit in der Gruppe verbringen. Sie erfüllen vielmehr neben der Gruppenarbeit hauptamtlich ihre jeweiligen Aufgaben weiter.*

Um unter diesen Bedingungen das Ziel zu erreichen, muss man es klar vor Augen haben. Selbst wenn man noch keine Ahnung hat, wie man dahin kommt. Irgendeinen Weg gibt es immer, und wenn der sechste Versuch nicht klappt, dann eben der dreizehnte. Bei der Gründung einer Grundschule als Ganztagsschule oder der Entwicklung der Musischen Akademie hieß es auch am Anfang: Das geht doch nicht. Es ging zunächst auch nicht. Der Aufbau unserer Ganztagsgrundschule war politisch ein sehr schwieriger Gang. Soweit wir wissen, waren wir die erste wirklich konzeptionelle Ganztagsgrundschule mit integrativer Hochbegabtenförderung. Um solche Wege zum Ziel zu führen, ist Hartnäckigkeit ein wesentliches Kriterium – früher nannte man das Dickköpfigkeit.

Tagesablauf

Im Schnitt arbeite ich zwölf Stunden am Tag. Um 20 Uhr nach Hause zu kommen, ist für mich das Gefühl eines normalen Tages. „Schreibarbeit" wie Artikel für unser Magazin für nachhaltiges Leben und Lernen „denkbar anders" nehme ich auch als Arbeit mit nach Hause. Allerdings klappt Schreiben nicht mehr, wenn der Tag noch länger wird. Das wird dann Arbeit für das Wochenende. Neue Themen erarbeite ich meistens im Urlaub. Das ist in Ordnung, weil Lesen für mich gar nicht in die Unterscheidung von Arbeit oder Freizeit fällt. Jeder Tag sieht anders aus. Gestern beispielsweise war ich die ersten vier Stunden in Sitzungen, habe dann die vor mir liegende Wochenarbeit strukturiert und **Öffentlichkeitsarbeit** gemacht. Danach hatte ich einen Termin mit zwei KollegInnen, um einen Kongress für Hochbegabtenförderung vorzubereiten. Nachmittags hatte ich Personalgespräche. Und ab 17 Uhr hatte ich beruflich-gesellschaftliche Treffen mit Firmen-Vorständen. Spät am Abend gab es den Neujahrsempfang der Industrie- und Handelskammer.

i ***Öffentlichkeitsarbeit*** *ist die gezielte Kommunikation eines Unternehmens oder einer Organisation, um in der Öffentlichkeit langfristiges Vertrauen aufzubauen. Öffentlichkeitsarbeit beinhaltet unter anderem Publikationen in Zeitschriften oder anderen Medien, die Homepage, einen Tag der offenen Tür, das Sponsoring von kulturellen, sozialen oder Sportaktivitäten oder auch das Halten von Vorträgen.*

RÜCKSCHAU

Eltern und Schule

Es gibt ein Klischee in der Soziologie: Katholisches Arbeitermädchen vom Lande. Das war ich. Mein Vater war Schreiner und meine Mutter hatte keinen Beruf. Wir lebten in einer kleinen westfälischen Landwirtschaft. Keiner aus meinem Umfeld hat studiert, und es gab auch keine Bücher in meinem Elternhaushalt. Mit sechs Jahren habe ich im Radio von „Geschichten aus 1001 Nacht" gehört. Danach habe ich mir das Buch mehr oder weniger ertrotzt. Es ist auch heute noch mein Buch Nummer eins. Danach habe ich alles gelesen, was ich irgendwie lesen konnte. Es gab eine kleine Kirchenbibliothek, in der wirklich nicht viele Bücher standen. Dort habe ich sehr früh mitgearbeitet, weil ich dadurch einfach alles lesen konnte, was dort stand, ohne dass ich die 10 oder 20 Pfennig Leihgebühr zahlen musste. Ab dem neunten Lebensjahr habe ich immer selbst Geld verdient und angefangen, dies vor allem auch in Bücher umzusetzen. Als Kind habe ich beim Bauern gearbeitet und ab dem dreizehnten Lebensjahr in den Ferien in Firmen, nachdem ich mir selbst das Schreibmaschinenschreiben beigebracht hatte. Während der Schulzeiten habe ich immer sehr viel Nachhilfe gegeben.

Sehr früh war mir klar, dass nur möglich war, was ich selber schaffen konnte. Es stand in meinem Elternhaus überhaupt nicht zur Debatte, dass ich aufs Gymnasium gehen könnte. Die Gymnasialempfehlungen seitens der Schule gab es damals nicht. Im Denken meiner Eltern und in dieser Dorfstruktur gab es so etwas nicht einmal als Möglichkeit. Weil ja von vornherein klar war, wie das Leben verlaufen würde: Ich sollte die **Volksschule** abschließen, heiraten, vielleicht noch eine Lehre machen, vielleicht aber auch nicht. Eine große biografische Zufallssituation führte dann dazu, dass es mit dem Gymnasium doch klappte. Damals gab es ein gezielteres Programm der Regierung in Nordrhein-Westfalen, mehr begabte Arbeiterkinder auf weiterführende Schulen zu bringen. So kam die Grundschule auf meine Eltern zu und sie haben mich zur Aufnahmeprüfung gelassen.

*Die **Volksschule** wurde in Deutschland nach 8 Jahren Schulpflicht mit dem Volksschulabschluss abgeschlossen.*

Der zweite Zufall war, dass mein Vater, der kriegsverletzt und inzwischen sehr krank war, als Folge ein einfacher Beamter bei der Bahn geworden war. Dadurch erhielt ich die Fahrkarte umsonst; sonst wäre es schon an diesen Kosten gescheitert. Wenn ich meinen Kindern von meiner Jugend erzähle, könnte ich auch aus dem 19. Jahrhundert erzählen, das kommt für sie auf dasselbe hinaus. Wasser von der Pumpe, Plumpsklo bei den Schweinen; und kulturell gab es gar nichts in diesem Haus. Es gab nur von morgens bis abends schwere Arbeit, um das Nötigste zum Leben zu haben. Die Welt hat sich natürlich auch in diesem Dorf rasant geändert. Der Umbruch kam irgendwann, aber dieses Dorf erreichte er sehr spät. Das betrifft den wirtschaftlichen Umbruch, noch mehr aber den gesellschaftlichen. Telefon gab es beispielsweise in unserem Haushalt erst nach 1971, als ich schon zum Studieren weggezogen war.

Damals als Neunjährige wusste ich, dass ich diesen Schritt tun will, dass ich um jeden Preis auf dieses Gymnasium in der fernen Stadt kommen will. Aber mir ist bis heute unklar, woher dieser Wille kam. Ich wusste nur, ich muss zu dieser Schule, das ist meine Fahrkarte in die Welt. Damals gab es auf den Gymnasien noch einen hauswirtschaftlichen Zweig. Mit dem Abschluss konnte man auf die pädagogische Hochschule gehen, um Grundschullehrerin zu werden. So war die gängige Vorstellung: Wenn man schon „so etwas" macht als junge Frau, dann wird man wenigstens Grundschullehrerin. Weil die Frau dann ja ab mittags wieder zu Hause ist. Das hauswirtschaftliche Abitur war das, was die meisten, auch als begabte Frauen, anstrebten, weil es mit den damaligen Rollenvorstellungen vereinbar war. Nach der sechsten Klasse musste ich mich entscheiden, ob ich das Vollgymnasium absolviere.

Offiziell wurde uns davon abgeraten, selbst von vielen Lehrkräften. Meine Eltern hatten keinen Einfluss mehr auf diese Entscheidung. Beim Thema Gymnasium waren sie von Anfang an quasi vor der Tür. Es gab von einem Jahrgang immer nur eine kleine Gruppe, etwa ein Drittel, die diesen vollgymnasialen Zweig belegte. Als Lehrkräfte hatten wir in diesem katholischen Mädchengymnasium fast ausschließlich Frauen, Akademikerinnen, von denen viele promoviert hatten. Es war zu dieser Zeit ebenso klar, dass keine dieser Frauen verheiratet war. Dieser Preis war zu zahlen. Man hatte entweder studiert oder man war verheiratet. Und viele von denen, gerade auch die Direktorin dieses Gymnasiums, sind in meinen Augen auch an solchen Verbitterungen gescheitert, dass sie diese Entscheidung für eine akademische Laufbahn mit privater Einsamkeit bezahlen mussten. Das Verrückte an unserer Situation als Schülerinnen war, und das war mir schon damals bewusst, dass wir, die wir den gleichen Weg gehen wollten wie diese Lehrerinnen, dafür von ihnen auf eine merkwürdige Weise verachtet wurden. Natürlich nicht von allen, aber doch von zu vielen. Wir waren sozusagen die beschimpften Intellektuellen, weil wir später – sollten wir doch einmal heiraten – nicht einmal wüssten, wie ein Gästetisch eingedeckt wird, wenn unser promovierter und erfolgreicher Mann seinen Chef mit nach Hause bringt. Wir lebten geradezu in allen Klischees und erlebten, was es bedeutet, ihnen nicht zu folgen. Es waren relativ wenige Mädchen, die das durchhielten.
Auch wurde schulisch sehr streng ausgesiebt. Wir haben mit 48 Mädchen in der Klasse 5 angefangen. Inklusive Wiederholerinnen haben in diesem Vollzweig nur 14 Mädchen am Ende das Abitur abgelegt. Außer mir gab es nur noch ein anderes Mädchen, dessen Vater Arbeiter war, alle anderen hatten größtenteils Väter, die Großbauern oder auch Akademiker und Selbstständige waren. Nach den Berufen der Mütter hätten wir nicht einmal gefragt. Mich hat damals früh beschäftigt, ob es eigentlich eine Chance gibt, so akzeptiert zu werden, wie ich bin, auch in einer Frau-Mann-Beziehung. Die Frage war, ob es für solche „schrägen Typen“ wie mich überhaupt einen Freund gibt. Ich habe mich nicht als zugehörig gefühlt. Nicht in der Welt, aus der ich kam, und auch nicht in der neuen Welt, in die ich wollte. Das vom ersten Lebenstag an eingeübte Selbstbild, wie Mädchen oder Frau zu sein hat, konnte ich auch nicht einfach abschütteln. Mein Selbstgefühl war geprägt von dem Gedanken „Irgendwie bist du nicht richtig“; der Gedanke hätte ja auch heißen können: „Irgendwie sind die Verhältnisse nicht richtig“. Aber so eine Perspektive hatte ich zwar theoretisch, aber mich selbst sah ich noch anders, besser: fühlte ich noch anders. Es gab bei mir allerdings nie die Fragestellung, ob ich das vielleicht lassen sollte, das Lernen, Studieren. Niemals. Das war außerhalb des Denkbaren. Dann hätte ich auch aufhören können zu essen.

Berufseinstieg

Nach meinem Studium der Philosophie, Germanistik, Geschichte und Theologie habe ich beim CJD als junge Lehrerin angefangen. Das Unterrichten hat mir immer viel Spaß gemacht. Ich blieb beim CJD, weil sich mir viele Entwicklungsmöglichkeiten in der Schule und für die Schule boten. Ich wusste früh, dass ich Lehrerin werden wollte, aber wenn mir jemand mit 24 Jahren gesagt hätte „Du wirst später eine umfassende Leitungsposition einnehmen", wäre das jenseits jeder Vorstellung gewesen. Und damit ist quasi auch mein Manko in der eigenen Biografie beschrieben; ich habe zu wenig geplant. Ich habe nicht langfristig über mögliche Laufbahnen nachgedacht. Hätte ich es getan, hätte ich damals zum Beispiel – wie auch immer praktisch machbar – die Promotion erzwingen müssen. Denn man kann fachlich sehr gut sein; und doch fehlt ohne akademischen Titel die Eintrittskarte zu größeren Wirkkreisen. Ohne Eintrittskarte kommt man nicht hinein. Auf einem Kongress beispielsweise bekomme ich immer den zweiten, aber nie den ersten Vortrag angeboten. Das hat nichts mit der Sache zu tun, sondern einfach mit Spielregeln. In der gesamten Bildungslandschaft wäre Einflussnahme leichter und intensiver möglich gewesen mit akademischem Grad. Wie es in meinem Leben gekommen ist, wie in der Kombination von Arbeit und Privatleben sich andere Profilierungen ergeben haben, damit bin ich ganz einverstanden. Aber ich weiß heute ebenso, dass es bezüglich der Promotion anders gekommen wäre, wenn ich irgendjemanden in meiner Nähe gehabt hätte, der sich ein bisschen in diesen Dingen auskennt. Ich hätte eine Beraterin oder einen Berater gut gebrauchen können. Heute ist dies mein immer wiederholter Rat an junge Frauen, sich solche Möglichkeiten für langfristige Entwicklungen auf jeden Fall zu sichern und dies nicht aufzuschieben.

Familie und Beruf

Als ich meine Kinder bekommen habe, gab es den **gesetzlichen Schutz** von heute noch nicht. 1978, mit 24 Jahren, wurde meine erste Tochter geboren. Es gab acht Wochen Mutterschutz, danach musste ich in den Job zurück, weil ich sonst keine Stelle mehr gehabt hätte. Zwei Jahre später habe ich Zwillinge bekommen und vier Monate Mutterschutz erhalten. Dann musste ich mich wieder für oder gegen den Beruf entscheiden. Entweder wären wir also SozialhilfeempfängerInnen geworden oder ich musste direkt zurück in den Beruf. Auch vor meiner Scheidung war ich gleichzeitig die Familienernährerin. Krippen gab es noch nicht. So habe ich proportional den größten Anteil meines Gehaltes in Kinderbetreuung umgesetzt. Von Anfang an habe ich eine Kinderfrau ganztägig sozialversichert angestellt. Anders wäre ein Alltag nicht organisierbar gewesen. Doch selbst außerhalb dieser Betreuung durch Dritte blieb noch so viel an Chaos für mich übrig, dass ich mich im

i *Der heutige* ***Mutterschutz*** *und die Elternzeit ermöglichen eine bis zu dreijährige Unterbrechung des Arbeitsverhältnisses.*

Nachhinein manchmal frage, wie ich das eigentlich geschafft habe. Auch weil meine drei Kinder über viele Jahre extrem krank waren, zu Hause und mit langen Zeiten in Krankenhäusern. Das materielle Leben war bei uns sehr bescheiden, wohl oder übel. Wir hatten gebrauchte Kleider, Möbel, Autos und so weiter. Aber für mich war immer klar, nur mit so viel Investition in Hilfestellung durch Kinderbetreuung ist für meine Töchter und mich die Chance auf eine Zukunft im Sinne einer selbstbestimmten Lebensgestaltung überhaupt offen zu halten. Ich hatte nie das Gefühl, uns ginge es materiell schlecht. Es gab durchaus Zeiten, in denen ich gedacht habe, dass es nicht gelingen wird, die Kinder „durchzubringen", das Geld zu verdienen und alles irgendwie zu überleben. Es war zu dieser Zeit noch ungewöhnlich, alleinerziehend mit drei Kindern zu sein, und – trotz der Krankheit der Kinder – zu arbeiten. Neben sehr guten FreundInnen, die mich lebenspraktisch unterstützt haben, gab es auch andere Stimmen. Das ging bis hin zu bösen Sprüchen, dass meine Kinder sicher nicht so krank wären, wenn ich als Mutter zu Hause bliebe. Ich hoffe, so etwas gibt es heute nicht mehr. Natürlich war es parallel auch ein Kampf mit dem eigenen ererbten schlechten Gewissen. Diesen Drang, sich immerzu zu rechtfertigen, musste ich aber mit harter Arbeit ablegen. Es geht darum, zu erkennen, was einem selbst wichtig ist, und zu jedem Schritt sagen zu können: Das bin ich, damit identifiziere ich mich. Es geht um mein Leben und nicht darum, dass die Welt mein Leben goutiert. Klarheit nenne ich das, worum es geht. Du musst wissen, warum du deine Entscheidungen triffst. Später musst du denjenigen, die ein Recht darauf haben – vor allem deinen Kindern – im besten Sinne Rechenschaft ablegen. Aber ansonsten muss die Welt dich nehmen, wie du bist. Leben kannst du nur, wenn du zu deinem Leben ja sagen kannst. Das habe ich auch an meine Töchter weitergegeben. Meine Kinder werden immer in einigen Dingen weniger und in manchen auch sehr stark beeinträchtigt sein. Wenn ich den Beruf nicht gehabt hätte, hätte ich wohl angefangen, mich nur noch um unser eigenes gefühltes Unglück zu drehen. Ich wollte meinen Kindern jedoch das Gefühl von Stärke vermitteln, sie sollten sich nicht ständig sagen, dass sie irgendwie benachteiligt seien. Die Vermittlung dieser Art von Selbstgefühl und Selbstbewusstsein wäre mir sehr viel schwerer gefallen, wenn ich nicht im positiven Sinne gezwungen worden wäre, mich auch immer mit beruflichen und geistig herausfordernden Themen zu beschäftigen.

Vorbilder

Meine Schulzeit oder genauer: meine Schule fand ich wirklich schrecklich. Aber es gab bei den Lehrerinnen und den wenigen Lehrern natürlich auch Ausnahmen. Bei zweien kann ich sagen, dass sie für mich „Eye Opener" waren. Sie brachten mich mit Philosophie zusammen. Das Wort hatte ich vorher noch nie gehört. Ich konnte durch sie Denk- und Kulturwelten erahnen, die ich unbedingt ergründen wollte.

Eine Beraterin oder ein Vorbild für manche Situationen im Beruf wäre sicher sinnvoll gewesen, aber wo hätte ich die finden sollen? In den meisten Fällen war ich entweder die erste – wie bei den **Rotariern** – oder ich war als Frau in der Minderheit. Das zieht sich bei mir durch die Biographie. Es ist schwierig, einen guten gelassenen Überblick zu haben, wenn man oft die erste oder eine von wenigen ist. Ich wollte ja beides, Beruf und Familie. Und dann wollte ich weiterhin Neues denken und nach Möglichkeit auch schreiben.

i ***Rotarier** sind Mitglieder des Rotary Clubs, des weltweiten Netzwerks aus Führungskräften aller Berufe, dessen Vision es ist, denjenigen zur Seite zu stehen, die sich nicht selbst helfen können.*

EINSTELLUNG ZUM BERUF

Meine Lieblingsaufgaben haben immer damit zu tun, dass es um analytisches und strategisches Denken geht: Wir brauchen in der Schule ein System, in dem integrativ gearbeitet werden kann und nicht mehr die Notwendigkeit besteht, die Kinder nach Leistung zu sortieren. Bis heute haben wir in der ganzen Bildungslandschaft noch keine Vorstellung, wie wir da hinkommen. Damit meine ich nicht bürokratische Verordnungen, sondern die Veränderungen im inneren System Schule.

Verhasst sind mir dagegen die notwendigen bürokratisch-statistischen Aufgaben und all diese Querelen mit Behörden, welche leider sehr viel Zeit schlucken. Anstrengend ist die Suche nach dem notwendigen Geld.

Als Lehrerin folge ich zwei grundsätzlichen Motivationen. Die eine ist die Leidenschaft für Inhalte. Wenn Sie diese Leidenschaft besitzen, dann denken Sie nicht „Oh Gott, ich muss eine Stunde vorbereiten", sondern Sie lesen mit Freude ein neues Buch zu dem Thema. Darüber hinaus verspüre ich eine große Lust daran, die Grundwege des Denkens und den Kontakt mit Lehrstoffen anderen zu vermitteln. Ich habe Lust, das kleine Kind für Rechnen zu begeistern oder den Jugendlichen dafür, dass sich das Nachdenken darüber lohnt, warum tatsächlich Menschen an Gott glauben. Es geht dabei nicht darum, dass diese Jugendlichen das Gleiche denken sollen wie ich, sondern nur darum, dass sie den Trieb kennenlernen, darüber nachzudenken. Egal, welche Position sie oder er schließlich am Ende einnimmt.

Wenn ich mich als Lehrkraft für die Arbeit mit den Kleinen entscheide, dann muss hohe Professionalität und das Bewusstsein vorhanden sein, dass diese Anfänge so unendlich viel darüber bestimmen, was in der gesamten späteren Entwicklung passieren wird. Welche Möglichkeiten durch den eigenen Unterricht geschaffen werden, welche erhalten und welche verbaut werden. Die Lust, eine solche Bereitstellende, eine Helferin zu sein, muss groß sein. Bei den älteren Kindern muss zusätzlich die eigene Begeisterung für die Fachwissenschaft spürbar sein. Die Eigenschaften, sich selber nicht zu ernst zu nehmen und Humor sind sehr wichtig. Ein humorvoller Mensch verspürt nicht die Notwendigkeit, im Unterricht Macht auszuüben. Wenn Unterricht zu irgendeiner Art von Machtspiel wird, ist das furchtbar – Disziplin ist etwas ganz anderes

Ursula Hellert zeigt eine Urkunde für gute Qualität der Bildungseinrichtung.

„Schule muss in der Art verändert werden, dass nicht mehr die Notwendigkeit besteht, Kinder nach Leistung zu sortieren, um sie zu fördern."

als Macht. Ich würde meine Motivation, Schule zu gestalten, sogar als einen Trieb bezeichnen. Ich denke immer, man kann doch gar nicht verhindern, wahrzunehmen, wie radikal die Welt umbricht. Wir erleben keinen einfachen Generationenwechsel, sondern einen Epochenwechsel, der genauso groß ist wie der am Anfang des industriellen Zeitalters und möglicherweise sogar vergleichbar mit dem Übergang vom Mittelalter zur Neuzeit. Wieder brechen alte Strukturen weg, wir befinden uns im so genannten medialen Zeitalter. Das bedeutet nicht nur, dass wir alle Internet und Handy haben, sondern auch, dass Zeit und Ort als Konditionen unseres Denkens immer unwichtiger werden – das hat Einfluss auf unser gesamtes Leben. Auf solche Änderungen – die bis in das Beziehungs- und Familiengefüge hinein gehen – kann sich keiner vorbereiten. Keiner kann sie einüben, aber wir müssen uns überlegen, wie wir unsere Kinder für eine Welt erziehen, die wir noch nicht einmal kennen. Das ist unser notwendiges Thema! Ich möchte ein Plädoyer für wirklich radikales Denken aussprechen. Damit man sich nicht mit moralischen Appellen aufhält, im Stil von „Man sollte und man müsste". So funktioniert Veränderung nicht. Ich kann mich tausendmal hinstellen und sagen, dass es doch viel besser wäre, wenn die Menschen zusammenblieben; also sollen sie gefälligst zusammen bleiben. Es werden aber trotz meiner „klugen" Reden genauso viele Ehen geschieden. Oder die Klagen, dass Eltern endlich ihre Kinder besser erziehen sollen, damit wir die Probleme in der Schule reduzieren. Und trotzdem bringen Kinder immer intensivere Probleme mit hinein ins schulische Leben. Also weg vom moralisch unterlegten Klagen. Nicht immer an der Oberfläche bleiben, nicht immer sofort bewerten und als Antwort nur moralische Appelle draufsetzen. Erstens bewirkt es nichts und zweitens ist es unerträglich. Diese gesellschaftlichen

Veränderungen werden immer noch als individuelles Problem wahrgenommen, aber das sind sie nicht. Man muss akzeptieren, dass die Multiplizität, die wir inzwischen in allem und jedem haben, tatsächlich existiert. Von dieser Akzeptanz ausgehend heißt es zu überlegen, welche Konsequenzen für den Bereich Bildung und Erziehung zu ziehen sind. Die Schule ist nicht das Maß der Dinge. Dieser Anspruch hat sich nicht nur überlebt, er hat sich einfach aufgelöst. Die Aussagen von Lehrkräften werden genauso hinterfragt wie alle anderen Aussagen in dieser Welt. Zu einem Standpunkt kann man heute unzählige andere im Internet finden. Die Schule, die PädagogInnen können sich nicht mehr hinstellen und behaupten, dass sie allein wüssten, wie Erziehung richtig ist.

Motivation für den Unterricht mit Hochbegabten

Mit der Förderung von Hochbegabten haben wir im CJD Braunschweig 1980 begonnen, so etwas gab es zuvor in Deutschland noch nicht. Unser Engagement war stark von Learning by Doing geprägt. Es zeigte sich rasch, dass es sich auch hier um eine überhaupt nicht homogene Gruppe handelt. Zwischen einem Intelligenzquotienten (IQ) von 130 und 150 liegen Lichtjahre. Und die Leistung zweier SchülerInnen mit einem identischen IQ unterscheidet sich immer. Die Unterschiede können sogar riesig groß sein. Das war für mich die Grundlage der Erkenntnis, dass es für alle SchülerInnen so ist, nicht nur in der Gruppe der Hochbegabten. Die gesamte Schule als System muss verändert werden, so dass wir am Ende nicht mehr von Hochbegabtenförderung als Spezialzweig sprechen müssen. Wenn wirklich ein System gebaut wird, in dem Vielfalt nicht nur ertragen wird, sondern gewollt ist und ihr Raum gegeben wird, braucht man nicht mehr über eine besondere Förderung in die eine oder andere Richtung zu sprechen. Denn dann ist Schule so gebaut, dass alle sich entfalten können.

Was kann also die Schule tun - was muss sie tun?

Sie muss, wenn man so will, ihre Ansprüche überdenken. Wir müssen unsere Systeme dem anpassen, wie Menschen heute wirklich ticken, und nicht, wie sie ticken „sollen". Die wichtigste Veränderung besteht darin, Lehrkräfte aus der Einzelkämpfersituation herauszuholen und das pädagogische Personal auf Arbeit in professionellen Teams umzustellen. Für die SchülerInnen müssen Räume geschaffen werden, in denen sich Individualität entfalten kann. Schule muss mit einem Höchstmaß an Transparenz die Ziele, das Bewertungssystem und auch die Arbeitsschritte nach außen kommunizieren. Wenn wir nicht mehr die Wahrheit gepachtet haben, weil wir PädagogInnen sind, müssen wir umso klarer sagen können, was genau wir wollen und leisten und was nicht. Und dazu können die Eltern und SchülerInnen „ja" oder „nein" sagen. Es muss Raum für Persönlichkeitsentwicklung und für die damit verbundenen

Fragen geben: Wer bin ich und wo bin ich angebunden? An meine Beziehung zum Absoluten – im Christentum sagen wir „Gott“ – an meine Beziehung zur Welt und zum Nächsten. Das meint Werteorientierung. In der geschaffenen Struktur muss der Einzelne immer den Raum haben, so zu leben, dass insgesamt ein Lernen möglich ist.

ERFAHRUNG ALS FRAU IM BERUFSALLTAG

1990 bekam man noch die Anweisung, dass Frauen zu einer Leitungskonferenz auf höchster Ebene im CJD nicht in Hosen kommen sollten. Das kann man als Kulturgeschichte erzählen, solche Dinge gibt es natürlich nicht mehr. Dafür gibt es subtilere Dinge. Ich kenne auch heute noch Männer, die sich schwer damit tun, eine gleichberechtigte Kommunikation mit einer Frau in Leitungsfunktion zu führen. Kommunikation über diesen Konflikt ist im Regelfall nicht möglich, denn es geht ja um Wahrnehmungen. Wenn der männliche berufliche Partner damit wirklich ein Problem hat, wird er solche Wahrnehmungen als Unterstellungen zurückweisen. Das Wichtigste in meinem Werdegang war, mich in vielen Situationen mit der Frage abgrenzen zu lernen: „Wessen Problem ist das eigentlich?“ Und dann zu antworten: „Meines ist es nicht, sondern das meines Gegenübers“ – auch wenn mein Gegenüber mir damit Schwierigkeiten machen kann. Wenn in einer Arbeitsrunde irgendwelche Äußerungen gemacht werden, die für den Blick auf Frauen nicht angemessen sind, dann haben Sie nicht die Wahl, nichts zu sagen, egal ob es Sie betrifft oder nicht. Das Spiel geht immer so: Da sitzen 17 Männer und drei Frauen, und wenn dann auch nur auf der Witzebene oder in der leichten subtilen Andeutung solche Äußerungen fallen und man nicht dazu Stellung bezieht, dann wird man für die andere Seite vereinnahmt. Man kann sich nicht in eine Neutralität zurückziehen. Es gibt sie einfach nicht. Ich habe immer diesen Zwang gespürt, an solchen Stellen sozusagen für alle Frauen das Feld zu markieren, natürlich auch mit der Konsequenz, dass ich zur Spaßverderberin erklärt wurde. Das mache ich, auch wenn ich dazu nicht immer Lust habe, um eines „großen Ganzen“ Willen und sei es um meiner Töchter Willen.

Macht reflektieren Frauen und Männer meiner Ansicht nach sehr unterschiedlich. Über die Frage nach dem richtigen Umgang mit Macht und darüber nachzudenken, welchen Einfluss sie auf die Persönlichkeit ausübt, ist eher frauenspezifisch. Als ich eine Diskussion über den Einfluss von Macht und Hierarchie auf das Verhalten von MitarbeiterInnen und Führungskräften vor einem großen Publikum angestoßen habe, kamen einige Frauen auf mich zu und sagten, dass sie froh seien, dass dies endlich einmal öffentlich ausgesprochen werde. Sie hätten so oft das Gefühl, dass „Mann“ einfach nicht darüber spricht. Und das, obwohl es so wichtig ist und die Zusammenarbeit so sehr bestimmt. Männer neigen dazu, zu sagen, dass jemand, der sich solche Fragen stellt, eben nicht für Positionen mit wirklicher Macht geeignet ist. Aus einer wirtschaftlichen Perspektive gesehen haben wir in Deutschland noch lange nicht die Selbstverständlichkeiten erreicht, die wir erreichen müssen. Es gibt immer noch unterschiedliche Bezahlungen von Frauen und Männern für dieselbe Arbeit, und es gibt ganz wenige Frauen in Vorständen und Aufsichtsräten. Finnland hat eine Quote für Frauen in Aufsichtsräten. Ich finde das gut. Ich kenne die komplette Diskussion über die Frauenquote. Da hörte ich schon verführerische Sätze wie: „Frau Hellert, das haben Sie doch gar nicht nötig, das haben Sie doch auch so geschafft!" Mein Punkt ist aber einfach der, dass man gesellschaftliche Strukturen am leichtesten durch Fakten verändert. Die Quote würde Fakten schaffen und damit die Voraussetzung, sie wieder abzuschaffen. Die Vorstellung, dass Posten und Positionen nur sachorientiert vergeben werden, ist irrwitzig. Sie werden in Netzwerken vergeben. Diese Netzwerke sind heute männlich. Und ohne Quote dauert es mir einfach zu lange, bis sie genug durchmischt sind. Wenn Frauen nicht in den Führungspositionen sind, dann sind sie auch nicht in den Netzwerken, über die viele Positionen vergeben werden. Wir werden aber in Zukunft in viel stärkerem Maße berufstätige Frauen sogar brauchen, entsprechend der **demographischen Entwicklung**.

Die Frage wird sich also überleben, ob „die Gesellschaft" Frauen lieber zu Hause oder im Beruf sähe. Wenn Frauen für den Erhalt des Wohlstandes gebraucht werden, wird es neue Lösungen geben. Menschen schaffen immer Lösungen für die Dinge, die für sie die höchste Priorität haben. Insofern bin ich sicher, dass wir Veränderungen erleben werden. Ob das auch die inneren Rollenbilder verändert, ist eine andere Frage.

*Die **demographische Entwicklung** zeigt die Änderung der Bevölkerungsstruktur. Die Trends zeigen eine Überalterung der Gesellschaft mit rückgängigen Geburtenraten. Es droht ein Mangel an hochqualifizierten Arbeitskräften.*

ZIELE

Beruflich möchte ich die International School weiterentwickeln und unsere Musische Akademie zu einem „Leuchtturm" mit spartenübergreifenden Projekten, mit Tanz, Theater und Musik ausbauen. Daneben planen wir momentan ein Projekt, bei dem es um gemeinschaftliches Leben der Generationen und von Menschen mit und ohne Behinderung geht. Wir wollen einen Platz schaffen, an dem sich Junge und Alte nicht künstlich begegnen, sondern einfach zusammen Leben gestalten.

Im persönlichen Bereich wird das Schreiben noch mal ein größeres Thema für mich. Wenn ich nicht mehr so vollgepackte Tage habe wie momentan, möchte ich Kinderbücher schreiben. Die Philosophie, die schon mein Studienfach war und mich mein Leben lang begleitet hat, wird ein wichtiges Element in meinem Leben bleiben. Ich gehe davon aus, dass ich immer ein Mensch sein werde, der arbeitet, und kann mir neben dem Schreiben ebenso Stiftungsarbeit oder – wie schon früher – Kinder- und Jugendarbeit vorstellen.

RATSCHLÄGE

Tauscht euch mit anderen Frauen aus!

Wenn ihr jungen Frauen jemanden kennt oder im weiten Umfeld habt, der euch „coachen“ könnte, nutzt auf jeden Fall diese Chance. Am besten tauscht ihr euch mit einer Frau aus, weil auch sie die Situationen kennt, die Männer nicht erleben. Dadurch könnt ihr gleich von Anfang an besser auf einige strategisch wichtige Steps in euren beruflichen Leben achten. Heute kann ich zurückblicken und sehen, dass manche Wunde für mich vermeidbar gewesen wäre, wenn ich früher Handeln in Feldern trainiert hätte, in denen es längst nicht nur sachorientiert zugeht. Oftmals sind Dinge inhaltlich schwer voranzubringen, weil Aspekte des Macht- und Statuserhaltes eine Rolle spielen. Da gilt es, klug zu handeln und dabei authentisch zu bleiben. Es lohnt sich!

@ Wie werde ich Lehrerin?

Weitere Informationen findest du auf:
http://berufenet.arbeitsagentur.de
In der Suchmaske *„Lehramt“* eingeben.

Links:
www.denkbaranders.de

Justiziarin bei einem Energieversorger

„Du selbst bist für dein Leben verantwortlich und nur du kannst für dich entscheiden.“

RECHTSANWÄLTIN

Dr. Alexandra Thuerkow

Geburtsjahr	1980
Abitur	1999
Studium	Studium der Rechtswissenschaften an der Universität Passau, Université de Nantes und der Humboldt Universität zu Berlin Referendariat am Hanseatischen Oberlandesgericht (OLG)
Promotion	2009
Privates	Sport, Reisen, FreundInnen, Lesen, gutes Essen

BESCHREIBUNG DES BERUFS

Ich bin Rechtsanwältin. Als Unternehmensjuristin arbeite ich bei einem Energieversorger. Mein Aufgabengebiet ist sehr vielfältig und beinhaltet vor allem das Energie- und allgemeine Wirtschaftsrecht. Ich berate die Geschäftsführung und meine KollegInnen bei juristischen Fragestellungen, entwerfe oder prüfe Verträge, bin bei Verhandlungen mit dabei und gegebenenfalls auch Ansprechpartnerin für Externe. Grundsätzlich vertrete ich dabei natürlich die Interessen meines Unternehmens. Wie die in konkreten Fällen gelagert sind, erfahre ich vorab durch Gespräche mit den Verantwortlichen. Dabei muss ich mich manchmal in technische Sachverhalte einarbeiten oder bestimmte kaufmännische Abläufe verstehen. Oft frage ich, in welchen Bereichen es in der Vergangenheit Probleme gab, weil ich die natürlich in der Zukunft vermeiden möchte. Die Zusammenarbeit mit der Geschäftsführung und den MitarbeiterInnen anderer Fachbereiche macht mir Spaß und ich lerne dabei ständig Neues.
Mein jetziger Tagesablauf startet meist zwischen acht und neun Uhr. Ich bin relativ frei in der Zeiteinteilung, was ich gut finde und mir auch wichtig ist. Habe ich Fristen und viel auf dem Schreibtisch, komme ich auch mal früher oder bleibe abends länger. Genug zu tun ist immer und langweilig wird es nie. Häufig benötigt mein Chef, der Geschäftsführer, eine konkrete Rechtsauskunft; meine KollegInnen mailen mir oft oder rufen mich an und schildern auf diesem Weg ihre Probleme oder Fragen. Manches ist schnell zu beantworten, manches dauert und ich muss mich selber erst einlesen. Das ist ganz unterschiedlich. Eigentlich weiß ich morgens nie so genau, was im Laufe des Tages noch passiert. Es ist häufig so, dass eine bestimmte, eilige Sache meinen grob geplanten Arbeitstag umwirft. Flexibilität und Gelassenheit sind deshalb von Vorteil.

RÜCKSCHAU

Elternhaus

Meine Eltern sind beide JuristInnen, mein Vater war als Anwalt und Notar selbständig. Meine Mutter hat sich im Bereich Wettbewerbsrecht spezialisiert und in einer großen Kanzlei international gearbeitet. Meine Schwester und mein Schwager sind AnwältInnen, sie arbeitet bei einer großen **Wirtschaftsprüfungsgesellschaft**, er in der politischen Entwicklungshilfe. Sie sind momentan beide im Ausland. Mein Freund ist auch Jurist und hat viel mit Steuer- und Insolvenzrecht zu tun. Weil meine Eltern in unterschiedlichen Bereichen gearbeitet haben, waren sie mir wahrscheinlich schon ein indirektes Vorbild. Ich habe gesehen, dass es nach einem Studium der Rechtswissenschaften vielfältige Möglichkeiten gibt. Beide sagten unabhängig voneinander: „Mach´s nicht, es gibt immer nur schlechte Noten im Studium" *(lacht)*. Meine Eltern haben zwar kritisch

i ***WirtschaftsprüferInnen*** *sind für die Prüfung der gesetzestreuen Buchhaltung und Bilanzierung in Unternehmen zuständig, insbesondere für den Jahresabschluss.*

nachgefragt, aber wenn eine Entscheidung gefallen war, haben sie uns in allem unterstützt und mich und meine Schwester immer „machen lassen". Da hatten wir wahrscheinlich echt Glück.

Schule und Ausbildung

Ich bin in Hamburg geboren und habe mein Abitur in Schleswig-Holstein gemacht. Als Leistungskurse hatte ich Biologie und Geschichte belegt, ansonsten mochte ich vor allem Deutsch, Sport und Erdkunde. Ich bin also eher eine Geisteswissenschaftlerin. Die nicht so geliebten Fächer waren die Naturwissenschaften. Nach dem Abitur bin ich als Au-pair ein halbes Jahr nach Sydney gegangen. Das war eine tolle Zeit. Die totale Freiheit. Gewohnt und gearbeitet habe ich direkt am Strand bei einer sehr netten Familie mit drei Kindern, konnte meine Englischkenntnisse erweitern und bin viel gereist. Noch in Australien habe ich meine Bewerbungen fürs Studium ausgefüllt und weggeschickt. Nach meiner Rückkehr habe ich in Passau in Bayern, direkt an der Grenze zu Österreich, angefangen, Jura mit einer integrierten fachspezifischen englischen Fremdsprachenausbildung zu studieren. In Passau habe ich viele Leute aus allen Bundesländern kennen gelernt und ein deutlich „breiteres" Deutschlandbild bekommen. Nach vier Semestern zog es mich mit dem **Erasmus-Programm** für ein Semester nach Nantes/Frankreich. Studiert habe ich dort, ehrlich gesagt, nur am Rande. Nach dem Frankreich-Aufenthalt bin ich nicht zurück nach Passau, sondern nach Berlin gegangen, um mein Studium dort mit dem ersten Staatsexamen zu beenden. Ich hatte Lust auf die Hauptstadt mit den vielen kulturellen Angeboten und guten Möglichkeiten für Nebenjobs. Rückblickend war das eine sehr gute Entscheidung, denn meine Zeit in Berlin hat mich sehr geprägt. Mir war aber immer klar, dass ich für das **Referendariat** und das zweite Staatsexamen wieder nach Hamburg, zurück in die Heimat, gehe.

*Das **Erasmus-Programm** wurde von der Europäischen Union zur Förderung von Auslandssemestern ins Leben gerufen.*

*Das **Rechtsreferendariat** ist der zweijährige praktische Teil der Ausbildung zur VolljuristIn. Es beginnt nach dem ersten Staatexamen und endet mit dem zweiten Staatsexamen.*

Praktika, Referendariat und wissenschaftliche Jobs

Während der gesamten Studienzeit liefen immer relativ viele Praktika, StudentInnen- und Teilzeitjobs nebenher, zum Beispiel in den Rechtsabteilungen bei **Tchibo** in Hamburg, beim **Axel-Springer-Verlag** in Berlin, bei der **Diehl Stiftung** in Nürnberg. Neben Praktika in der Wirtschaft absolvierte ich beim Amtsgericht Passau ein Strafrechtspraktikum und war an der deutschen Botschaft in Wellington/Neuseeland. Noch während des Studiums habe ich bei der Handelskammer Hamburg in der Vertretung in Berlin gearbeitet. Die sitzt im Haus der Wirtschaft. Dort konnte ich unter anderem eine Grundsatzrede zum **Demographischen Wandel** vom damals amtierenden Bundeskanzler Gerhard Schröder oder Reden von dem damaligen Bundespräsidenten Horst Köhler live verfolgen und recht viel von der „Berliner Politik" mitbekommen.

***Tchibo** ist eines der größten deutschen international tätigen Konsumgüter- und Einzelhandelsunternehmen.*

*Der **Axel Springer Verlag** bringt unter anderem die Zeitungsformate Bild und Die Welt heraus.*

*Die **Diehl Stiftung & Co. KG** ist eine Technologieunternehmensgruppe in Familienbesitz.*

Weil ich das spannend fand, habe ich als wissenschaftliche Mitarbeiterin zunächst für eine Bundestagsabgeordnete im Rechtsbereich und danach für den damaligen **Haushaltsausschussvorsitzenden** im Deutschen Bundestag gearbeitet. Neben dieser Arbeit habe ich meine Dissertation geschrieben. Das heißt, ich habe zwei bis drei Tage in der Woche gearbeitet und den Rest der Zeit hatte ich für mich zum **Promovieren**. Neben dem wissenschaftlichen Arbeiten praktisch zu arbeiten, war für mich eine gute Ergänzung, da man dann zwangsläufig nicht zu viel abstrakt denkt. Im Abgeordnetenbüro gab es viele organisatorische Dinge zu erledigen, wie beispielsweise die Besuchergruppen und Schulklassen aus den Wahlkreisen der Abgeordneten begleiten, die Homepage aufbauen und aktualisieren, Pressemitteilungen schreiben, Bürgeranfragen bearbeiten und natürlich vor allem meinen Chef inhaltlich in seiner Arbeit unterstützen. Das war – damals, aber auch rückblickend – eine richtig tolle und spannende Zeit. Reiht man diese praktischen Tätigkeiten aneinander, hört es sich so an, als sei meine Studienzeit völlig durchgeplant gewesen. Das war sie aber definitiv nicht. Eigentlich hat sich alles immer irgendwie ergeben. Dabei bin ich schon mit „offenen Augen" durch die Welt gegangen, aber ich habe meine Ausbildung nicht Jahre vorher festgelegt. Meine Motivation war eher, mich auszuprobieren, einen Einblick in Bereiche zu erhalten, die ich interessant fand, und möglichst viel kennenzulernen. Dabei habe ich bestimmt auch mal das stets hilfreiche Quäntchen Glück gehabt, aber das gehört ja auch dazu.

Zum juristischen Vorbereitungsdienst – dem Referendariat – habe ich Berlin nach fünf Jahren schweren Herzens verlassen und bin wieder zurück nach Hamburg gegangen. Im Referendariat hat man wieder verschiedene Ausbildungsstationen. Ich war unter anderem bei der ständigen Vertretung der **Vereinten Nationen (UNO)** in Rom/Italien, beim Zollfahndungsamt und in großen Kanzleien in Hamburg und New York/USA. Das war auch eine schöne Zeit, weil ich nochmals die Möglichkeit hatte, mir viel Interessantes anzuschauen. Obwohl ich teilweise schon wusste, dass es nicht mein Beruf werden würde. Im Anschluss habe ich einer Professorin an der Bundeswehruniversität Hamburg im Bereich des öffentlichen Rechts wissenschaftlich zugearbeitet. Ich war vorher noch nie an der Universität bzw. einem Lehrstuhl tätig und vor allem die Zusammenarbeit mit der Professorin, aber auch mit den StudentInnen war spannend. Dazu kam wieder Organisationsarbeit. Mal musste ich Aufsicht bei Klausuren machen, mal Themen für Seminare aussuchen und vorbereiten, mal Arbeiten betreuen, mal korrigieren etc. Währenddessen habe ich einen Job – also einen richtigen Vollzeitjob – gesucht. Durch die Nebentätigkeit war ich zeitlich nicht gedrängt, musste keine Jobangebote annehmen und konnte mich ganz in Ruhe umschauen. Bislang hatte ich glücklicherweise oft richtig tolle Vorgesetzte. Die wollten eigentlich immer, dass man besser wird, haben Potenzial gefördert und eigenverantwortliches

*Der **Demografische Wandel** beschreibt Tendenzen der Bevölkerungsentwicklung, beispielsweise der Altersstruktur der Bevölkerung, der Zusammensetzung nach Geschlecht, den Anteilen von Inländern, Zugewanderten und Eingebürgerten an der Bevölkerung, der Geburten- und Sterbefallentwicklung, den Zu- und Fortzügen.*

*Der **Haushaltsausschuss** kontrolliert die Ausgabenpolitik der Bundesregierung. Dauerthema ist die Sanierung der Staatsfinanzen.*

Promotionsthema: *Strafrechtliche Bewertung der anonymen Kindsweggabe in die Babyklappe in Deutschland (2009).*

*Die wichtigsten Ziele der **vereinten Nationen (United Nations Organization)**, als zwischenstaatlicher Zusammenschluss des Großteils der Länder dieser Erde, sind gemäß ihrer Charta die Sicherung des Weltfriedens, die Einhaltung des Völkerrechts, der Schutz der Menschenrechte sowie die Förderung der internationalen Zusammenarbeit.*

Arbeiten unterstützt. Praktika und Nebenjobs fand ich für mich selber immer ganz wichtig und würde das auch empfehlen. In meinem Umfeld haben das manche vernachlässigt und dann letztlich nur die Pflichtpraktika gemacht. Mir hat es zum einen einfach Spaß gemacht, weil ich zwar meine Freizeit sehr genieße, aber grundsätzlich auch gern arbeite. Der positive Nebeneffekt war, dass ich dadurch wirklich viel gelernt und unmittelbar gesehen und erlebt habe, welche Leute in den jeweiligen Bereichen sitzen. Ich konnte mir so ein gutes Bild davon machen, ob ich mir vorstellen könnte, mit ihnen zu arbeiten. Ich fand es spannend, den Arbeitsalltag kennen zu lernen und hab' dadurch relativ früh gemerkt, dass ich eigentlich am liebsten in ein Unternehmen und in Richtung Wirtschaft möchte. Jetzt gerade bin ich sehr zufrieden mit dem, was ich mache.

Traineeprogramm

Nach meinem zweiten Staatsexamen habe ich mich – ohne energierechtliche Vorkenntnisse – auf ein „Traineeprogramm" bei einem der größten deutschen regionalen Energieversorger/Netzbetreiber beworben, der über 2,2 Millionen EinwohnerInnen mit Energie (Strom, Gas, Wärme) versorgt. Ziel des eigentlich 18-monatigen Trainee-Programms ist es, neben seinem Haupteinsatzgebiet auch möglichst viele andere Bereiche im Unternehmen kennen zu lernen. Nach 12 Monaten habe ich vorzeitig zu einem Tochterunternehmen gewechselt. Während meines einjährigen Traineeprogramms war ich insgesamt acht Monate in der sechsköpfigen Rechtsabteilung. Je mehr JuristInnen vorhanden sind, desto spezialisierter arbeitet man natürlich. Meine KollegInnen hatten alle ihre festen Bereiche, in denen sie „ExpertInnen" sind. Ich hatte das Glück, dass ich als Trainee in vielen Rechtsgebieten arbeiten durfte. So habe ich damals einen ganz guten Überblick der Arbeit einer Rechtsabteilung eines so großen Energieversorgers erhalten.

In dem Tochterunternehmen bin ich jetzt quasi die Rechtsabteilung. Eine tolle Aufgabe, manchmal aber auch eine Herausforderung, weil man oft allein entscheidet, wozu man rechtlich rät, und zumindest intern häufig die letzte Instanz im rechtlichen Bereich ist. Ich hätte auch versuchen können, nach dem zweiten Staatsexamen als Volljuristin in einem Unternehmen direkt einzusteigen. So hätte ich dann von Anfang an mehr Verantwortung gehabt und sicher auch mehr Geld verdient. Aber die Traineestelle war für mich persönlich ein guter Mittelweg. Man wächst langsam in seinen Verantwortungsbereich hinein, lernt sehr umfassend verschiedene Fachbereiche und das Unternehmen kennen. Als Trainee hatte ich außerdem begleitend viele **Soft-Skill**-Seminare und wenn alles gut geht, wie in meinem Fall, geht es im Anschluss mit der gesammelten Berufserfahrung als „richtige" Justiziarin weiter.

*Als **Soft-Skills** oder weiche Faktoren bezeichnet man die Fähigkeiten im Bereich der sozialen Kompetenz, weil sie nicht messbar sind wie die sogenannten Hard-Skills, die fachlichen Kenntnisse.*

Traineeprogramme gibt es natürlich auch in ganz anderen Berufszweigen. Ich würde sie – wenn das Programm gut ist – jeder und jedem zum Berufseinstieg empfehlen.

Auslandsaufenthalte

Auf Auslandsaufenthalte – beruflich und auch privat – habe ich immer Lust, egal, ob kurz oder lang. Ich habe sie definitiv nie für meinen Lebenslauf gemacht. Wenn sich die Möglichkeit ergab, für eine längere Zeit in ein reizvolles Land zu gehen, habe ich mich immer dafür entschieden und würde das auch jeder raten. Meine Erfahrung ist, dass es mir vor allem menschlich sehr viel bringt. Das war jedes Mal so. Man sagt ja meist erst einmal zu und irgendwann ist es plötzlich soweit: Am nächsten Tag geht es los. Es war immer wahnsinnig viel Arbeit, das Zimmer oder die Wohnung unterzuvermieten, das Visum zu beantragen, die Flüge und die Unterkunft zu organisieren. Kurz vorher dachte ich immer: „Um Gottes Willen, warum habe ich das gemacht? Es könnte hier alles so entspannt sein und du machst dir so'n Stress." Aber wenn ich im Flugzeug sitze, freu' ich mich einfach darauf. Wenn man sich in der neuen Stadt in kurzer Zeit durch regelmäßige Termine einen Alltag aufgebaut hat und neue Bekannte gefunden hat, ist man immer ein Stück weit stolz, dass man das schafft, ganz allein. Weil man dadurch stärker wird, wenn man sich aus dem Nichts heraus einen Alltag und neue FreundInnen in einer fremden Umgebung aufbaut. Bei jedem Aufenthalt habe ich viel – auch über mich – gelernt, weil mich interessiert hat, was andere Leute aus dem Ausland über mein Land denken, wie die dort ticken, was ähnlich ist und wo es gravierende Unterschiede zu meiner Heimat gibt. Ich habe immer in westlichen Ländern gearbeitet oder studiert und selbst dort gibt es schon große Unterschiede der Werte, des Ausbildungssystems, der Mentalität, des Erziehungsstils, der Arbeitsverhältnisse, des Sozialsystems und des Miteinanders. Es war immer wieder spannend, das kennenzulernen. Je öfter ich weg war, desto mehr habe ich auch gelernt, meine Heimat Deutschland zu schätzen. Ich liebe meine Heimat. Wir haben eine tolle funktionierende Verwaltung, ein sehr gutes Sozialsystem, Infrastrukturen, Krankenhäuser, mehr oder weniger kostenlose Bildung. Das ist vielerorts einfach ganz anders. Mich persönlich hat bereichert, dass mir teilweise andere Lösungswege aufgezeigt wurden, wie man Dinge anpackt, wie man in gewissen Situationen argumentiert, wie man an Probleme herangeht. Das liegt einfach daran, dass die Rechtssysteme komplett verschieden sind. Dort stellen sich dann teilweise ganz andere Fragen und bestimmte Dinge haben anderswo einen hohen Stellenwert, die bei uns völlig nebensächlich sind. Die Arbeit als RichterIn bzw. für eine RichterIn oder in einer Kanzlei ist oft anders als hier.

Wenn ich im Ausland lebe, bin ich definitiv dünnhäutiger, ich empfinde schneller alles als ganz toll, ich empfinde aber auch schneller alles als ganz schrecklich. Gerade wenn ich in einem Umfeld wie in Italien und Frankreich war, wo ich die Sprache anfangs nicht gut beherrschte, habe ich gemerkt, wie wichtig Kommunikation und Sprache ist. Und wie wichtig es mir ist, dass ich mit jemandem angemessen umgehen und mich erklären kann. Manchmal saß ich vor Leuten und dachte: „Du würdest mich mögen, wenn ich mich nur erklären könnte“ *(lacht)*. Ohne Sprachkenntnisse kann man nur schwer kommunizieren. Ich hatte immer den Ehrgeiz, mich sprachlich zu verbessern und wenigstens einigermaßen zurechtzukommen. Rückblickend empfinde ich es nicht als schwierig wegzugehen. Ich fand es immer viel komplizierter zurückzukommen, den Alltag hier zu erleben und zu merken, dass sich grundlegend überhaupt nichts verändert hat, wohingegen man selber fast platzt vor neuen Geschichten und Erlebnissen. Die Auslandsaufenthalte habe ich immer mit Reisen verbunden, auch zu Zeiten, in denen ich kein oder nur sehr wenig Geld hatte.

Alexandra Thuerkow in NYC während des Referendariats

„Auslandsaufenthalte habe ich definitiv nie für meinen Lebenslauf gemacht.“

EINSTELLUNG ZUM JURASTUDIUM

Ich glaube, dass ich mit 19 Jahren gar nicht genau wusste, worauf ich mich bei dem Studium der Rechtswissenschaften eingelassen hatte. Ich wusste aber, dass das ein Studienfach ist, das mir später breite Einsatzmöglichkeiten gibt. Als ich angefangen habe zu studieren, wollte ich immer zum Auswärtigen Amt und die Welt sehen. Das wäre wahrscheinlich eher ein Verwaltungsjob gewesen, das denkt man zwar nicht, aber das ist eigentlich so im Ministerium. Der Wunsch hat sich im Laufe der Zeit verändert, weil ich mir viele verschiedene Sachen angeguckt habe.

Die Vielseitigkeit kann auch ein Nachteil sein, weil man sich mal für irgendetwas entscheiden muss. Das Studium ist ein Studium Generale. Das heißt, ich musste wie alle JurastudentInnen alles machen. Im Examen hat man ganz sicher kein Energierecht, dafür Strafrecht, Zivilrecht, Verwaltungsrecht und weitere Grundlagenfächer. Ich bin ein „Sprachenmensch“, lese privat sehr gerne und viel. Ich mag Bücher, Zeitungen, Zeitschriften, Bibliotheken, Buchläden. Am liebsten liege ich bei schönem Wetter an der Alster in Hamburg mit einer Sonntagszeitung oder einem guten Buch. Wenn man Jura studiert, liest man sehr viel über Rechtsansichten – lauter Theorien, andere Meinungen und womit und wie man diese begründet. Man recherchiert die Historie, man guckt sich den Wortlaut an, liest über den Sinn und Zweck der Rechtsvorschrift sowie die Gerichtsentscheidungen. Ich vollziehe Dinge gerne nach, auch wenn ich auf den ersten Blick manchmal dachte: „Was ist das trocken und doof". Wenn ich es mir jedoch näher anschaue und durchleuchte, finde ich fast alles spannend. Während des Studiums musste ich viele Dinge tun, auf die ich zuerst gar keine Lust hatte. Dadurch, dass ich sie machen musste, habe ich manches zu schätzen gelernt, von dem ich das vorher nie gedacht hätte. Der große Vorteil an der Ausbildung ist, dass ich dadurch die Dinge von verschiedenen Sichtweisen betrachte. Ich kann dir alles schön und ich kann es dir schlecht argumentieren. Was ich nachher vertrete, was meine eigene Meinung ist, das ist vielleicht nicht immer die, die ich für meine **MandantInnen** oder mein Unternehmen vertrete. Aber mir macht es Spaß, mich für Leute einzusetzen und kreativ zu sein, immer noch ein Stück weiter zu denken, zu überlegen, dass man es so, aber eben auch anders sehen kann. Man lernt gründlich zu denken und kann Vergleiche ziehen, die einem oberflächlich gedacht nicht einfallen würden. Meine Arbeit beinhaltet viel nachdenken, vergleichen, Lösungen finden, kreativ sein. Sie schult den Geist. Das Studium bedeutet viel, viel lernen und es dauert sehr lange. Wenn man schnell fertig werden will, ist das vielleicht nicht das Richtige. Für das erste und zweite Staatsexamen braucht man einen langen Atem – das ist ein langer Weg und bedeutet mindestens sieben Jahre.

i *Ein **Mandat** ist der Vertretungsauftrag eines Klienten (Mandanten) an seinen Rechtsanwalt.*

EINSTELLUNG ZUM BERUF

Der Vorteil als Rechtsanwältin ist, dass der Beruf viele Möglichkeiten bietet.

Jede kann ihre Leidenschaft ein Stück weit ausleben. Es gibt zum Beispiel Leute, die nebenbei noch Musik oder Theater studiert haben und dann rechtlich in diesem Bereich arbeiten oder in die Medienbranche gehen, das ist populär. Ich kann als Volljuristin auch als Richterin oder Staatsanwältin arbeiten, in die (Finanz-)Verwaltung gehen, mich als Rechtsanwältin selbstständig machen oder anstellen lassen, als FachanwältIn arbeiten, oder als Unternehmensberaterin zu den großen Beratungs-, Wirtschaftsprüfungs- oder Steuerrechtskanzleien gehen.

Mögliche Spezialisierungen sind beispielsweise: Arbeits-, Familien-, Erb- Handels- und Gesellschaftsrecht oder Insolvenz-, Lebensmittel-, Agrar- Urheber-, Transport-, Bau-, Verwaltungs-, Verkehrs-, Straf- oder eben auch das Energierecht, das ich für mich ausgewählt habe, wobei ich auch viel Handels- und Gesellschafts- und allgemeines Wirtschaftsrecht mache. Das sind inhaltlich ganz unterschiedliche Arbeiten.

Warum Energiewirtschaft?

Für die Energiewirtschaft habe ich mich entschieden, weil ich in einem Bereich arbeiten wollte, der dynamisch ist und in dem man in den nächsten 20 Jahren nicht dauernd dieselben Prozesse wiederholt. Energiepolitik und -wende sind Zukunftsthemen, bei denen es um die Realisierung des Atomausstiegs und die Einbindung von erneuerbaren Energien geht. Wenn wir nach Hause kommen, machen wir den Lichtschalter an und für den Laptop braucht man Strom. Energie ist essentiell. Ohne Energie kann die Industrie nicht produzieren. Das ist schlussendlich ein Bereich, der immer wichtig sein wird. Es ist sicher auch ein Bereich, in dem man Geld verdienen kann. Denn ich finde, dass Frauen dazu tendieren, sich verwirklichen zu wollen oder soziale Berufe wählen, dabei aber zu wenig bedenken, dass man damit sein Leben finanzieren muss. Mir ist es wichtig, auch wenn es nicht völlig im Vordergrund steht, ein solides Einkommen zu haben.
Die Arbeit in einem Konzern oder einem Unternehmen finde ich besonders abwechslungsreich und reizvoll. Ich arbeite Tag für Tag mit vielen Abteilungen und verschiedenen Berufsgruppen zusammen, die alle unterschiedlich „ticken" – jede hat ihre besonderen Interessen. Da ist intern: Geschäftsführung, Einkauf, Personalabteilung, Technik, Montage, Buchhaltung, Kaufleute, Vertrieb oder extern andere RechtsanwältInnen, Behörden, MitarbeiterInnen anderer Unternehmen etc. Das ist spannend und abwechslungsreich.

ZIELE

Mein Ziel ist eigentlich schon erreicht. Ich habe das Traineeprogramm absolviert und arbeite jetzt in einem Unternehmen im Energiebereich. Nun möchte ich mich in meinen Bereich weiterhin einarbeiten, mehr Routine entwickeln, dabei möglichst gut sein, das Unternehmen besser kennenlernen und die wirtschaftlichen, aber auch technischen Zusammenhänge besser verstehen. Ich beginne gerade mit dem theoretischen Teil der Fachanwältin für Handels- und Gesellschaftsrecht, das heißt eine weitere Vertiefung in einem relevanten Rechtsgebiet einer Unternehmensjuristin. In diesem Bereich und am besten zukünftig auch irgendwann im Steuerrecht hätte ich einfach gerne mehr Ahnung.

ERFAHRUNG ALS FRAU IM BERUFSALLTAG

Dass ich eine Frau bin, spielte bislang überhaupt keine Rolle. Während des Traineeprogramms war eine Frau meine Vorgesetzte, und meine dortigen KollegInnen waren bis auf einen Mann nur Frauen. Nun ist das etwas anders. Ich bin relativ häufig die einzige Frau; mich stört es aber nicht. Das ist halt so. Mir ist wichtig, dass ich immer Privatleben und Beruf miteinander vereinbaren kann, weil ich nicht meinen Beruf aufgeben möchte. Ich habe eine lange Ausbildung hinter mir. Insgesamt hat das alles – erstes Staatsexamen, Promotion, Referendariat, zweites Staatsexamen – zehn Jahre gedauert, und ich möchte nicht ein paar Jahre arbeiten gehen, Kinder bekommen und im Halbtagsjob wieder einsteigen. Ich möchte einen Job haben, in dem ich beides miteinander vereinbaren kann, ein Familienleben und eine anspruchsvolle interessante berufliche Tätigkeit. Dabei kann ich mir zwar schon vorstellen, etwas kürzer zu treten, vielleicht übergangsweise eine Vier-Tage-Woche zu haben, aber ich möchte keine klassische Teilzeitgeschichte machen, bei der man häufig inhaltlich unterfordert ist. Deshalb hoffe ich, dass ich in Zukunft, wenn es soweit ist, eine ArbeitgeberIn finde, die mir eine gewisse Flexibilität und eine weiterhin inhaltlich spannende Tätigkeit ermöglicht. Ich war als Kind bei einer Kinderfrau und meine Mutter hat bis zu der Geburt meiner jüngeren Schwester weitergearbeitet. Sie hat dann später gesehen, wie schwierig es ist, wieder einzusteigen, wenn man wirklich ausgestiegen ist. Ich finde, dass man sich die Elternzeit teilen sollte und dabei immer mit seinem Partner verhandeln muss. Dabei finde ich es völlig normal, auf externe Betreuung wie Kitas, Nannys, Großeltern und so weiter zurückzugreifen.

RATSCHLÄGE

Investiere in dich!

Bildung lohnt sich! Der Rat, den ich Jüngeren geben kann, ist, so früh wie möglich in die eigene Ausbildung und in Fremdsprachen zu investieren. In Deutschland gibt es ganz tolle Ausbildungen und wenn man die Sprache des Landes, in das man möchte, spricht, kann man sich überall beweisen und behaupten. Die Zeit nach dem Abitur oder im Studium ist kostbar und ich würde sie immer nutzen, um zu lernen und zu reisen.

Vertraue dir selbst!

Du solltest schon einen groben Plan haben, trotzdem flexibel bleiben und dich auf ungewisse Dinge freuen und neugierig sein. Sich vertrauen, das ist sehr wichtig. Dass du das alles hinkriegst, egal, was passiert. Manchmal ist es einfacher, in Situationen zu bleiben, die man kennt, in denen man sich wohl fühlt, wo alles bequem ist und wo man genau weiß, was passiert. Das ist ja auch nach dem Abitur die Frage. Bleib ich hier oder gehe ich? Bleibe ich für das erste Staatsexamen in Passau, wo alles nett und übersichtlich ist, oder gehe ich nach Berlin, wo mich niemand kennt, wo keiner sich für mich interessiert und wo keiner applaudiert, weil ich jetzt da bin? *(lacht)* Gerade in solchen Situationen, in denen du dich hilflos fühlst und nicht weißt, ob das jetzt klappt, erkennst du dich häufig selbst und kannst dich auf dich selber besinnen. Ich weiß, dass ich immer für mich sorgen kann. Ich bin mir nicht zu fein, notfalls zu kellnern oder mich an die Kasse zu setzen. Das mache ich dann sicher nicht für immer, aber ich habe in dem Sinne keine Angst vor irgendetwas. Es wird schon weitergehen.

Zieh deine Sache durch!

Ich habe nie etwas abgebrochen – wäre zwar keine Schande – aber ich hab' schon immer alles durchgezogen. Es gab allerdings auch nichts, das rückblickend total furchtbar gewesen wäre. Doch es gab und gibt immer Situationen, wo man denkt „Ich bin hier der einsamste Mensch der Welt", „Ich schaff' oder versteh' das einfach nicht" oder man einfach müde und kaputt ist, aber noch lernen muss, noch eine Seite schreiben will oder irgendwas fertig bekommen muss. Ich weiß aber, dass das Übel von nicht allzu langer Dauer ist, in zehn Minuten oder in einer Stunde, wenn jemand ein nettes Wort an einen richtet und lacht, sieht die Welt schon wieder ganz anders aus. Für mich ist mein Privatleben in solchen Momenten dann immer ein guter Ausgleich.

Lass dich nicht unter Druck setzen, sondern überlege, was du möchtest!

Egal, was passiert – ich nehme das Leben und die Welt nicht ganz so ernst. Wenn man eine schlechte Note zurückbekommt, was in Jura oft passiert, gibt es definitiv Besseres, aber es gibt auch viel Schlimmeres. Meine Grundhaltung ist, dass es uns in Deutschland unheimlich gut geht. Wenn es in einer Ausbildung, in einer Prüfungssituation, im Abitur mal nicht so läuft, wie man sich das vorgestellt hat, sollte man versuchen, das zu ändern und sein Bestes geben, aber auch mal Fünfe gerade sein lassen und für sich sorgen, auf sich aufpassen. Was auch mal heißt, dass man sonntags im Bett bleibt und sich eine Zeitung kauft, Schokolade isst oder Sport macht, Fernsehen guckt oder einfach gar nichts macht. Lass dich nicht verrückt machen, vergleiche dich nicht mit anderen, mache nicht alles nur für den Lebenslauf, sondern horch in dich hinein und orientiere dich daran, was du gerne erleben möchtest. Nach dem Studium habe ich sehr gute Jobangebote abgelehnt und dachte manchmal „Mensch, das kannst du doch jetzt nicht absagen", aber es hat sich nicht „richtig" angefühlt und ich glaube, rückblickend waren das gute Entscheidungen. Ich kann nur jeder raten, sich sehr gut zu überlegen, für wen sie arbeiten will und in welche Richtung sie gehen möchte. Dabei würde ich nicht nur die nächsten ein bis zwei Jahre im Blick haben, sondern auch mit einbeziehen, wo man sich mittelfristig sieht. Man kann natürlich nicht alles bis ins letzte Detail planen. Bei den meisten Problemen, die man hat, liegt die Lösung ganz nah bei einem selbst. Ich finde es erschreckend, wenn mir FreundInnen sagen, ihre Arbeit mache sie eigentlich unglücklich. Man verbringt so viel Zeit bei der Arbeit, dass man grundsätzlich schon gerne hingehen sollte. Ich will natürlich gute Leistung bringen und auch Karriere machen. Ich möchte mir aber auch zugestehen, Entscheidungen zu treffen, weil ich sie treffen möchte, und nicht, weil irgendwer irgendetwas von mir erwartet. Es ist wichtig, dass du erkennst, dass du selber für dein Leben verantwortlich bist und du nur selber für dich entscheiden kannst, was du tun „musst" und was nicht. In diesem Sinne, viel Glück, Neugier, Erfolg und Spaß bei deiner Berufswahl und allen beruflichen Entscheidungen!

@ Wie werde ich Juristin?

Weitere Informationen findest du auf:
http://berufenet.arbeitsagentur.de
In der Suchmaske *„Juristin"*, *„Fachanwältin"* oder *„Richterin"* eingeben.

Mitglied des Bundestages
Sprecherin für Verbraucherpolitik der Grünen

„Respekt bekommt man, wenn man in seinen Sachthemen fit ist – Karriere macht man aber nicht am Schreibtisch.“

POLITIK-WISSENSCHAFTLERIN

Nicole Maisch

Geburtsjahr	1981
Abitur	2000
Studium	Politikwissenschaft, Soziologie und Anglistik
Privates	Die immer zu knapp bemessene private Zeit verbringe ich mit meiner Familie und meinen engsten FreundInnen. Auf meine liebsten Menschen verzichte ich nicht – egal wie viele politische Termine anstehen. Zeit nur für mich habe ich so gut wie keine. Das ist der Preis für Kind und Mandat.

BESCHREIBUNG DES BERUFS

Alltag als Politikerin

Einen typischen Tag gibt es nicht. Es gibt eine Trennung zwischen Sitzungswochen und Nicht-Sitzungswochen. 20 bis 22 Wochen im Jahr sind Sitzungswochen, im Schnitt zwei Wochen im Monat mit einer langen Sommerpause. Die Sitzungswochen in Berlin, wo alle Abgeordneten zusammenkommen, sind sehr straff strukturiert, mit Sitzungen von morgens früh bis abends spät. Die Wahlkreiswochen sind in ihrer Gestaltung freier, viel individueller: Da geht es von Besuchen in Schulen und Unternehmen über Bürgersprechstunden bis zur Vorbereitung von Anträgen und der Beantwortung von Post.

Der Arbeitsalltag während der Sitzungswochen

Die Sitzungswoche beginnt Montagabend, da sind oft Flügeltreffen. Bei uns sind das die Reformer und die parlamentarische Linke. Das sind informelle Treffen, die wichtig sind, um politische Netzwerke zu knüpfen, bestimmte Themen vorzubesprechen und Positionen festzuklopfen. Dienstag ist unser Gremientag. Da treffen sich die Fraktionen intern, also die Grünen mit den Grünen, die SPD mit der SPD usw. Das geht früh morgens mit der Arbeitsgruppe (AG) los. Bei mir ist das die AG Ernährung, Landwirtschaft, Verbraucherschutz. Die Arbeitsgruppen bereiten die Arbeit in den Ausschüssen des Bundestages vor. Man trifft sich mit den KollegInnen, die gemeinsam im Ausschuss sitzen, um vorab zu besprechen, welche Anträge man stellen möchte, zu welchen Themen die Regierung befragt werden soll, welche Themen gesetzt werden sollen und wie zu den Anträgen der anderen Fraktionen abgestimmt werden soll. Dann geht's weiter mit dem Arbeitskreis (AK), der nächsten Strukturebene in den Fraktionen. Das ist in allen Fraktionen ähnlich, wir teilen uns in fünf Arbeitskreise. Meiner ist der Arbeitskreis Umwelt, Naturschutz, Klima, Energie, Nachhaltigkeit, Bau, Wohnen und Stadtentwicklung, Verkehr, Verbraucherschutz, Agrar, Ernährung und Tourismus – die grünen Kernthemen wie Atomausstieg und Ökolandbau, Tierschutz und Verkehrswende werden hier behandelt. Die Arbeitskreise werden von den stellvertretenden Fraktionsvorsitzenden geleitet. Dienstagnachmittag ist eine ganz wichtige Sitzung: die Fraktionssitzung. Das ist der einzige Termin, wo wir als Grüne intern zusammen kommen, alle **68 grünen Mitglieder des Bundestages**. Das ist der Ort, wo unsere politische Positionierung stattfindet und wo wir das aktuelle tagespolitische Geschehen und unsere politischen Perspektiven diskutieren. Dort wird die parlamentarische Woche durchgesprochen und die RednerInnen im Plenum festgelegt. Vieles wird in den Arbeitsgruppen und in den Arbeitskreisen fachlich vorbesprochen, aber wenn es inhaltliche Konflikte gibt, werden diese letztendlich in der Fraktion entschieden. Wir geben uns sehr viel Mühe, die Fraktionssitzung so zu strukturieren, dass möglichst alle zu Wort kommen und eine **partizipative**

i *Das Interview bezieht sich auf die beendete 17. Legislaturperiode (2009 - 2013).*

Diskussionskultur gepflegt wird. Dienstagabend sind oft noch andere Veranstaltungen, manchmal auch von uns selbst organisiert, so genannte fraktionsoffene Abende zu intern strittigen Themen der aktuellen Politik wie etwa **Bioethik** oder Auslandseinsätze der Bundeswehr. Mittwochs tagen die Ausschüsse. Ich bin Mitglied im Agrarausschuss und Stellvertreterin im Umweltausschuss, weil mein weiteres Thema neben Verbraucherpolitik und Ernährung, die Wasserpolitik, dort angesiedelt ist. Die Ausschusssitzungen dauern unterschiedlich lange, bei uns in der Regel von neun bis dreizehn Uhr. Das kann variieren, wenn zum Beispiel noch ExpertInnenanhörungen stattfinden. In den Ausschusssitzungen werden die Themen vorbesprochen, die am Donnerstag und Freitag im Plenum diskutiert werden. Dort findet also die Facharbeit des Parlaments statt. Mittwochnachmittag ist noch Fragestunde und Regierungsbefragung, da kann man die Regierung löchern, was gelegentlich spannend ist, meistens aber nicht, da man oft nur ausweichende Standardantworten bekommt. Donnerstags und freitags ist Plenum, also parlamentarische Debatte. Das kennt man vielleicht aus Fernsehübertragungen. Neben den genannten festen Punkten im Kalender gibt es viele informelle Treffen und öffentliche Veranstaltungen, bei denen man sich arbeitsgruppenübergreifend und gelegentlich auch fraktionsübergreifend vernetzt und austauscht und natürlich Kontakt mit unterschiedlichsten Lobbyisten hat. Das geht von Umweltverbänden wie dem BUND oder Greenpeace über Verbraucherzentralen und Gewerkschaften bis hin zu Industrieverbänden und Unternehmen, die bestimmte Gesetzgebungsverfahren beeinflussen wollen und von denen wir Unterstützung für unsere grüne Politik erreichen wollen. Auch wenn die Tage so voll sind, versucht man natürlich zwischendurch noch auf tagesaktuelle Dinge zu reagieren. Das ist bezeichnend für die Sitzungswochen: Das Tempo ist einfach irre schnell. Du siehst die KollegInnen, wie sie auf ihren Smartphones herumdrücken, den Presseticker beobachten. Vieles passiert gleichzeitig. Da noch mitzukommen, finde ich sehr anspruchsvoll.

*i Mit einer **partizipativen Diskussionskultur** ist eine Art der Diskussionsführung gemeint, in der die Meinung aller TeilnehmerInnen gehört und berücksichtigt wird.*

*i Die **Bioethik** befasst sich mit der Frage, ob beispielsweise Genveränderungen von Lebensmitteln, reproduktives Klonen von Lebewesen unter moralischen Gesichtspunkten zulässig ist.*

Der Arbeitsalltag während der Wahlkreiswochen

Für die Wahlkreiswochen fahre ich nach Kassel, dort ist mein Lebensmittelpunkt. In Berlin habe ich meinen zweiten Wohnsitz, eine Wohngemeinschaft mit einer Kollegin und im Moment noch mit meinem Baby und meinem Freund. Zeitlich ist es zwar ungefähr gleich aufgeteilt, aber dadurch, dass man in den Sitzungswochen ja wenig Privatleben hat, sehe ich meinen Lebensmittelpunkt in Kassel. Ich bin für die Fachgebiete Verbraucher- und Wasserpolitik verantwortlich. Weil wir eine kleine Partei und Fraktion sind, werden die Fachgebiete auf wenige Personen verteilt. Deshalb ist in den sitzungsfreien Wochen ganz viel Hintergrundarbeit zu tun, Recherche für Anträge, Gesetzentwürfe vorbereiten. Aber auch Aktionen wie „Für besseres Wasser baden gehen“, bei denen die grüne

Jugend, **Viva con Agua** und ich in die Fulda gesprungen sind, um auf die sich verschlechternde Wasserqualität in Kassel aufmerksam zu machen. Denn es ist total wichtig, Leute für Politik und zum Mitmachen zu motivieren.

i ***Viva con Agua e. V.*** *ist ein Verein, der sich unter anderem für die Trinkwasserversorgung und Verfügbarkeit sanitärer Anlagen in Entwicklungsländern einsetzt.*

RÜCKSCHAU

Ich war schon immer ein politischer Mensch, der sich mit nachhaltigem Lebensstil auseinandergesetzt hat. Ich bin beispielsweise, seit ich 13 Jahre alt bin, Vegetarierin und habe mich schon sehr früh für Naturschutzthemen interessiert. Das war schon immer die Motivation für mich, überhaupt Politik zu machen. Ich war ein unfassbar nervtötendes Kind, was Umwelt- oder Tierschutzthemen anging. Ich wollte ständig wissen, ob etwas jetzt umweltfreundlich ist oder nicht. Richtig politisiert wurde ich dann in der Mittelstufe. Auslöser waren die **Brandanschläge** von **Mölln** und **Solingen**. Das war für mich der Punkt, an dem ich gesagt habe, jetzt muss ich mich wirklich politisch engagieren. An unserer Schule haben wir einen Anti-Rechts-Arbeitskreis gegründet und Lichterketten organisiert. Das war für mich ein Einschnitt, bei dem ich mit anderen politischen Leuten in Kontakt gekommen bin und an dem ich über die reine Selbstorganisation als Schülerin hinaus aktiv geworden bin.

i Die ***Brandanschläge*** *von* ***Mölln*** *und* ***Solingen*** *1992 und 1993 mit Todesopfern hatten einen rechtsextremistischen Hintergrund.*

„Ich war schon immer ein politischer Mensch, war ein unfassbar nervtötendes Kind, was Umwelt- oder Tierschutzthemen anging."

Schule und Elternhaus

Schon in der Schulzeit mochte ich Politik besonders gern und war viele Jahre lang Schülervertreterin. Mein Vater ist Elektrikermeister in einem großen Industrieunternehmen, meine Mutter ist Bankkauffrau. Meine Eltern haben mich immer unterstützt, in dem Sinne, dass sie mich haben machen lassen. Sie haben nie gesagt: „Warum muss denn jetzt noch die Arbeit in der Schülervertretung sein? Willst du nicht lieber mehr lernen?" Ich habe kein sehr politisches Elternhaus, es war jetzt nicht so, dass am Abendbrottisch ständig politisch diskutiert wurde.

Studium

An der Uni Kassel habe ich Politikwissenschaft, Soziologie und Anglistik studiert. Dort habe ich mit anderen jungen Grünen die Grüne Hochschulgruppe gegründet. Meine Aktivität war immer daran gebunden, ob ich Leute getroffen habe, mit denen ich was zusammen machen konnte. Damals habe ich gesagt, dass ich das in die Hand nehme. Die Hochschulpolitik war die Erfahrung von Politik in allen Facetten und zudem ein gutes Übungsparkett, Miniaturpolitik. Ich habe damals während des Studiums unglaublich viel gleichzeitig gemacht. Das waren ganz unterschiedliche Tätigkeiten, wie die Finanzen der Grünen Jugend Kassel in Ordnung zu halten und gleichzeitig die Landeschefin der Organisation zu sein. In der Planungsversammlung meiner Region Nordhessen habe ich mich damit beschäftigt, wo Baugebiete, Supermärkte oder Windräder entstehen sollen, und im Stadtparlament, wie man drogensüchtigen Prostituierten helfen kann oder wie viel Geld das Frauenhaus bekommt. Das lief parallel zum Studium und zu meinem Job als Wahlkreismitarbeiterin, zuerst für die Bundestagsabgeordnete Antje Vollmer und später für die grüne Landtagsabgeordnete Sigrid Erfurth; damit habe ich mein Studium finanziert. Geschlafen habe ich damals nicht viel und auch nicht in Regelstudienzeit studiert, sondern zwölf Semester gebraucht und nicht mit 1,0 abgeschlossen. Man macht dann Abstriche. Eine grandiose Wissenschaftlerin wäre ich wahrscheinlich nicht geworden.

Einzug in den Bundestag

In den Bundestag bin ich 2007 durch eine Mischung aus „zur richtigen Zeit am richtigen Ort" sowie durch sehr viel Arbeit und Präsenz nachgerückt. Ich hatte Glück: Ich habe 2005 bei der vorgezogenen Bundestagswahl für die hessischen Grünen kandidiert. Die Partei wählte mich auf **Listenplatz 7**. Dann haben zwei Personen, die vor mir auf der Liste standen, den Bundestag verlassen – darunter der ehemalige Außenminister Joschka Fischer – und so bin ich nachgerückt. Das war nicht steuerbar. Steuerbar war der relativ gute Listenplatz 7, den habe ich ja nicht geschenkt bekommen, sondern mich im parteiinternen Wahlkampf gegen meine MitbewerberInnen durchgesetzt und dann natürlich auch um Unterstützung bei den BürgerInnen geworben. So kamen eben Glück und sehr viel Ackern zusammen. Bei den Grünen ist der Weg direkter, weil wir eine relativ junge Partei sind. Zugute kam mir natürlich die Frauenquote, das muss ich auf jeden Fall sagen. Ich wäre nie auf die Idee gekommen, als Vorsitzende der Grünen Jugend Hessen zu kandidieren, wenn man nicht gezielt eine Frau gesucht hätte. Deshalb bin ich eine große Verfechterin der Frauenquote. Zu den Grünen kam ich per Zufall. Ich habe ein einziges Mal in meinem Leben ein Praktikum gemacht. **Praktika** fand ich immer doof und würde jedem davon abraten, all zu viele davon zu machen. Für Arbeit will ich Geld haben,

*i Die **Landesliste** beinhaltet alle KandidatInnen einer Partei für die Wahl in den Bundestag.*

*i Es gibt viele **Praktika**, die garnicht oder sehr gering vergütet werden. Auf www.faircompany.karriere.de findet Ihr Praktikastellen, die eine adäquate Aufwandsentschädigung bieten.*

das habe ich immer so vertreten. Aber dieses Praktikum bei den Grünen hat mich wirklich interessiert. Über das Praktikum im Kasseler Wahlkreisbüro von Antje Vollmer bin ich an die Position der Wahlkreisreferentin gelangt, weil die Vorgängerin etwas anderes machen wollte. Durch einen Job in einer Partei oder in einem **Verband** hat man gute Voraussetzungen, um intensiv politisch aktiv zu werden. Ich habe schnell gemerkt, dass man, wenn man gut arbeitet und in einer Struktur verankert ist, schnell weitergereicht wird für die nächste Arbeit. So kam ich zu Sigrid Erfurth, der hessischen Landtagsabgeordneten. Das war ganz toll, denn dort konnte ich schon ein bisschen Berufspolitik hinter den Kulissen machen und hatte große Freiheiten in der politischen Arbeit.

i ***Verbände*** *bündeln die Interessen der einzelnen Mitglieder zur Erreichung gemeinsamer Ziel- oder Wertvorstellungen. Es gibt unter anderem Wirtschafts-, Kultur- und Sport- und Wohlfahrtsverbände. Politische Verbände haben zum Ziel Interessen ihrer Mitglieder in den politischen Entscheidungsprozess einfließen zu lassen (Lobbyisten).*

EINSTELLUNG ZUM BERUF

Der größte Vorteil ist, dass man als Abgeordnete wirklich an der Stelle sitzt, an der entscheidende Schrauben gedreht werden. Hier wird beispielsweise beim Tierschutz entschieden, wie groß die Käfige sein müssen, in denen die Hühner sitzen. Hier wird entschieden, wie hoch oder wie niedrig die Steuern sind, das heißt, hier wird über Umverteilung zwischen Arm und Reich entschieden; hier wird auch entschieden, wie das deutsche Naturschutzgesetz aussehen wird. Klar gibt es ganz viel, was uns von Europa vorgegeben wird, aber wir können national auf die Regierung einwirken und Einfluss nehmen. Entscheidend ist, dass man für die Sache brennt – da hat man als eine von 620 Bundestagsabgeordneten große Einflussmöglichkeiten, auch aus der **Opposition** heraus. Ich war früher Vorsitzende unseres Jugendverbandes und habe ähnliche Themen bearbeitet. Jetzt ist der Einfluss, den ich habe, größer, um die Dinge, die mir persönlich wichtig sind, voranzubringen. Gefallen hat mir schon immer, ein Thema politisch zu entwickeln, also beispielsweise eine Bürgerinitiative mitzugründen, zu schauen, in welchen Gesetzen was steht und was geändert werden müsste, um einen Fortschritt zu erreichen. Dazu gehört auch, Pressemitteilungen zu schreiben, Plakate mit anderen zu entwerfen, Aktionen durchzuführen. Das einzig wirklich Negative ist, dass man wenig Zeit für das Privatleben hat. Das finde ich schlecht und deshalb könnte ich es mir, im Gegensatz zu vielen KollegInnen, nicht vorstellen, für mehrere Jahrzehnte im Bundestag zu sein. Ich kann abschalten und nehme die Arbeit nicht mit nach Hause. Das ist etwas, was ich im Bundestag erst lernen musste. Ich habe zum Beispiel in meiner Berliner Wohnung keinen Fernseher. Ich schaue im Büro die TV-Nachrichten an, ich arbeite, wenn es sein muss, bis ganz spät, aber wenn ich dann nach Hause gehe, will ich auch nichts mehr davon sehen. Klar, in Kassel ist es anders, da arbeite ich auch von Zuhause aus, aber ich versuche, Grenzen einzuhalten. Und seit unser Sohn auf der Welt ist, muss sich die Politik ohnehin öfters hinten anstellen. Ich verzichte auf Hobbys,

i *Nach heutiger Sichtweise hat die* ***Opposition*** *die Aufgabe zur Kritik, Kontrolle und zum Aufzeigen von Alternativen an den Gesetzesvorschlägen der Regierung. So sollte die Opposition stets dazu bereit sein, die Regierung abzulösen und auch ständig darauf hinarbeiten.*

Ausgehen und auf einen großen Freundeskreis, aber nicht auf Zeit mit meiner Familie. Mittlerweile bin ich bei weitem nicht mehr die Jüngste im Parlament. Als ich 2007 nachgerückt bin, war ich die Drittjüngste, das war am Anfang schon sehr einschüchternd. Das hat sich relativ schnell gegeben, da ich gemerkt habe, dass man Respekt bekommt, wenn man in seinem Thema fit ist. Dadurch, dass der Bundestag ziemlich durchmischt ist, was Alter, Geschlecht und die politischen Farben angeht, findet man sich relativ schnell zurecht, zumal die politische Unterstützung sowohl durch die Fraktion als auch durch die MitarbeiterInnen sehr groß ist. Viel schwieriger war es in regionalen Gremien. Dort war ich oft einzige Frau, einzige Person unter 40 und einzige Grüne. Aber auch dort erlangt man über die Sachthemen Respekt, wenn man sich doppelt so gut vorbereitet wie die älteren Herren von den konservativen Parteien.

Schwierig ist die Komplexität der Themen. Wir haben aktuell zum Beispiel über finanzielle Unterstützung für Griechenland und über Bankenregulierung und schwierige ethische Fragen zu entscheiden. Man versucht, sich schlau zu machen in allen Themen, man kann aber gar nicht gleich fit in allen Fragen sein. Klar, mein Fachbereich ist mein Entscheidungsbereich und die KollegInnen folgen in der Regel schon meinem Votum. Aber Abstimmungen im Bundestag machen wir alle. Und gerade **namentliche Abstimmungen**, das heißt, man steht mit seinem Namen dafür, ob beispielsweise SoldatInnen nach Afghanistan sollen oder nicht, finde ich schwierig. Wirklich schwer ist es für mich, wenn ich das Gefühl habe, dass die Politik bestimmte Dinge kaum noch bewältigen kann. Das ist so bei der **Finanzkrise**. Das Tempo ist so hoch und die Komplexität gigantisch. Man merkt, dass in bestimmten Bereichen wie der Finanzkrise auch Bundeskanzlerin Angela Merkel und Spitzenpolitiker wie Peer Steinbrück oder Jürgen Trittin nur auf Sicht fliegen. Die haben das auch noch nicht erlebt. Also das ist etwas, wovor man Respekt haben sollte, aber keine Angst. Angst sollte man nur davor haben, von der Politik aufgefressen zu werden. Im Kern geht es immer um Vertrauen. Ich könnte gar nicht die riesigen Stapel an Gesetzentwürfen und Anträgen lesen, die täglich ausliegen. Ich muss mich darauf verlassen, dass das, was meine grünen KollegInnen zu ihrem Fachbereich erzählen, richtig ist. Natürlich mische ich mich ein in viele Debatten, aber man muss schon Vertrauen haben. Es gibt ja verschiedene Sicherheitsnetze, die eingebaut sind: Jeder arbeitet zuerst in einer Arbeitsgruppe, dann geht es in den Arbeitskreis, danach in die Fraktion, das heißt, man hat ganz viele Prüfinstanzen eingezogen. Man braucht eine hohe Identifikation mit politischen Grundlinien. Davon leiten sich die Einzelentscheidungen ab. Wenn ich zum Beispiel der Meinung bin, wir wollen eine solidarische Krankenversicherung, eine Bürgerversicherung, wenn ich damit schon mal im Konsens bin, dann bin ich im Detail eher bereit, Kompromisse zu machen.

i *Ein Bundestagsabgeordneter ist in jeder **namentlichen Abstimmung** nur seinem Gewissen verpflichtet. Diese Abstimmungsart soll vor allem bei umstrittenen Fragen jeden Abgeordneten zwingen, seine Entscheidung öffentlich darzulegen. Sie dient auch dazu, den politischen Gegner bloßzustellen für den Fall, dass er von der Fraktionsmeinung abweichend abstimmt. Unter Umständen führt dies zu einem Gewissenskonflikt, entweder er entscheidet nun gegen sein Gewissen oder gegen seine Einigkeit mit der Partei.*

i *Die **Finanzkrise** ab 2007 ist eine globale Banken- und Finanzkrise als Teil der Weltwirtschaftskrise, die als US-Immobilienkrise begann.*

Ich setze mich gerne inhaltlich auseinander und streite auch, da habe ich auch keine Angst vor MinisterInnen, das macht mir Spaß. Ich arbeite mich gern in Themen ein und glaube, man braucht eine Begeisterung für die Themen, über die man spricht und in denen man letztendlich auch Entscheidungen trifft.
Ich schreibe nicht alle Reden selbst, aber fast alle. Meistens ist es so, dass ich mich mit den MitarbeiterInnen vorbespreche, sie schicken mir ein paar Stichpunkte und dann formuliere ich. Was ich gar nicht mag, ist, wenn Politik auf eine ekelhafte Art persönlich wird. Mir macht es überhaupt nichts aus, wenn ich Briefe bekomme, in denen steht „Ich finde Ihre Politik total beschissen, nie würde ich Sie wählen", das finde ich ok. Was ich überhaupt nicht mag, sind persönliche Angriffe wie „Ihr seid doch alle faul" oder „Ihr macht Euch die Taschen mit Geld voll". Da bin ich auch nicht immer souverän. Klar, man lächelt dann am Wahlkampfstand und diskutiert weiter, aber das finde ich unangenehm. Und natürlich trifft mich das schlechte Image, das PolitikerInnen haben.

ERFAHRUNG ALS FRAU IM BERUFSALLTAG

Gerade am Anfang meiner politischen Arbeit hatte ich teilweise das Gefühl, nicht ernst genommen zu werden. Da wurde rundum per Handschlag begrüßt und als Frau wurde man ausgelassen. Im Bundestag ist es dadurch anders, dass ungefähr ein Drittel Frauen sind und viele Jüngere, da ist man nicht so ein bunter Hund. In vielen kommunalen Parlamenten steigt der Frauenanteil langsam. Die Politik ist im Vergleich zu den höheren Etagen der Wirtschaft viel diverser. Oft sind in den Lobbyistengesprächen mit Bankenvertretern Politikerinnen die einzigen Frauen, die den Frauenanteil nach oben heben. Bei den Grünen ist es schon durch die Frauenquote so, dass in den Funktionen mindestens fünfzig Prozent Frauen sind. Ich glaube, dass gemischte Gruppen, in denen Männer und Frauen gleichermaßen vertreten sind, anders arbeiten als Gruppen, in denen Frauen Exotinnen sind. Ich kann das nur an mir selber festmachen: Ich fühle mich eigenartig, wenn ich in einer Gruppe von vielen Männern die einzige Frau bin. Das hat man bei den Grünen selten.
Zu Beginn meiner politischen Arbeit war es eher mein Alter und nicht mein Geschlecht, das ich als Hindernis empfunden habe. Da gab es ganz oft so Sprüche wie „Das machen wir doch schon zehn Jahre so" oder „Wenn Sie das hier auch erstmal so lange machen wie ich, Frau Maisch, dann werden Sie das auch noch mitkriegen." Häufig wurde das Herrschaftswissen ausgespielt, Vorwissen von was-weiß-ich-wievielen Jahren. Ich glaube, da muss man durch. Im Bundestag schützt der Status oft. Natürlich wurde man auch von Kollegen mal angefeindet, es kommen Sprüche wie „Na, da haben Sie jetzt aber keine Ahnung", aber das fand ich nicht so schlimm.

Karriere und Kinder

Im Februar 2011 kam unser Sohn Lasse zur Welt. Seitdem mache ich vieles anders als vorher. Zuvor habe ich mir wenig Zeit für Privates genommen. Ich habe bis kurz vor der Geburt gearbeitet und nach sechs Wochen wieder angefangen, aber jetzt ist es so, dass ich normal Feierabend mache und dann wieder an den Schreibtisch gehe, wenn Lasse schläft. In den Sitzungswochen sage ich viele Abendveranstaltungen ab. Wenn wir von 8 bis 18 Uhr Sitzung haben, wäre ich früher danach noch auf einen parlamentarischen Abend gegangen. Das mache ich jetzt nicht mehr. Ich arbeite immer noch richtig viel, aber nicht mehr so viel wie vorher. Da haben sich Prioritäten verschoben. In den Sitzungswochen wird Lasse zurzeit von meinem Freund betreut. Die beiden sind jetzt ein halbes Jahr lang mit mir gependelt, vom Wahlkreis in den Bundestag. Mein Freund ist ebenfalls sehr politisch engagiert. Er arbeitet in einem Verband, also nicht in einer Partei. Politik ist immer ein Thema, aber es gibt dann Grenzen. Zum Beispiel haben wir unterschiedliche Positionen zu Auslandseinsätzen der Bundeswehr. Wir reden darüber, aber es gibt so einen bestimmten Punkt, wo man dann nicht mehr weiter streitet. In den sitzungsfreien Wochen versuche ich mir die Arbeit freier einzuteilen und eben dann zu arbeiten, wenn Lasse schläft. Bald geht Lasse in die Krippe und pendelt zeitweise mit mir nach Berlin. Wie bei vielen berufstätigen Eltern ist die Kinderbetreuung ein Konstrukt aus Kita, Omas und Opas und einer generalstabsmäßigen Planung, die immer auch mal gründlich schief geht. Ich merke aber schon den Unterschied zu vielen anderen Frauen, die ich aus dem Schwangerschaftsvorbereitungskurs kenne. Das ist schon ein anderes Leben. Natürlich ist von Vorteil, dass ich nicht alleinerziehend bin. Wobei ich auch Kolleginnen habe, die das allein gewuppt haben. Die hatten dann eine Kinderfrau, eine hatte ihre Mutter, die sie unterstützt hat und es gibt eine gute Bundestagskita, in der die Kinder der MitarbeiterInnen bevorzugt aufgenommen werden.

ZIELE

Was meine persönliche Karriereplanung angeht, gibt es noch einige Dinge, die ich gerne machen würde. Also, ich würde furchtbar gerne regieren *(lacht)* und da wäre es mir jetzt gar nicht so wichtig, welche Position ich persönlich einnehme. Das fände ich toll, egal, ob das hier im Bundestag ist oder auf einer anderen politischen Ebene. Wo es persönlich für mich hingeht, das weiß ich nicht. Ich habe als Kind – so hat es mir meine Großmutter erzählt – immer gesagt: „Ich möchte gern Bundeskanzlerin werden". Ich muss sagen, im Moment fände ich das absolut unattraktiv, weil ich mir nicht vorstellen könnte, ein Familienleben damit zu verbinden und dieses dann komplett dem Amt zu opfern.

RATSCHLÄGE

Du brauchst einen inneren Kompass!

Ich glaube, man sollte die politische Arbeit nicht nur als Job sehen, das ist das Erste. Außerdem denke ich, dass eine ganz stabile Konstitution wichtig ist, um nicht einzuknicken unter den Belastungen. Und man darf sich nicht verwirren lassen von den vielen Meinungen und Lobbygruppen. Man wird ja von allen Seiten beraten – oft auch schlecht. Das heißt, man braucht wirklich eine gesunde Urteilskraft. Und ohne jetzt dogmatisch zu sein: Man braucht feste Überzeugungen, sonst verliert man sich ganz schnell in diesem Strudel von Informationen und dem Druck, dem man ausgesetzt ist.

Ziehe Grenzen!

Außerdem ist die Fähigkeit wichtig, Grenzen zu setzen, sonst ist man ganz schnell bei einem Terminkalender, der außer Schlafen nicht mehr viel Freizeit aufweist.

Vernetze dich!

Noch etwas, was vor allem für Frauen relevant ist: Total wichtig, das habe ich gemerkt, ist die informelle Arbeit, das gegenseitige Unterstützen, das Netzwerke-Knüpfen. Da ist es manchmal besser, nicht bienenfleißig bis zur letzten Vorlage die letzte Seite zu lesen, während die anderen schon in der Kneipe die Posten unter sich verteilt haben. Diesen Fehler nicht zu machen ist sehr wichtig. Es ist wesentlich, dass man fleißig und gut vorbereitet ist – aber nicht um den Preis, dass die Entscheidungen dann woanders getroffen werden, während man selbst noch an den Inhalten sitzt.

@ Wie werde ich Politikerin?

Die Karriere läuft über die Parteien, hilfreich ist ein breites Studium. Anregung über:

http://berufenet.arbeitsagentur.de
In der Suchmaske *„Politik"* eingeben.

Links:

www.nicolemaisch.de

„Auf der Bühne zu stehen, ist ein einzigartiges Gefühl."

CHOREOGRAFIN UND TÄNZERIN

Svea Schneider

Geburtsjahr	1982
Abitur	2002
Studium	Tanzwissenschaft, New York University
Privates	Adventure Sportarten (Triathlon, Bergsteigen, Klettern und Cycling), Yoga, FreundInnen treffen, Kochen, Natur, Künstlerisches & Kulturelles (Zeichnen, Museum)

BESCHREIBUNG DES BERUFS

Der Berufsalltag

Ich bin selbständige Tänzerin, **Choreografin** und Tanzlehrerin. Ich habe eine eigene **Tanzcompany**, das KINEMATIK Dance Theater, mit der ich Shows produziere und Videos und Werbefilme künstlerisch umsetze. Mein Berufsalltag ist sehr vielseitig, da ich je nach Produktionsphase verschiedene Tätigkeiten ausübe. Als künstlerische Leiterin meiner Tanzcompany bin ich für die Umsetzung der kreativen Aufgaben zuständig. Dazu gehört beispielsweise, Choreografien zu entwickeln und Kostüme und Bühnenbilder zu entwerfen. Da die Tanzcompany mein eigenes Unternehmen ist, kommt noch viel Verwaltungstätigkeit und Organisatorisches dazu. Ich muss Bewerbungen schreiben, um bei Festivals aufzutreten und mich um Fördergelder kümmern. Ich bin also für die ganze Geschäftsverwaltung zuständig. Dazu gehören Termine mit Theatern, Budgetbesprechungen und Buchhaltung.

*Bei der KINEMATIK Dance Theater **Company** handelt es sich um eine amerikanische Firma in New York.*

*Eine **Choreografie** ist das Erfinden und Einstudieren von Tanzbewegungen, beispielsweise in einem Tanztheaterstück.*

Jeder Tag ist anders

Wie ein Tag bei mir aussieht, hängt davon ab, was gerade aktuell anliegt. Wenn ich ein Tanzstück produziere, muss ich die Choreografie planen und das Team zusammenstellen. Mit einigen Tänzerinnen arbeite ich fest zusammen, das heißt, sie sind seit Beginn der Company bei jedem Projekt dabei. Ansonsten wechselt die Besetzung häufig, was daran liegt, dass in einer Stadt wie New York viele zu- und wieder wegziehen. Ich bin privat und beruflich sehr aktiv in der Hip-Hop- und House Underground-Tanzszene, der Job vermischt sich oft mit dem Privaten, weil das Tanzen nicht nur ein Beruf, sondern auch meine Leidenschaft ist. Hip-Hop, House, Breaking, Funk Style, da geht man abends viel weg, um zu tanzen und sich auszutauschen. So kommt auch der Kontakt zu den meisten Tänzerinnen zustande. Ich spreche sie direkt im Club an oder ich kenne sie aus der Szene. Mit einigen bin ich auch befreundet. Manchmal beginnt die Auswahl auch mit einer **Audition**, das heißt, ich schreibe aus, dass ich eine Tänzerin suche und buche mir ein Studio, in dem sie dann vortanzen. Die Tänzerinnenzahl variiert je nach Projekt, häufig sind es zehn bis zwölf. Je nach Anlass muss ich noch eine Crew zusammenstellen, beispielsweise TechnikerInnen und LichtdesignerInnen bei einer Aufführung im Theater. Auch die Kostüme müssen designt und geschneidert werden. In der Produktionsphase bin ich rund um die Uhr beschäftigt. Morgens mache ich Yoga, gehe schwimmen oder joggen. Danach fangen die Proben im Tanzstudio an. Anschließend müssen verwaltungstechnische Dinge für die Company erledigt werden, dazu gehört viel E-Mail-Verkehr mit den an der Produktion beteiligten Firmen. Da wir momentan noch kein eigenes Tanzstudio haben, kümmere ich mich auch um die Anmietung der Probenstudios. Momentan studiere ich noch Tanzwissenschaft an der New York University. Am meisten

*Das Vorsprechen, Singen, Tanzen im Rahmen eines Castings wird auch **Audition** („Anhörung") genannt.*

interessiert mich, wie Tanz die verschiedenen Geschlechterimages und -identitäten bildet. Zwei- bis dreimal in der Woche bin ich dort, dazu kommt die Vor- und Nachbereitung der Vorlesungen. Generell sind meine Tage lang und komplett voll. Wenn nicht gerade Ferien sind, unterrichte ich fünfmal in der Woche an einer renommierten Tanzschule in Manhattan, in der ich angestellt bin. In den Ferien bietet meine Tanzcompany Workshops an, beispielsweise „Sommerintensiv-Tanzkurse" für Teenager. Diese Kurse dauern ein bis zwei Wochen. Von morgens bis nachmittags unterrichte ich dort mit anderen LehrerInnen, die meisten sind Tänzerinnen meiner Company. 2011/2012 haben wir für ein Jahr mit einem Theater in Downtown, Manhatten, zusammengearbeitet. Sie haben uns die Proben- und Aufführungsräume zur Verfügung gestellt und uns bei der Produktion unseres neuen Stückes unterstützt. Im Gegenzug dazu gaben wir Workshops in Schulen oder für Kinder aus sozial benachteiligten Verhältnissen. Ich bin ein sehr aktiver Mensch: Wenn ich frei habe, nehme ich selber eine Tanzstunde oder treibe Sport, vor allem Adventure Sportarten reizen mich.

PROJEKTE

„Perfect Prototype"

Als ich auf Heimatbesuch in der Pfalz war, bin ich durch die Fußgängerzone gegangen und sah auf einer Bank vor einem Kleidergeschäft drei Schaufensterpuppen sitzen. Das sah sehr interessant aus, so dass ich die Szene spontan fotografiert habe. Bestimmt ein dreiviertel Jahr lang hatte ich im Hinterkopf, ein Tanzstück mit Schaufensterpuppen zu machen. Ich fand die Idee sehr spannend, da für mich die Schaufensterpuppen den durch die Medien vorgegebenen westlichen Prototyp einer Frau repräsentieren. Die Medien kreieren ein Image, dem die meisten Frauen nicht entsprechen, leider aber nacheifern. Als die Produktionsphase begann, bin ich mit einem gemieteten Lastwagen in ein großes Schaufensterpuppen-Warenhaus in New Jersey gefahren, um die Puppen für das Tanzstück zu kaufen. Dann ging die Arbeit mit den Tänzerinnen im Tanzstudio los. Wir haben gemeinsam die Choreografie erarbeitet, was gar nicht so einfach war, denn ein wichtiger Teil davon waren die unbeweglichen Plastik-Puppen. Die Choreografie ist sehr visuell geprägt: „Was sieht gut aus? Wie kann ich die Leute zum Nachdenken anregen? Wie kann ich die Puppen als Teil des menschlichen Körpers darstellen?" Die Performance von Perfect Prototype hat sich im Laufe der Zeit sehr verändert. Aus einer ersten Version, einem Zehn-Minuten-Stück, wurde nach und nach ein abendfüllendes Multimedia-Tanz-und-Performance-Stück mit fünf Tänzerinnen, drei Schaufensterpuppen, diversen Schaufensterpuppenteilen (Arme, Beine und Oberkörper) und etlichen Fernsehgeräten als Bühnenset. Die Fernseher spielten Videos, die ich gemeinsam mit einer befreundeten Videokünstlerin gedreht habe. Das Videomaterial zeigt Bilder, in denen Frauen Make-up auftragen, sich Markierungen auf dem Körper zeichnen, an denen man Fett absaugen lassen könnte und Ausschnitte aus Frauenzeitschriften. Von einer Schaufensterpuppe haben wir ein Foto gemacht, es kopiert und in allen Zeitschriften über die Köpfe geklebt. Ich wollte zeigen, dass man mit diesem Streben nach Perfektion seine Individualität verliert.

„Insekta: The bustling world of bugs"

Im Sommer habe ich mir zwei Monate frei genommen, bin viel gereist und war in der Natur unterwegs. Ich bin fasziniert von Insekten, diesen Organismen, die viel älter sind als die Menschheit. Wenn ich eine Idee habe, dann recherchiere ich gründlich. Ich habe viel gelesen über diverse Insekten wie zum Beispiel Ameisen, Kakerlaken und Spinnen und habe mir verschiedene Dokumentationen angesehen. Gemeinsam mit einer Crew von 13 Leuten habe ich über mehrere Monate ein einstündiges Multimedia-Tanzstück entwickelt, das die Lebensweise verschiedenster Insekten widerspiegelt. In Zusammenarbeit mit einem Software Artist aus Taiwan habe ich an sogenannten „Motion Detection Projections" gearbeitet: Während die Tänzerinnen auf der Bühne die Choreografie tanzen, nimmt eine Videokamera ihre Bewegungen auf. Diese Aufnahmen wurden dann durch eine spezielle Software umprogrammiert und als abstrakte visuelle Bilder auf die Bühne projiziert. Es sah wahnsinnig toll aus – ein einzigartiges visuelles Erlebnis. INSEKTA war weniger gesellschaftskritisch als Perfect Prototype, sondern eher ein Hinweis: „Guckt doch mal, wie toll das eigentlich ist."

RÜCKSCHAU

Tanz, Schule und Elternhaus

Das Tanzen hat mein Leben schon immer dominiert. Als kleines Mädchen war Ballett mein Hobby, danach kam moderner Tanz und Jazz hinzu. Während der Zeit auf dem Gymnasium ist das Training zwischenzeitlich zu kurz gekommen. Aber als ich einem Verein beigetreten bin, dort die Tanzgruppe leitete und wir an Wettkämpfen teilgenommen haben, trainierte ich wieder mehr.
Auf dem Gymnasium war Kunst mein Lieblingsfach; Sport, Englisch und Mathe fand ich auch gut. Ich hatte noch Chemie als Leistungskurs. Deutsch mochte ich nicht so gern, Französisch auch nicht, aber das lag am Lehrer. Während der Schulzeit habe ich oft knallbunte Klamotten angezogen und trug verschiedene Haarfarben. Ich war das verrückte Huhn der Schule. Manche Leute fanden das toll und manche eher nicht. Ich habe mich davon aber nicht beeinflussen lassen und bin immer meinen eigenen Weg gegangen. Meine Mutter ist Kunst- und Englischlehrerin für Realschulen, mein Vater hat ein Computergeschäft. Meine Schwester singt, malt, näht, macht sehr viel Künstlerisches und Kreatives neben ihrem

Beruf als **Logopädin**. Sie wollte zunächst Musik und Gesang studieren, hat sich aber dagegen entschieden. Sie hat befürchtet, dass sie die Freude daran verliert, wenn sie damit komplett ihr Geld verdienen muss. Ich wusste schon damals, dass ich in jedem Fall etwas Künstlerisches machen möchte.

*Die **Logopädie** ist eine medizinisch-therapeutische Fachdisziplin bei Stimm-, Sprech-, und Schluckstörungen.*

Tanzen als Beruf(ung)

Kommunikations- und Grafikdesignerin, das war neben Tanzen mein anderer Berufswunsch. Ich habe auch an der Uni und Volkshochschule ganz viele Grafikdesign- und Typografiekurse belegt, weil mir das Spaß macht. Nach dem Abi stand ich vor einem riesengroßen Fragezeichen. Jeder hat gesagt: „Tanzen kannst du ja als Hobby machen, aber was willst du denn richtig beruflich machen?“ Meine Eltern haben mich immer unterstützt, aber die Frage, was ich machen wolle, stellten auch sie mir. Als ich nach dem Abi für zwei Monate in Amerika bei einer Tanzschule war, wurde mir bewusst, dass ich Tanz und Choreografie zu meinem Beruf machen möchte. Wieder zurück in Deutschland, habe ich auf der Iwanson Schule für zeitgenössischen Tanz in München eine einjährige Ausbildung zur Tänzerin und Tanzpädagogin gemacht. Diese hätte eigentlich drei Jahre gedauert, aber ich wurde an dem renommierten Broadway Dance Center in New York angenommen. Mit einem StudentInnenvisum bin ich mit 21 Jahren nach NYC gezogen. Das war anfangs ganz schön schwer, denn ich kannte niemanden. Ich habe aber schnell tolle Menschen kennengelernt und bin im Tanztraining so richtig aufgeblüht! In der Zeit am Broadway Dance Center trainierte ich wie verrückt, 15 bis 18 Stunden am Tag. Nach eineinhalb Jahren kehrte ich nach Deutschland zurück und musste für zehn Monate mit dem Tanz aussetzen, weil ich von meinem exzessiven Trainingspensum krank geworden war. Als es mir besser ging, reiste ich zurück nach NYC, diesmal mit einem Künstlervisum, das mir ermöglichte, in den USA legal zu arbeiten. Einwanderung (Immigration) in die USA ist hart. Das ist wirklich ein rigoroser Prozess, man muss einen Sponsor, zwölf Empfehlungsschreiben und ein Portfolio mit seinen Erfolgen (Programmhefte, Zeitungsartikel etc.) vorweisen können. Als ich mich für das Visum beworben habe, war unsicher, ob ich es auch wirklich bekommen würde, denn ich stand ja noch ganz am Anfang meiner Karriere. Als es soweit war, war ich superhappy und mir standen vor Glück die Tränen in den Augen. Ich habe insgesamt drei Künstlervisa erhalten. Seit 2013 bin ich stolze Besitzerin einer Künstler-Greencard, die mich zum **„permanent resident“** oder „**legal alien**“ der USA macht. Anfangs habe ich als freiberufliche und angestellte Tänzerin gearbeitet. Neben dem Training hatte ich viele Auditions, um neue Jobs, oft für Film-Auftritte oder als Backgroundtänzerin für Konzerte oder in Musikvideos, zu bekommen. Um weiterzukommen, braucht man eine Agentur, die einen managt und für die Auditions anmeldet. Um in eine gute Agentur aufgenommen zu werden, muss man vortanzen und sein Können unter Beweis stellen.

*Als **permanent resident** oder **legal alien** hat man eine Aufenthaltsgenehmigung auf unbestimmte Zeit.*

Ich wurde – nach drei Versuchen – von der besten Tanz-Agentur in NYC, der Bloc Agency, unter Vertrag genommen. Das hat schon total viel bedeutet für mich damals. Das war die Agentur überhaupt, die hatten die TänzerInnen von Madonna und Michael Jackson unter Vertrag. Da war ich überglücklich! Von 2006 bis 2008 war ich festes Mitglied einer Hip-Hop-Tanzcompany, mit denen ich quer durch die USA und Europa getourt bin. Das war eine tolle Zeit, aber auch sehr anstrengend. Wir waren eine rein weibliche Tanzgruppe und manchmal war das nicht so einfach. Wir haben mit Abend füllenden Hip-Hop-Balletts in gigantischen Theatern getanzt. Es war toll, jede Woche ein neues Theater in einer anderen Stadt zu sehen und zu erleben, wie man die Jugend inspirieren kann. Jedes Mal, wenn wir aufgetreten sind, haben wir noch ein paar Workshops gegeben. Nach dieser Erfahrung habe ich meine eigene Produktionsfirma gegründet. Mit zwei Kolleginnen habe ich dann in 2009 die **Off-Broadway-Show** „Crazy Sexy Disco" kreiert, produziert und choreografiert. Das war ein Musical rund um die Disco-Zeit in den Siebzigern. Die Show lief in mehreren Theatern für zwei Jahre. Das war eine Phase, in der es jeden Tag rund ging.

i ***Off-Broadway-Shows*** *sind kleine, spritzige Stücke, die ein deutliches Kontrastprogramm zu den aufwändigen Broadway-Shows in New York darstellen.*

VORBILDER

Der Wunsch, auf der Bühne zu stehen, kam mit zehn oder elf Jahren, als ich das Musical Starlight Express in Bochum gesehen habe. Ich war hin und weg! Ich war so fasziniert von der Energie der Show und von den PerformerInnen. Ich wusste einfach, dass ich das auch machen wollte und dass ich auf die Bühne muss. Ein weiteres Vorbild war damals meine Tanzlehrerin. Heute in New York habe ich ganz viele Menschen, die mich immer wieder inspirieren.

EINSTELLUNG ZUM BERUF

Wenn man sich entscheidet, dass man etwas Eigenes auf die Beine stellen, choreografieren und seine Arbeiten präsentieren will, hat man nicht nur mit Tanzen zu tun. Der Verwaltungskram gehört zu den Dingen, die mich nerven, aber es gehört dazu, man muss es machen. Ich tanze aber neben all der Büroarbeit weiterhin sehr viel. Ich habe Spaß an der Bewegung. Ich liebe die Erfolgsgefühle, wenn ich einen neuen Tanzstil oder eine schwierige Choreografie lerne, und finde es toll, auf der Bühne zu stehen. Das ist ein gigantisches Gefühl, Menschen mit meinen Auftritten mitzureißen und zu inspirieren, es ist eine der besten Seiten meines Berufs. Ich unterrichte sehr gern, weil es mir Spaß macht, mein Wissen weiterzugeben. Ich arbeite außerdem sehr gern mit Menschen zusammen, das ist für mich sehr wichtig. TänzerInnen sind Menschen, die mit einer speziellen Leichtigkeit durchs Leben gehen. Es ist ein guter Ausgleich, dass ich kreativ sein und meine Ideen umsetzen kann. Man hat eine große Verantwortung seiner Kunst, seinem Publikum, seinen StudentInnen, SchülerInnen

und sich selbst gegenüber. Man braucht eine Menge Disziplin und Ehrgeiz. Es ist sehr hart, wenn man das schaffen möchte. Je weiter man kommt, desto mehr erhöhen sich die Standards. Wenn ich zurückdenke, bin ich stolz darauf, dass ich das durchgezogen habe, dass ich mit einem riesengroßen Traum nach New York gekommen bin und dass ich genau das mache, was ich immer machen wollte. Ich freue mich, dass ich rund um die Welt getanzt habe, dass ich als freiberufliche Tänzerin hier in den USA viele Fernseh- und Filmauftritte hatte, dass ich angefangen habe, selbst zu choreografieren. Dass ich eine eigene Company habe. Das alles hätte ich mir nach dem Abi gar nicht zugetraut.
Der Nachteil meines Berufs liegt in den körperlichen Defiziten, die diese Beanspruchung mit sich bringt: Man hat Verletzungen, man ist müde, der Körper tut weh. „No pain, no gain", sagt man in Tänzerkreisen. Man muss auf seinen Körper gut aufpassen, denn der Körper ist das Kapital, von dem die Karriere abhängig ist. Das Tanzen ist sehr belastend für den Körper, auf der anderen Seite hält es jung, und es macht einfach Megaspaß. Für das Tanzen brauchst du Talent, Ausdauer, Disziplin und Hingabe. Ohne Spaß an der Sache braucht man gar nicht erst anzufangen. Spaß am Tanz, Spaß an der Bewegung, auch am Unterrichten, Spaß am Organisieren – auf alle Fälle Leidenschaft.

Wegweisende Erfahrungen / „Lessons learned"

Wenn ich zurückblicke, erinnere ich mich an zwei spezielle Situationen, in denen ich sehr stolz war: Das war, als ich 2006 bei einer der besten Tanzagenturen unter Vertrag genommen wurde und als ich 2013 angefangen habe, als freiberufliche Tänzerin mit meiner Lieblingscompany PILOBOLUS zu tanzen. Dazwischen liegen sieben Jahre und es ist interessant zu sehen, wie ich mich entwickelt habe. Ich vergesse nie den Tag, als ich in die Agentur aufgenommen wurde. An dem Tag der Audition hatte ich Fieber. Das war hart. Aber ich habe mir gesagt, die machen das nur einmal im Jahr. Das konnte ich nicht verpassen, deshalb bin ich hingegangen. Eine Audition verläuft in mehreren Etappen. Die Runden werden immer kleiner. Am Ende habe ich mich zum Glück getraut zu freestylen und das hat's dann gebracht. Das war meine „Lesson learned": Wenn die Angst da ist, nimm' sie als Chance und geh mittendurch, mach's trotzdem – man kann ganz schön viel gewinnen. Ich habe zwei Wochen später den Anruf bekommen und war völlig aus dem Häuschen.
In 2013 habe ich beim Vortanzen für die Tanzcompany PILOBOLUS, die schon seit etwa 40 Jahren besteht, mitgemacht. Sie ist neben meiner eigenen Company meine absolute Lieblingscompany, weil sie viele Stile vereint und immer etwas sehr Originelles produziert. Auf der Audition waren über 600 TänzerInnen und ich wurde ausgewählt. Seitdem arbeite ich freiberuflich mit dieser Tanzcompany zusammen, sie ist momentan in Deutschland

und Europa sehr bekannt mit ihrer Show „Shadowland". Obwohl ich in dieser Show noch nicht getanzt habe, war ich an anderen Schattentanz-Shows mit PILOBOLUS hier in den USA beteiligt.

ZIELE

Ich möchte weiterhin tanzen und choreografieren und meine Ideen künstlerisch umsetzen. Mit meinem Freund, mit dem ich gemeinsam in NYC wohne, bin ich sehr glücklich und wir beide möchten auch auf alle Fälle Kinder in den nächsten Jahren. Ein weiteres Ziel ist ein eigenes Studio. Ein Multifunktionszentrum für Tanz und Kultur, denn momentan miete ich Studios nur an. In „meinem" Kulturzentrum möchte ich Theater, Filme, eine Galerie, Tanzräume, Workshops anbieten und soziale Projekte in Zusammenarbeit mit den öffentlichen Einrichtungen entwickeln. Wegen der Greencard kann ich so etwas ohne Probleme eröffnen, da sie eine unbefristete Aufenthalts- und Arbeitsgenehmigung beinhaltet. Vor zwei Jahren habe ich eine Wohnung gekauft in Queens. Obwohl ich irgendwann wieder nach Deutschland zurück möchte, werde ich New York nie ganz verlassen. Es wird immer ein Teil von mir bleiben. Ich bin zweimal im Jahr in Deutschland, einmal zu Weihnachten und einmal im Sommer. Das muss auch sein, weil ich meine Familie wahnsinnig vermisse, meine FreundInnen und einfach das Zuhausesein bei den Wurzeln. Heimat ist etwas ganz anderes. Am liebsten würde ich ein halbes Jahr in Deutschland und ein halbes Jahr in New York leben.

Svea Schneider und Isa Antoniani in PERFECT PROTOTYPE, New York International Fringe Festival, 2013

„Life isn't about waiting for the storm to pass, it's about learning to dance in the rain!"

ERFAHRUNG ALS FRAU IM BERUFSALLTAG

Beim Tanzen spielt das Geschlecht eigentlich keine Rolle. Allgemein wird man als Frau manchmal in ein bestimmtes Klischee gedrängt, als ob man manches nicht kann. Aber andererseits ist es oft viel leichter als Frau. Du lächelst jemanden an und dir wird sofort geholfen, wenn wirklich mal etwas nicht klappt. Aber nein, ich sehe keine Nachteile in diesem Beruf für eine Frau. Nur, wenn ich mal Mutter werden will und eine kurze Auszeit nehmen muss, aber sonst sehe ich keine Nachteile. Man muss sich durchsetzen können, aber das muss man in jedem Beruf als Frau. Auch als Mann, aber vor allem als Frau. Wenn ich Mutter werde, nehme ich erstmal eine Auszeit. Das Tanzen und meine Company möchte ich aber nicht aufgeben. Natürlich muss man sein Leben umkrempeln, wenn man ein Kind hat, aber ich vertrete die Meinung, dass man das alles integrieren kann, man darf sich selbst nicht aufgeben.

RATSCHLÄGE

Optimismus und Liebe im Herzen

Liebe und eine positive Einstellung sind ganz wichtig: Für das, was du tust, für deine Mitmenschen, für deine Kunst, für dich selber. Nicht unterkriegen lassen, schlechte Zeiten gehören genauso zum Leben wie gute Zeiten. Ich lebe nach dem Motto: „Life isn‘t about waiting for the storm to pass, it‘s about learning to dance in the rain!“ An sich selbst zu glauben und Durchhaltevermögen sind sehr wichtig. „Everything will be ok in the end, if it‘s not ok, it‘s not the end.“ Alles ergibt einen Sinn, hab‘ Spaß und probiere alles, was du probieren kannst. Hör nie auf zu lernen, gerade bei neuen Herausforderungen lernt man immer etwas dazu. Trau dich, Wege zu gehen, die andere nicht gehen. Das ist etwas, was ich den jungen Frauen sehr ans Herz legen möchte: Trau dich, anders zu sein, wenn du anders sein willst. Anders ist für mich einzigartig.

Die Welt aus einer anderen Perspektive betrachten

Wenn man viel reist, entdeckt man neue Kulturen und lernt dabei sehr viel. Man entdeckt die Welt von einer anderen Perspektive und wird motiviert, in seinem Leben Dinge anders anzugehen. Außerdem trifft man sehr viele inspirierende Menschen.

Vorteile einer strukturierten Ausbildung

Da ich dafür damals keine Geduld hatte, bin ich direkt nach dem einen Ausbildungsjahr in München nach NYC gegangen und war schon sehr auf mich allein gestellt im Broadway Dance Center. Ich musste meinen Stundenplan selbst zusammenstellen und die Disziplin haben, das rigorose Training in den verschiedenen Tanzstilen ohne strukturierten Klassenverband durchzuziehen. Es gibt wenig im Leben, dass ich anders machen würde, weil ich denke, dass ich dann nicht da wäre, wo ich heute bin. Aber im Nachhinein wäre ich gern, als ich jünger war, länger auf einer staatlich anerkannten Tanzschule in Europa geblieben. In Holland und auch in Deutschland gibt es einige gute staatliche Tanzschulen. Dort lernt man drei bis vier Jahre in einem strukturierten Programm vor allem Ballett und Moderne Tanztechnik. Das ist ein solides Fundament, das ich euch nahelegen würde.

@ Wie werde ich Choreografin?

Weitere Informationen findest du auf:
http://berufenet.arbeitsagentur.de
In der Suchmaske *„Choreografie" oder „Tanz"* eingeben.

Theaterregisseurin und Intendantin des Hamburger Schauspielhauses

„Der Beruf der Regisseurin ist ein unglaublich kreativer Beruf. Es ist ein großes Privileg, sein Leben damit zu verbringen, sich künstlerisch auszudrücken."

THEATERREGISSEURIN UND INTENDANTIN

Karin Beier

Geburtsjahr	1965
Abitur	1987
Studium	Anglistik, Theater-, Film- und Fernsehwissenschaften an der Universität zu Köln
Privates	Kind, Familie, Sport

BESCHREIBUNG DES BERUFS

Als Intendantin habe ich die künstlerische Leitung und die gesamtverantwortliche Geschäftsführung des **Schauspielhauses Hamburg**. Und als Regisseurin bringe ich selbst Stücke auf die Bühne.

*Das **Deutsche Schauspielhaus Hamburg** ist mit 1.200 Plätzen das größte und eines der führenden Sprechtheater Deutschlands.*

Doppelpaket Regisseurin und Intendantin

Zu einer gelungenen Regieführung gehört Talent unbedingt dazu, denn vieles kann man einfach nicht lernen: Die Phantasie, um einen Theaterabend zu erfinden und zu gestalten, kann man sich nicht aneignen. Auch Schwingungen, Energien, Gefühlszustände von anderen gut wahrnehmen zu können – das gehört zur Arbeit als Regisseurin dazu. Um eine Gruppe SchauspielerInnen zusammenzuhalten, ist sehr viel Motivationsarbeit nötig: SchauspielerInnen sind sehr unterschiedliche Individuen, die verschiedene Methoden bevorzugen. Es gilt, die jeweiligen Bedürfnisse zu erspüren und auf sie einzugehen, ohne aber den eigenen Regie-Stil zu verleugnen. Als Regisseurin erfinde ich etwas – aber gleichzeitig bieten die SchauspielerInnen etwas an. Es ist nicht so, dass die DarstellerInnen nur das tun, was ich mir ausgedacht habe.
Bei der Arbeit als Intendantin ist es wichtig, ein gutes Gespür für die Vorgänge des Gesamtbetriebs zu haben. Außerdem muss man Dinge an MitarbeiterInnen abgeben können und ihnen vertrauen. Ich muss bereit sein, Entscheidungen zu fällen und Verantwortung zu übernehmen. Dazu gehört auch, Fehler bei mir zu suchen und diese nicht nur auf äußere Anlässe zu schieben.

Typischer Alltag

Ich muss gut organisiert sein, um meine künstlerische Arbeit als Regisseurin und meine ManagerInarbeit als Intendantin miteinander zu vereinbaren. Am Anfang war das nicht immer einfach für mich.
Jetzt mache ich es in der Regel so, dass ich mich – meist direkt nach dem Aufstehen – zu Hause mit dem Textbuch hinsetze. Ich nehme mir viel Zeit, um detailliert den Stücktext zu lesen, zu hinterfragen und Subtexte herauszuarbeiten. Dann phantasiere ich frei darüber, wie ich einen Text inszenieren werde. Dazu gehört auch, dass ich zuweilen vor mich hinstarre und warte, bis mir etwas einfällt. Nur so kann ohne Druck etwas entstehen, und genau diese entspannte Vorbereitung entlastet die spätere Probenarbeit. Es kann vorkommen, dass ich nur Fragen für mich selbst formuliere, oder auch, dass ich mich mit der **DramaturgIn** bespreche. Es geht nicht nur um szenische Phantasien, sondern auch um ein echtes Durchdringen von Texten. Selbstverständlich ist es auch so, dass ich hinterher nicht alle Ideen umsetze. Diese Art zu arbeiten gilt für die Phasen, in denen ich nicht in den Proben bin, in den Vorbereitungsphasen. Dafür gebe ich mir einige Stunden am Tag, denn das Erfinden kann man nicht erzwingen, das muss kommen.

*Eine **DramaturgIn** hat viele Koordinationsaufgaben. Sie arbeitet an der Entwicklung von Spielplänen und ist Literatur-Sachverständige gegenüber den RegisseurInnen, IntendantInnen, Presse und Publikum.*

Gleichzeitig habe ich immer Zettel und Stift neben mir liegen, um die anfallenden Aufgaben und Erledigungen als Indentantin zu notieren, die ich dann später abarbeite. Im Büro aktualisiere ich mit meiner persönlichen Assistentin das anstehende Tagwerk als Intendantin. Die Tage sind sehr unterschiedlich: Oft habe ich Sitzungen, diese sind für eine reibungslose Kommunikation in einem so großen Betrieb wichtig. Es gibt beispielsweise DirektorInnen-, AbteilungsleiterInnen- und Öffentlichkeitsarbeitssitzungen, in denen man sich zu den einzelnen Gebieten des Theaters mit den entsprechenden Leuten kurzschließt. Die AbteilungsleiterInnensitzungen sind von besonderer Bedeutung, weil dort die ChefInnen aus den verschiedenen Bereichen des Theaters zusammenkommen. In den Phasen, in denen ich keine Proben habe, stellen diese Sitzungen die zweite Hälfte des Tages dar. Anders verhält es sich, wenn ich als Regisseurin probe. Dann fängt der Tag noch früher an. Ich bereite mich morgens vor und gehe dann von zehn bis drei Uhr auf die Probe. Im Anschluss widme ich mich den Aufgaben der Intendanz. Abends, nachdem ich mein Kind ins Bett gebracht habe, bereite ich schon die nächste Probe vor.

RÜCKSCHAU

Schule

In der Mittelstufe war ich keine gute Schülerin und auch durchaus „kompliziert". Das änderte sich in der Oberstufe – als meine Entscheidung feststand, Theaterwissenschaften zu studieren. Wegen des **Numerus Clausus'** brauchte ich ein gutes Abitur. Ich setzte alles daran, dieses Studium absolvieren zu können.

i ***Numerus Clausus*** *bezeichnet die Zulassungseinschränkungen an Hochschulen und Universitäten. Übersteigt die Nachfrage nach Studienplätzen die Kapazität, spielen Abiturdurchschnitt, Wartesemester, Berufserfahrung und weitere Kriterien eine Rolle.*

Studium

Mein Studium war dann letztlich nicht wichtig, denn ich arbeitete damals schon in der freien Szene. Ich legte zwar noch meine **Zwischenprüfung** ab, aber das war nur so eine Art Begleiterscheinung, denn dafür drehte sich mein Leben schon viel zu sehr um die eigene Regieführung und das Theater generell. Ich hatte früh das Ziel, Regisseurin zu werden. Im Nachhinein bin ich der Ansicht, dass es gut war, dass ich das für mich schon als Schülerin so beschlossen habe. Damals hatte ich keine Vorstellung davon, was dieser Beruf auch an negativen Seiten mit sich bringt, das hat in meiner Phantasie gar nicht existiert. Die Arbeit mit der eigenen Gruppe war Learning by Doing. Das ist etwas, was ich jedem empfehlen möchte. Meiner Erfahrung nach gibt es sehr viele junge Menschen, die erst im Theater hospitieren und assistieren, möglicherweise jahrelang, um dann festzustellen, das sie nicht imstande sind, den Beruf auszuüben. Dann sind sie schon Ende zwanzig und haben echte Probleme, sich neu zu orientieren. Ob man wirklich in der Lage ist, eine Gruppe anzuleiten, findet

i ***Die Zwischenprüfung*** *stellt etwa die Halbzeit des Studiums dar.*

man nur heraus, indem man es tut. Deswegen war für mich dieser Weg, schon in so jungem Alter zu inszenieren, sehr gut. Ich war relativ unbelastet und auch ein Scheitern wäre keine Katastrophe gewesen. Im Anschluss an die Zwischenprüfung habe ich als Regieassistentin noch eineinhalb Jahre in Düsseldorf gearbeitet.

Erste Inszenierungen

Als ich als Schülerin meinen ersten Shakespeare im Englisch-Leistungskurs gelesen habe, war ich total euphorisch. Schon während meiner Studienzeit habe ich angefangen, Shakespeare-Aufführungen auf Englisch zu inszenieren. Ich habe eine unheimliche Sprachbegeisterung entwickelt und konnte mir nicht vorstellen, Shakespeare jemals auf Deutsch auf die Bühne zu bringen. Meine Mutter ist Engländerin, so ist mir das Englische ohnehin sehr nah. Zudem war ich im Rahmen des Studiums öfter in Stratford/UK bei Shakespeare-Aufführungen und -Tagungen. Es gab also viele Gründe, dass meine ersten Inszenierungen Shakespeare-Stücke in englischer Sprache waren. Zurückblickend denke ich, dass die Zeit in der freien Szene, als wir aus dem Nichts heraus Theater entstehen ließen, schon sehr beeindruckend war. Vom Zuschauerpodest bis hin zu jeder Lampe haben wir alles selbst organisiert, immer an theaterfernen Orten. Das war schon eine extreme Leistung, die uns damals so nicht bewusst war.

Elternhaus

Meinen Eltern habe ich von meinem Berufswunsch ganz früh erzählt. Sie haben meine Pläne unterstützt in dem Sinne, dass sie nicht versucht haben, sie mir auszureden. Ich komme aber nicht aus einem Elternhaus mit direktem Bezug zum Theater: Mein Vater war Lehrer und meine Mutter hat an der Universität gearbeitet, im **Studienkolleg**.

*Im **Studienkolleg** werden StudienbewerberInnen mit einer in Deutschland nicht anerkannten ausländischen Hochschulzugangsberechtigung auf ein Studium an einer deutschen Hochschule vorbereitet.*

EINSTELLUNG ZUM BERUF

Ich bin ein entscheidungsfreudiger Mensch. Außerdem liegt es mir, eine Gruppe zu führen, das heißt, die Probe zu betreten und das Heft in die Hand zu nehmen. Diese Eigenschaften sollte man schon unbedingt mitbringen. Was mir nicht leicht fällt, ist, mit Aggressionen umzugehen. Ein Theater ist ein hochemotionaler Betrieb, in dem es auch zu aggressiven Ausbrüchen kommen kann. Bei den SchauspielerInnen von einem emotionalen Striptease zu sprechen, entspricht ja den Tatsachen. Da liegen die Nerven oft blank – und vor der Premiere sowieso. Dieser Aspekt meiner Arbeit fällt mir aufgrund meiner harmonieliebenden Persönlichkeitsstruktur schwerer als anderen. Ich fühle mich dann in der Pflicht, das aufzufangen. Das gehört dazu, aber Spaß machen tut's mir nicht immer *(lacht)*.

Vorteile des Berufs als Regisseurin

Der Beruf als Regisseurin ist ein unglaublich kreativer Beruf. Es ist ein Ringen um einen künstlerischen Ausdruck für Dinge, die uns bewegen, die wir gesellschaftspolitisch wichtig finden. Der Kern dieser Arbeit ist das Künstlerische. Das ist natürlich ein unglaubliches Privileg, sein Leben damit verbringen zu dürfen, sich künstlerisch mitzuteilen. Ich habe einen Beruf, in dem ich mich permanent zu Dingen äußern darf, die ich wichtig finde. Auf der anderen Seite muss ich imstande sein, mit der öffentlichen und womöglich auch negativen Reaktion zu leben. Jede RegisseurIn setzt in ihrer Arbeit andere Schwerpunkte, bei mir beispielsweise ist das Inszenieren politisch motiviert. Das war nicht immer so: Zu Beginn habe ich mich mit dem Lebensgefühl meiner Generation beschäftigt und versucht, dafür Ausdrucksformen zu finden. Es macht mir Spaß, alles, was mir relevant erscheint, in eine Kunstform zu übersetzen und damit beschäftigt zu sein, die Wahrheit hinter der Wahrheit zu suchen.

Nachteile des Berufs als Regisseurin

Der Beruf bedeutet, unter einem massiven Druck zu stehen. Damit ist nicht nur der Druck der Öffentlichkeit gemeint, auch innerhalb des Theaters steht man unter Druck. Eine Truppe von SchauspielerInnen zu leiten, ist keine einfache Aufgabe. Die SchauspielerInnen suchen bei der RegisseurIn Sicherheit und Orientierung, schon allein deshalb, weil sie auf der Bühne etwas wagen und sehr viel von sich preisgeben. SchauspielerInnen sind sehr feinfühlige Menschen, die jede Form von Unsicherheit seitens der Regie spüren und sofort quittieren.

Vor- und Nachteile als Intendantin

Die Arbeit als Intendantin fällt mir leichter, sie ist allerdings wesentlich unkreativer. Selbstverständlich bin ich auch dort der Spielball des **Feuilletons**, der Öffentlichkeit – und auch hier kann es dazu kommen, dass man berechtigter- oder unberechtigterweise angegriffen wird. Das ist wie in jeder öffentlichen Position und klar ist, dass Menschen daran auch zerbrechen können. Für mich ist es so, dass ich bisher nur positive Erfahrungen gemacht habe. Ich kann mir aber durchaus vorstellen, dass es sich zu einem „Höllenberuf" entwickeln kann, kommt man erst einmal in die Situation, von allen Seiten „beschossen" zu werden. Dann wäre das sprichwörtliche „dicke Fell" von Vorteil. Unglücklicherweise ist man gerade als kreativ arbeitender Mensch besonders sensibel und damit auch empfänglich für Reaktionen von außen – was eben auch für Kritik gilt.

*i Das **Feuilleton** ist der Kulturteil mit Beiträgen zu Kunst-Themen wie beispielsweise Literatur, Theater, Musik, Film. Es ist neben der Politik, der Wirtschaft, dem Lokalen und dem Sport eines der fünf klassischen Ressorts einer Zeitung.*

EIGENE BILDER STATT VORBILDER

Ich hatte keine Vorbilder, ich hatte mir etwas in den Kopf gesetzt und das wollte ich erreichen. Für mich war es einfach klar, dass ich ans Theater will. Das hat damit zu tun, dass mich das Theater bereits mit 15 Jahren in den Bann gezogen hat. Aber was es genau war? Es war einfach da, das Warum ist nicht zu beantworten.

„Ich würde nicht auf eine Regie-Schule gehen, dann hospitieren, dann assistieren – und dabei den Moment, in dem ich selber Verantwortung übernehme, immer weiter hinausschieben."

ERFAHRUNG ALS FRAU IM BERUFSALLTAG

Die Frage, wie ich mein Pensum als Frau und Mutter schaffe, bekomme ich oft gestellt und es fällt mir schwer, sie zu beantworten. Ich hatte nie das Gefühl, als Frau benachteiligt zu sein. Ich glaube sogar, dass es von Vorteil ist, denn ich gehöre zu der Generation, die die Früchte der feministischen Vorarbeit ernten darf. Erst in meiner Generation hat man wahrgenommen, dass auch eine Frau in der Lage ist, einen Betrieb zu leiten oder Regisseurin zu sein. Es gibt Situationen, in denen ich als einzige Frau im Raum unter mehreren laut sprechenden Männern nicht deren Stimmgewalt habe. Doch auch das hat den Vorteil, dass man sich nicht auf dieses Niveau herablässt, sondern wartet, bis dieser Regen, der da über einen ergossen wird, vorüber ist, um dann kühl zu reagieren. Es gab auch einige Gegner, die mir den Erfolg vor allem deshalb nicht verziehen haben, weil ich eine Frau bin. Das sind aber Dinge, die mir von anderen erzählt werden. Ich selbst kann nicht einschätzen, ob eine Kränkung für einen Mann gravierender ist, wenn sie von einer Frau kommt. Meine Sensoren sind dafür nicht ausgefahren, weil das nie mein Thema war.

Karriere und Kinder

Die Vereinbarkeit von Beruf und Familie klappt verhältnismäßig gut. Das liegt daran, dass ich sehr straff durchorganisiert bin, was ich auf die Dauer jedoch als nicht tragbar empfinde.

Mit der Zeit will ich wieder ein bisschen mehr Chaos in mein Leben lassen. Für meine Tochter bin ich viel da, das wollte ich immer so. Ich bin vor der Schule, nachmittags und abends bei meiner Tochter. Mein Mann und ich verbringen unter der Woche etwa fünf Stunden täglich mit ihr. Nachmittags bin ich oft müde und das führt dazu, dass ich in gewissen Erziehungsaufgaben etwas laxer bin. Wenn man Erziehen jedoch ernsthaft betrachtet, dann ist es so, dass man den einen oder anderen Kampf durchfechten muss. Ich denke, dass ich nachgiebiger als andere bin – aus Müdigkeit. Über die Konsequenzen sprechen wir in fünf Jahren wieder *(lacht)*.
Zur Unterstützung haben wir eine Babysitterin, sie kommt ein Mal in der Woche nachmittags, dann bleibe ich länger im Büro. Seit Beginn der Schulzeit ist es einfacher als früher, schwierig wird es nur während der vielen Schulferien.
Das Theater ist familienfreundlicher geworden. Es gab Zeiten – und das ist noch gar nicht so lange her –, da war es völlig unüblich, dass RegisseurInnen, SchauspielerInnen oder DramaturgInnen Kinder hatten. Entweder Familie oder Theater, so war das. Das hat sich in den letzten zehn, fünfzehn Jahren ziemlich geändert. Die Vereinbarkeit von Kind und Beruf ist für SchauspielerInnen auch heute noch komplizierter als für mich. Diesbezüglich bin ich privilegiert, denn ich kann beschließen, mein Kind jeden Abend zu Bett zu bringen. Ausgenommen sind Abende, an denen ich mich der Öffentlichkeit präsentieren muss, was ein bis zwei Mal in der Woche der Fall ist. Wenn eine SchauspielerIn aber Vorstellung hat, hat sie Vorstellung.

ZIELE

Ich hoffe, dass Theater in die Gesellschaft hineinwirkt, dass es zum Nachdenken anregt und Diskussionen in der Stadt evoziert – und im allerbesten Fall Menschen zum Umdenken und Handeln motiviert. Wenn ein Theater zu diesen Punkten beitragen kann, ist viel erreicht. Außerdem gibt es einen bildungspolitisch relevanten Aspekt. Ich wünsche mir, neue ZuschauerInnen für das Theater zu gewinnen und diese kulturaffin zu machen. Wenn ich mir anschaue, welche Filme auf Platz eins der Videobestseller sind, wird mir mulmig zumute. Ein Theater ist daher auch ein bisschen „wider die Volksverdummung" wichtig, um Menschen dafür zu interessieren, sich mit Kunst und Kultur auseinanderzusetzen. Wir stehen auch dafür, die Wahrheit hinter der Wahrheit zu zeigen. Unsere Arbeit ist der Versuch, mit theatralen Mitteln in die Bereiche hinter der Fassade zu dringen – nicht als Abbild, als Spiegel der Realität, sondern indem wir hinterfragen und Assoziationsräume öffnen. Jede ZuschauerIn, jeden jungen Menschen, den man neu gewinnt und der anfängt, hinter die Fassaden zu schauen, finde ich, gesellschaftlich gesehen, extrem wichtig.

RATSCHLÄGE

Früh übt sich...

Ganz wichtig finde ich, dass man versucht herauszufinden, welchen Beruf man ergreifen möchte. Es gab eine Zeit, in der hat man angefangen zu studieren, ohne zu wissen, was man später mit dem Studium machen möchte. Das ist für mich persönlich – und es gibt sicherlich Leute, die das Gegenteil behaupten – furchtbar. Ich kann mir nicht vorstellen, die Kraft zu haben, für das Studium zu arbeiten, wenn ich nicht weiß, was mein Berufswunsch ist. Für mich war es so, dass diese frühe Klarheit mir wahnsinnig geholfen hat. Es hat etwas mit Zielstrebigkeit zu tun, dass man aus so einer frechen Behauptung wie „Ich werde Regisseurin“ Realität werden lässt. Da war es sinnvoll, dass ich sehr früh meine eigenen Inszenierungen gemacht habe. Ich habe dabei viel gelernt und zwar zu einem Zeitpunkt, bei dem es mich, wenn es nicht geklappt hätte und nie zu einer Premiere gekommen wäre, in meinem Leben nicht allzu sehr beschädigt hätte. Je später man sich ausprobiert, desto größer wird der Druck, desto größer die Ängste. Je früher, desto frecher und in Anführungsstrichen „naiver“ kann man das tun.

Verantwortung übernehmen

Auf dem Weg zur RegisseurIn kommst du nicht umhin, Assistenzen zu machen, um den Theaterbetrieb kennenzulernen. Aus der freien Szene direkt als Regisseurin ans Staatstheater zu wechseln ist nicht möglich. Aber du solltest das nicht zu lange tun. Ich habe eineinhalb Jahre als Regieassistentin gearbeitet – das war ausreichend. Ich rate davon ab, auf eine Regie-Schule zu gehen, danach zu hospitieren und dann zu assistieren und dabei den Moment, in dem du selbst Verantwortung übernimmst, immer weiter hinauszuschieben. Niemand hindert dich daran, hinzugehen und zu sagen: „Ich gründe morgen eine freie Gruppe!“ Du musst es einfach nur machen. Und das so früh wie möglich. Denn diese Initiative, die du dabei zeigst, das ist dieselbe Initiative, die dich auch später im Beruf weiterbringt.

@ Wie werde ich Theaterregisseurin?

Weitere Informationen findest du auf:
http://berufenet.arbeitsagentur.de
In der Suchmaske *„Theaterregisseurin“* eingeben.

FOTOCREDITS UND QUELLENANGABEN

Karin Beier	Stand: 2013
Porträtfoto:	Klaus Lefebvre
Zweites Foto:	Klaus Lefebvre
Prof. Dr. Sonja Bischoff	Stand: 2010
Porträtfoto:	Gebhard Krewitt
Zweites Foto:	KWB e.V./Hamburger Karriereschmiede
Sibille Duss	Stand: 2012
Porträtfoto:	Linda Sutter
Zweites Foto:	Linda Sutter
Claudia Egert	Stand: 2012
Bettina Flitner	Stand: 2013
Porträtfoto:	Sofie Busche
Zweites Foto:	Jörg Nowak
Andrea Glemnitz	Stand: 2010/Nachtrag 2013
Nadin Heinich	Stand: 2013
Porträtfoto:	se7entyn9ne
Zweites Foto:	Judith Keller
Ursula Hellert	Stand: 2012
Porträtfoto:	CJD Braunschweig
Zweites Foto:	CJD Braunschweig
Jana Kern-Ritonga	Stand: 2013
Nelly Kostadinova	Stand: 2013
Uta König	Stand: 2013
Porträtfoto:	Maxie Eckert
Zweites Foto:	Monika Zucht, Der Spiegel
Katrin Laskowski	Stand: 2012
Nicole Maisch	Stand: 2012
Zweites Foto:	Torsten Buchmann
Dr. Iris Menn	Stand: 2010
Porträtfoto:	Greenpeace/Pierre Gleizes
Zweites Foto:	Greenpeace/Pierre Gleizes
Birgit Mensing	Stand: 2013
Porträtfoto:	Ansgar Petters
Zweites Foto:	Ansgar Petters
Julia Hayungs geb. Nemitz	Stand: 2011
Porträtfoto:	Jan Henrik Hayungs
Zweites Foto:	Jan Henrik Hayungs
Dr. Sigrid Evelyn Nikutta	Stand: 2013
Julia Pohn	Stand: 2013
Neeke Rothe	Stand: 2013
Porträtfoto:	Foto Arppe
Svea Schneider	Stand: 2013
Porträtfoto:	Dan Hallman
Zweites Foto:	Chris Nicodemo
Dr. Alexandra Thuerkow	Stand: 2013
Dr. Sandra Wenzel	Stand: 2012

Die Texte der Marginalien wurden aus http://de.wikipedia.org (2013) entnommen.
Abweichende Quelle auf S. 182 „Verbände":
Schubert, Klaus/Martina Klein: Das Politiklexikon. 5., aktual. Aufl. Bonn: J.H.W. Dietz 2011

Extra für Mädchen!
Girls'Day
Mädchen-Zukunftstag
www.girls-day.de
Mädchen entdecken Berufe
in Technik, IT,
Handwerk und
Naturwissenschaften
GEFÖRDERT VON
Bundesministerium für Bildung und Forschung
Bundesministerium für Familie, Senioren, Frauen und Jugend
ESF
Europäischer Sozialfonds für Deutschland
EUROPÄISCHE UNION
AKTIONSPARTNER
DGB
INITIATIVE D21
Bundesagentur für Arbeit
Bundes Eltern Rat
BDA
DIHK
ZDH
BDI
Unterstützt durch

expert verlag®

Erlesene Weiterbildung®

PDFs zum Herunterladen von www.ebook.expertverlag.de

Prof. Dr.-Ing. habil. Ernst Fuhrmann

expert energizer – Themen- und Aufgabensammlung Hochschulreife in Naturwissenschaft und Technik

Band I:Physik

PDF zum Herunterladen von www.ebook.expertverlag.de 2013, 19,90 €, 35,50 CHF (expert e-books)

ISBN 978-3-8169-3161-4

Band II: Mathematik

PDF zum Herunterladen von www.ebook.expertverlag.de 2013, 19,90 €, 35,50 CHF (expert e-books)

ISBN 978-3-8169-3162-1

Band III:Chemie und Mechanotechnik

PDF zum Herunterladen von www.ebook.expertverlag.de 2013, 19,90 €, 35,50 CHF (expert e-books)

ISBN 978-3-8169-3163-8

Band IV:Elektrotechnik

PDF zum Herunterladen von www.ebook.expertverlag.de 2013, 19,90 €, 35,50 CHF (expert e-books)

ISBN 978-3-8169-3164-5

Zu den e-books:

Mit den vorliegenden Aufgaben und Lösungen aus den Schulgebieten der Physik, der Mathematik, der Chemie und Mechanotechnik sowie der Elektrotechnik hat der Studienanfänger die Möglichkeit, sein Grundlagenwissen zu überprüfen. Er gewinnt damit auch einen Einblick in die Brauchbarkeit, in die Anwendungsfähigkeit seines bis dahin erworbenen Wissens.

Die Aufgabensammlung umreißt in etwa das Grundlagenwissen, das Erstsemester wenigstens kennen, in Teilen sogar beherrschen sollten. Dabei geht es nicht um Spezialkenntnisse, sondern um fundamentale Wissensgebiete, die während des Studiums ständig gebraucht werden, auf die ständig zurückgegriffen wird.

Auf diese Weise erleichtert die Aufgabensammlung den Übergang vom schulischen Lernen zum selbstständigen Hochschulstudium.

Bestellhotline:

Tel: 07159 / 92 65-0 • Fax: -20
E-Mail: expert@expertverlag.de

expert verlag®

Erlesene Weiterbildung®

Dipl.-Psych. Nicole Venjakob,
Dipl.-Psych. Patrick Wiederhake

Von der beruflichen Orientierung bis zur erfolgreichen Bewerbung

Ein fundiertes Selbstcoaching für Fach- und Führungskräfte

2012, 174 S., 29,80 €, 49,90 CHF
(Praxiswissen Wirtschaft, 132)
ISBN 978-3-8169-2246-9

Zum Buch:

Was will ich? – Wo liegen meine Stärken? – Wie bekomme ich eine Stelle, die meinen Wünschen und Fähigkeiten entspricht? – Ihre ganz individuellen Antworten auf diese Fragen weisen Ihnen den Weg zu langfristiger Zufriedenheit und beruflichem Erfolg. Dieser etwas andere Bewerbungsratgeber unterstützt Sie bei den Herausforderungen auf dem gesamten Weg zur nächsten Stelle – angefangen von der Klärung Ihrer beruflichen Ziele und der Schärfung Ihres Profils über die effektive Stellensuche bis zur erfolgreichen Positionierung bei Ihrer Bewerbung.
Werden Sie zu Ihrem eigenen Bewerbungscoach: Zahlreiche Übungen, Hintergrundinformationen und Tipps unterstützen Sie dabei, auf der Basis eines klaren Profils Ihrer Persönlichkeit im Bewerbungsprozess glaubwürdig und souverän aufzutreten. Erfahren Sie mehr darüber, wie Sie mit einer positiven und kooperativen Haltung an die Bewerbung herangehen und Ihre Eignung für die Position belegen. Überzeugen Sie durch Professionalität im Bewerbungsschreiben, in Vorstellungsgesprächen, bei Testverfahren und im Assessment Center. Optimieren Sie Ihre Chancen auf eine Stelle, die wirklich zu Ihnen passt!

Inhalt:

Mit klarem Profil Erfolg und Zufriedenheit erreichen – Die Orientierungsphase: Kompetenzen herausarbeiten und Ziele klären – Die Jobsuche: Erfolg versprechende Wege zur passenden Stelle – Die Analyse der Stellenanforderungen: Schaffen Sie die Voraussetzungen für eine fundierte Entscheidung und eine überzeugende Bewerbung – Die schriftliche Bewerbung: Profil zeigen und erfolgreich für sich werben – Das Einstellungsinterview: Gesprächsprozesse verstehen und sich überzeugend präsentieren – Einstellungstests und Assessment Center: In Auswahlverfahren das eigene Potential zeigen – Die motivierende Nachbetrachtung: Aus Erfahrungen und Feedback lernen

Die Interessenten:

Das Buch richtet sich an Fach- und Führungskräfte aus allen Bereichen, die bereits über erste Berufserfahrungen verfügen. Auch Berufseinsteiger und Absolventen finden viele wertvolle Tipps zur Ausrichtung ihrer Karriere und für die Gestaltung des Bewerbungsprozesses.

***Blätterbare Leseprobe und einfache Bestellung unter:* www.expertverlag.de/2246**

Die Autoren:

Nicole Venjakob ist Diplom-Psychologin und verfügt als Inhaberin der Unternehmensberatung VENJAKOB CONSULTING & COACHING über langjährige Erfahrung im Bereich Personal- und Organisationsentwicklung. Ihre Tätigkeitsschwerpunkte liegen im Coaching und Training von Fach- und Führungskräften, in der Personalauswahl und Potentialanalyse im Management sowie in der Begleitung von Veränderungsprozessen. – **Patrick Wiederhake** arbeitet als Seniorberater bei der Profil M Beratung für Human Ressource Management GmbH & Co. KG. Hier begleitet der Diplom-Psychologe Unternehmen und Konzerne bei der Auswahl und Entwicklung ihrer Fach- und Führungskräfte. Schwerpunkte seiner Tätigkeit sind die Konzeption und Moderation von Verfahren zur Potenzialanalyse, die Entwicklung von Personalkonzepten und Führungsinstrumenten sowie die Durchführung von Trainings und Coachings.

Bestellhotline:
Tel: 07159 / 92 65-0 • Fax: -20
E-Mail: expert@expertverlag.de

expert verlag®
Erlesene Weiterbildung®

Susanne Helbach-Grosser

Erfolg mit Takt & Stil

Umgangsformen aktuell –
Empfehlungen für Eilige

9., aktualisierte und erweiterte Auflage 2014, 202 S.,
29,80 €, 48,20 CHF
(Praxiswissen Wirtschaft, 50)
ISBN 978-3-8169-3179-9

Zum Buch:

Dieses Buch gibt Anregungen für das angemessene Verhalten in (fast) allen Lebenslagen. Mit praxiserprobten Tipps und Empfehlungen zu allen stilrelevanten Themen aktualisieren Leserin und Leser das eigene Wissen und gewinnen so Sicherheit im Umgang mit anderen Menschen. Modernes Etikette-Know-How hat nichts mehr mit den steifen Regeln von einst zu tun – es ist Menschen zu gewandt, flexibel, situationsabhängig und vor allem nachvollziehbar. Das Buch liefert kompetente Ratschläge für ein rundum stilvolles, kultiviertes Auftreten, es plädiert für Toleranz und Höflichkeit im täglichen Miteinander – kurz: Es bietet keine oberflächlichen Karrieretipps, sondern sinnvolle Empfehlungen, wie Sympathien erzeugt und Konflikte gemeistert werden.

Inhalt:

Der erste Eindruck – Die Körpersprache – Distanz wahren – Der gepflegte Mensch – Kleidung und Stil im Geschäftsleben – Machen Sie doch mal wieder ein Kompliment! –Grüßen, Begrüßen, Bekanntmachen, Vorstellen – Duzen und Siezen – Briefanschrift, - Anrede, -Grußformeln und Fax – Bitte melden! Telefonieren mit Stil – Online-Benimm – Die Visitenkarte – Smalltalk? Aber immer! – Gekonnt Nein sagen – Verkehrsmittel – Mit Takt und Stil im Ausland – Taktvolles Verhalten im Trauerfall – Das Business Dinner – Wie esse ich denn das? – Muss man Weinkenntnisse haben, um Karriere zu machen? – Rauchen – Pünktlichkeit – Geschenke – Gäste im Unternehmen – Höfliches Verhalten in Meetings – Der Arbeitsplatz als Visitenkarte – Die ersten Tage im (neuen) Unternehmen – Niveauvoller Umgang mit Kollegen – Setzen Sie als Chef Standards – Betriebsfeiern – Ein Faux pas? Na, und?

Erfolg mit Takt & Stil ist nützlich für Menschen, für die der Begriff »Höflichkeit« kein Fremdwort ist, die aber noch professioneller auftreten möchten – Menschen, die ihr Image verbessern und konstruktive Beziehungen aufbauen möchten – Menschen, die berufliche Verpflichtungen und Gastgeberaufgaben perfekt erfüllen wollen.

Blätterbare Leseprobe
und einfache Bestellung unter:
www.expertverlag.de/3179

Rezensionen:

»In diesem Buch lässt sich gezielt und sehr detailliert nachlesen, was sich für eine bestimmte Situation (nicht nur beruflich) schickt und was nicht.« ***methodik***

»Ein Klassiker des guten Stils.« ***openPR***

Die Autorin:

Susanne Helbach-Grosser erlernte das ABC der Umgangsformen von der Pike auf. Sie lebte und arbeitete in Großbritannien, Frankreich und in den USA. – 1993 gründete sie ihr Seminar-Institut TAKT & STIL in Schwäbisch Gmünd und ist heute eine gefragte Persönlichkeits-Trainerin und Referentin für aktuelle nationale und internationale gesellschaftlichen Spielregeln. Humorvoll und kurzweilig präsentiert, mit Beispielen, die aus dem Leben kommen. Zu ihrem Kundenkreis gehören im In- und Ausland (angehende) Führungskräfte aus Industrie, Bank, Handwerk, Behörde, Dienstleistung und Gesundheitswesen. Mit großer Freude bildet sie seit 1999 in ihrem angegliederten TAKT & STIL-College zukünftige „Etikette"-Trainer(innen) aus.

Bestellhotline:
Tel: 07159 / 92 65-0 • Fax: -20
E-Mail: expert@expertverlag.de

expert verlag®

Erlesene Weiterbildung®

Dipl.-Betriebsw. Gunter Prollius

Mein neuer Arbeitsplatz

100 Fragen und 100 Antworten.
Der Leitfaden für Berufsanfänger und Auszubildende von A wie Arbeitsanfang bis Z wie Zeugnis

2011, 199 S., 29,80 €, 49,90 CHF
(Praxiswissen Wirtschaft, 131)
ISBN 978-3-8169-2158-5

Zum Buch:

Der Autor vermittelt den Lesern in Frage- und Antwortform auf der Grundlage von Praxisfällen und anhand vieler Muster, Tabellen, Checklisten und Beispiele ein anschauliches Bild des Arbeitslebens. Das Buch hilft den Leserinnen und Lesern, sich schnell in neue betriebliche und private Situationen einzufinden oder sich umzustellen.

Inhalt:

Meine Bewerbungsunterlagen: Wie gestalte ich sie? – Die Stellenangebote in den Medien: Wie sondiere ich sie? – Die Arbeitsagentur: Informationsmaterial und Kontaktaufnahme – Mein Bewerbungsgespräch: Wie bereite ich mich am besten vor? – Mein Arbeitsvertrag: Auf was muss ich alles achten? – Pflichten und Rechte als Arbeitnehmer und als Arbeitgeber – Mein erster Arbeits-/Ausbildungstag – Meine Einarbeitung und meine Probezeit – Meine Beurteilung – Das Mitarbeitergespräch – Die Beendigung der Probe-/Einarbeitungszeit – Die Beendigung des Arbeits-/Ausbildungsverhältnisses – Wie sieht meine Zukunft aus?

Die Interessenten:

Das Buch wendet sich an alle Abgangs-Schüler, die eine Berufsausbildung oder eine Tätigkeit in der freien Wirtschaft, bei Behörden oder bei anderen Institutionen aufnehmen möchten, sowie an alle Fach- und Hochschulabgänger, die ihre Kenntnisse in die Praxis umsetzen wollen. Vor allem sind auch alle ausländischen Mitbürger angesprochen, die erstmals in Deutschland einen Beruf erlernen oder ausüben wollen, ebenso alle Unternehmensgründer und Ausbilder, die erstmals ihren Personalbedarf ermitteln und abdecken müssen.

Blätterbare Leseprobe
und einfache Bestellung unter:
www.expertverlag.de/2158

Der Autor

kommt aus der Praxis und arbeitet für die Praxis sowie zeitweise auch als Lehrbeauftragter an Fachhochschulen. Seit über 20 Jahren führt er Beratungsbüros mit Sitz nahe Heidelberg und in Berlin und berät und betreut Unternehmen und Verbände in Fragen zu Organisation, Führungsmodellen und -strukturen und Personalmanagement. Weiterhin ist er freiberuflicher Dozent mit einer großen Palette an Seminarthemen und hat sich als Fachbuchautor einen Namen gemacht. Vor seiner freiberuflichen Tätigkeit war er in leitenden Funktionen im Personalbereich namhafter nationaler und internationaler Unternehmen tätig.

Bestellhotline:

Tel: 07159 / 92 65-0 • Fax: -20
E-Mail: expert@expertverlag.de

expert verlag®

Erlesene Weiterbildung®

Dr. Arnulf Krais

Fremdsprachentraining

Wege zum Erfolg. Mit einem Beitrag
»Sprachen lernen – Pro und Contra«
von Rudolf Walter Leonhardt

2., neu bearb. Aufl. 2009, 155 S., 19,95 €, 35,50 CHF
(expert taschenbücher, 34)
ISBN 978-3-8169-2000-7

Zum Buch:

Wer eine Fremdsprache lernen will, braucht dieses Buch.
»Fremdsprachentraining« vermittelt dem Leser eine zweckmäßige Auffassung von Sprachenlernen, zeigt Wege zum Erfolg, regt zum selbständigen Lernen an und führt anhand ausgiebiger Beispiele vor, wie sich fremdsprachliche Fertigkeiten anwenden und verbessern lassen. Das Buch ist ein allgemeinverständlicher, systematischer und kurzgefasster Leitfaden zum leichteren, besseren und schnelleren Lernen – und es macht »europafit«.

Inhalt:

Sprachen lernen: Pro und Contra – Sprachen lernen: Ja, aber wie? – Ansatzpunkte (Erfahrungen, Auffassungen, Folgerungen) – Vorbereitungen (Anreize, Ziele und Wege, Pläne) – Gelegenheiten (Selbstunterricht, Hilfestellung durch Muttersprachler, Sprachkurse, Auslandsaufenthalte und Sprachreisen) – Hilfsmittel (Sprachführer, Lehrwerke, Texte, Wörterbücher, Notizen, Tonträger und -aufnahmen, Film, Funk und Fernsehen, Computer und Programme) – Beispiele (Verständigung, Lektionen, Lesen, Hören, Sprechen, Handeln)

Blätterbare Leseprobe
und einfache Bestellung unter:
www.expertverlag.de/2000

Rezensionen:

»Das Ganze ist leicht lesbar, fast unterhaltsam geschrieben, durch Fragen und Übungen aufgelockert und durchgehend anhand konkreter Texte und Aufgaben illustriert. Hier werden gute, richtige und wirksame Möglichkeiten zum kommunikativen Sprachenlernen aufgezeigt, die in der Schule offensichtlich weithin ungenutzt bleiben.« ***Neusprachliche Mitteilungen aus Wissenschaft und Praxis***

»Eine wertvolle Fundgrube. Wegen der Fundiertheit der Aussagen und der Lesefreundlichkeit und Praxisnähe eine nicht zu unterschätzende Hilfe für alle jene, die eine Fremdsprache weitgehend selbständig (weiter-)lernen wollen.« ***Der fremdsprachliche Unterricht***

»Das Buch hebt sich durch Seriosität und Lesbarkeit von den Ratgebern ab, die Vokabellernen wie im Schlaf und Erstaunliches mehr versprechen.« ***PRAXIS des neusprachlichen Unterrichts***

»Der Band ist, da informativ und anregend geschrieben, überall einsetzbar.« ***ekz-Informationsdienst***

»Das sehr handliche und übersichtlich gestaltete Büchlein ist allen am Sprachlernprozess Interessierten – Schülern höherer Klassen, Studenten, Lehramtskandidaten und Junglehrern als Handbuch und auch Hörern von Volkshochschulkursen u. ä. Abendkursen als Orientierungshilfe – nur zu empfehlen.«
Zielsprache Russisch

Bestellhotline:

Tel: 07159 / 92 65-0 • Fax: -20
E-Mail: expert@expertverlag.de